计算机类技能型理实一体化新形态系列

计算机网络技术

基础

（第4版·微课版）

主　编　田庚林　张少芳
　　　　　田　华
副主编　赵艳春　游自英
　　　　　孟云灵

清华大学出版社
北京

内 容 简 介

本书主要介绍计算机网络的基本通信原理及网络设备基本配置。主要内容包括计算机网络的基本概念，数据通信原理；网络通信中的地址与路由；路由器的基本配置；路由选择协议 RIP 以及静态路由注入；传输层与网络层通信原理；局域网、VLAN 及交换机的配置、VLAN 间路由、第三层交换机配置；网络地址转换 NAT 和 Wi-Fi 配置。同时，结合当前网络技术的发展，简单介绍了 IPv6 的基本概念及基本配置，包括 IPv6 地址、路由及 RIPng 配置。

本书可以作为高等职业院校计算机网络技术专业教材，也可以作为从事网络技术工作人员的自学教材和其他专业人员的参考用书。

图书在版编目（CIP）数据

计算机网络技术基础：微课版 / 田庚林，张少芳，田华主编 .—4 版 .—北京：清华大学出版社，2024.5

（计算机类技能型理实一体化新形态系列）

ISBN 978-7-302-66018-7

Ⅰ.①计⋯　Ⅱ.①田⋯②张⋯③田⋯　Ⅲ.①计算机网络—高等学校—教材　Ⅳ.① TP393

中国国家版本馆 CIP 数据核字（2024）第 070101 号

责任编辑：张　弛
封面设计：刘代书　陈昊靓
责任校对：刘　静
责任印制：宋　林

出版发行：清华大学出版社
　　　　网　　　址：https://www.tup.com.cn，https://www.wqxuetang.com
　　　　地　　　址：北京清华大学学研大厦 A 座　　　　邮　　编：100084
　　　　社 总 机：010-83470000　　　　　　　　　　　邮　　购：010-62786544
　　　　投稿与读者服务：010-62776969，c-service@tup.tsinghua.edu.cn
　　　　质量反馈：010-62772015，zhiliang，@tup.tsinghua.edu.cn
　　　　课件下载：https://www.tup.com.cn，010-83470410
印 装 者：三河市人民印务有限公司
经　　销：全国新华书店
开　　本：185mm×260mm　　印　　张：16　　　字　　数：385 千字
版　　次：2009 年 2 月第 1 版　　2024 年 6 月第 4 版　　印　　次：2024 年 6 月第 1 次印刷
定　　价：59.00 元

产品编号：097957-01

第 4 版前言

本书是一本面向高等职业教育的教材，主要培养初学者的计算机网络技术基础知识。本书第 3 版于 2023 年获得了清华大学出版社 2020—2022 年职业教育畅销教材荣誉称号。为了使本书内容更适合职业教学的需求和网络技术发展的情况，根据高等职业教育的特点和广大一线教学老师反馈的意见，在第 3 版的基础上对一些内容进行了取舍和调整。

1. 轻理论知识，重实用网络技术

进一步简化理论知识，特别是对通信原理部分做了较多的简化。对于重视基础理论教学的读者可以参考第 3 版内容或其他教材。

2. 对内容组织进行了较大调整

根据广大教师的反馈意见，对本书内容进行了较大调整，主要按照网络体系结构，从低层到高层的顺序和前面内容为后续内容基础的顺序安排。

3. 网络设备以华为为主

随着网络安全和国家安全密不可分，为了在网络设备层面确保不被入侵，国内网络大量使用国产设备已经成为现实。结合我国的现状和学生毕业后的就业环境，本版中的网络设备采用了国产华为公司的产品，附录中保留了 H3C 设备配置命令。无论哪种网络设备，工作原理都是相同的，但使用国产网络设备可以避免网络设备上的后门入侵问题。

4. 降低了学习难度

根据职业教育的特点和教师的反馈意见，除教学内容降低了教学难度之外对实训内容也降低了教学要求，将第 3 版本中让学生理解完成的实训内容修改为验证内容，实训指导中完整地给出了学生需要操作的内容，学生只需要按照实训指导进行验证操作即可，大大降低了学习难度。

5. IPv6 内容独立成为一章

本书内容还是以 IPv4 网络技术为主。由于本课程的学习对象大部分为初次学习计算机网络技术，IPv4 和 IPv6 一起介绍难免会对读者增加理解难度。因此，本版将 IPv6 的内容单独成章，不仅使读者在学习 IPv4 时相对容易，而且学生在学习 IPv6 时可以轻而易举。考虑到 IPv6 网络终将替代 IPv4 网络，对于 IPv4 过渡到 IPv6 网络的技术没有深入介绍。

6. 增加了教学资源

本版的教学资源除了课堂教学时使用的 PPT 之外，还有对操作性较强、学生较难掌握的教学内容录制了微课供学生课下学习使用。本书还包括实训指导书和习题参考等，其中的实训报告电子版也可以在清华大学出版社教学资源网站上下载。本书提供的所有教学资源都可以通过扫描教材上的二维码从清华大学出版社教学资源网站获取。

本书共 9 章内容。第 1 章介绍了计算机网络的基本概念，包括计算机网络的定义、网络分类及网络体系结构等，让学生了解网络整体概念。第 2 章介绍了物理层接口、数据通信方面的一些基本概念及常用的通信介质。第 3 章介绍了数据链路层的功能及标准，还介绍了以太网及数据链路层网络连接设备和协议。第 4 章介绍了 IP 协议、IP 地址、网络地址规划、路由的概念和网络连接设备路由器的配置。第 5 章介绍了路由信息协议 RIP 和RIP 配置。第 6 章介绍了虚拟局域网，包括 VLAN 的概念和交换机上配置 VLAN 以及在路由器和三层交换机上配置 VLAN 间路由。第 7 章介绍了应用层协议。第 8 章介绍了网络地址转换 NAT 配置和 Wi-Fi 无线路由器的配置。第 9 章介绍了 IPv6 编址方式、IPv6 的配置和 IPv6 过渡策略。

本书由田庚林、张少芳和田华任主编，田庚林负责策划和组织编写及审查。第 1~4 章由张少芳编写，第 5 章由赵艳春编写，第 6、7 章和第 9 章由游自英编写，第 8 章由田华编写，附录由孟云灵编写。微课由张少芳、游自英完成，微课的录制及后期制作由游自英完成。

本书中的网络设备都是以国产华为设备为例介绍的，附录中给出了华为网络设备模拟器 eNSP 的简单介绍以及 H3C 路由器和交换机的基本配置命令。为了适应非计算机网络专业的教学需要，附录中还包括了网络安全概述的简要内容。如需更深入的网络技术学习，读者可以参考本书的后续课程"高级路由交换技术"。

尽管编者进行了一些修改，但仍可能不能满足使用者的需要，如有疏漏之处，望广大读者给予批评指正。

田庚林

2024 年 3 月

教学课件

习题答案

实训报告

目 录

第1章 计算机网络概述

目前，计算机网络的应用已经渗透到我们工作和生活的各个方面，并深刻影响着我们的工作和生活方式：新闻资讯的获取、在线的娱乐应用、基于即时通信（Instant Message，IM）软件的工作任务的下达、办公自动化（Office Automation，OA）系统的应用，所有这一切都依托于计算机网络实现。虽然现在很多网络应用都是通过手机上网实现的，例如网上购物、线上教学、微信等，其实手机就是一个类似计算机的智能终端设备，手机上网也是依托计算机网络实现的。

什么是计算机网络？计算机网络的基础知识有哪些？本章将对其基本概念进行介绍。

1.1 计算机网络的定义与组成

计算机网络从字面上理解即为由计算机组成的网络系统。通俗地讲，计算机网络就是利用通信线路和通信设备将多个具有独立功能的计算机系统连接起来，按照网络通信协议实现资源共享和信息传递的系统。在这个定义中包含以下4个要素。

（1）网络中的主体是具有独立功能的计算机系统，即计算机对于网络没有依赖性，离开网络也可以自主运行。

（2）计算机之间在物理上需要使用通信线路和通信设备进行连接。

（3）计算机之间连接的目的是实现资源的共享和信息的传递。

（4）要想实现资源共享和信息传递，需要参与通信的计算机遵循一定的逻辑规则，即网络通信协议。

通常，计算机网络被分成通信子网和资源子网两部分，分别用来完成信息传递和资源共享两大功能。其中，通信子网由计算机网络中实现网络通信功能的设备及其软件组成，包括路由器、交换机、通信线路、网络通信协议以及通信控制软件等；资源子网由计算机网络中实现资源共享功能的设备及其软件组成，包括用户计算机终端、网络服务器、网络打印机、网络存储系统以及网络上运行的各种软件资源等。

通信子网和资源子网的划分如图 1-1 所示。

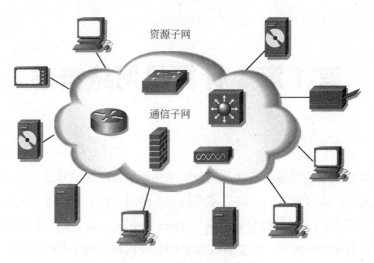

图 1-1　通信子网和资源子网

1.2　计算机网络的分类和拓扑

1.2.1　计算机网络的分类

计算机网络按照覆盖范围的大小，可以分为局域网（Local Area Network，LAN）、城域网（Metropolitan Area Network，MAN）和广域网（Wide Area Network，WAN）。

1. 局域网

局域网是使用自备通信线路和通信设备，并且覆盖较小地理范围的计算机网络。局域网的覆盖半径从几米到几千米，覆盖范围局限在房间、大楼或园区内，通常用于连接一个企业内部的计算机和工作站，以便共享资源和交换信息。

局域网相对于城域网和广域网而言，传输速度快（当前主流为 1Gbps）、传输延迟低（几十微秒以下）、出错率低（低于 10^{-9}）。而且由于局域网的覆盖范围较小且归属权明确，因此相对而言，局域网容易管理和配置、拓扑规划灵活，是实现有限区域内信息交换与共享的最佳方案。

目前，所有单位内部的网络均为局域网，例如校园网就是一个典型的局域网。

2. 城域网

城域网覆盖范围为中等规模，介于局域网和广域网之间，通常是在一个城市内的网络连接。城域网作为本地的公共信息服务平台组成部分，负责承载各种多媒体业务，为用户提供各种接入方式,满足政府部门、企事业单位、个人用户对基于IP的各种多媒体业的需求。

3. 广域网

广域网是租用公用通信线路和通信设备，并且覆盖较大地理范围的计算机网络，Internet 就是一个广域网。广域网通过各种类型的串行连接来实现广大地理区域的接入，通常，企业的局域网通过广域网线路接入当地的网络服务提供商（Internet Service Provider，ISP）。

广域网可以提供全部时间和部分时间的连接，允许通过串行接口在不同的速率工作。广域网的典型特点是数据传输慢（典型速率为 56kbps~155Mbps）、延迟比较大（几毫秒到几百微秒）、拓扑结构不灵活，并且入网站点无法参与网络的管理。在拓扑结构上，广域网多采用网状结构，网络连接往往要依赖运营商提供的电信数据网络。这也意味着，如果想要获得较高的接入速率，就需要企业支付较高的广域网带宽租金。

需要注意的是，局域网、城域网和广域网的概念在提出时是以其覆盖范围来划分的，而实际上的划分依据是网络所使用的传输技术，与其物理上的覆盖范围并没有直接的关系。例如某企业的两个办公区可能相距较远，两个办公区的局域网之间需要租用广域网线路连接；在本课程的实验环境下中需要学习广域网连接，这里的广域网连接是用串行电缆背对背连接实现的（图 1-2），虽然在物理上放置在了同一个机柜中，而实际上属于广域网连接，只不过将广域网网云压缩在了背对背的连接中。

图 1-2　V35 线缆背对背连接

1.2.2　计算机网络的拓扑结构

计算机网络的拓扑（Topology）结构是指计算机网络的布局，即将一组设备以什么样的结构连接起来，分为物理拓扑结构和逻辑拓扑结构两个层面的概念。物理拓扑结构是指计算机网络的物理布局，逻辑拓扑结构则与网络中数据帧的传送机制有关，具体内容会在以后章节详细介绍。

基本的网络拓扑结构模型有总线型拓扑、星型拓扑、树型拓扑、环型拓扑和网状拓扑等。任何一个网络都可以使用其中的一种或几种拓扑结构。

1. 总线型拓扑

在总线型拓扑结构中，所有的计算机使用一条总线连接起来，计算机之间的通信通过共享该总线来完成。总线型拓扑结构的典型应用是早期的同轴电缆组网，在这种组网方式中，所有的计算机都连接到一条同轴电缆上，并共享该同轴电缆提供的信道。总线型拓扑结构如图 1-3 所示。

总线型拓扑结构是在早期的局域网中应用很广泛的拓扑结构，其突出的特点是结构简单、成本低、安装使用方便，消耗的电缆长度最短，最经济，便于维护。但总线型拓扑结

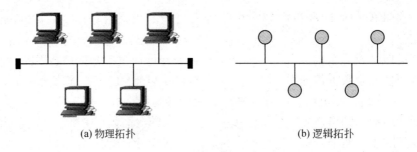

(a) 物理拓扑　　　　　　　　　　(b) 逻辑拓扑

图 1-3　总线型拓扑结构

构有致命的缺点就是存在单点故障，即主干的线路上如果出现故障，则整个网络都会瘫痪。另外，总线型拓扑结构由于是共享总线带宽，因此当网络负载过重时，会导致网络传输性能的下降。总线型结构网络目前除了 Wi-Fi（Wireless-Fidelity）接入（共享无线信道）以外已经见不到了。

2. 星型拓扑

在星型拓扑结构中，所有的计算机都通过一条专用线路连接到中心节点（典型设备：交换机），中心节点对各计算机间的通信和信息交换进行集中的控制和管理。星型拓扑结构如图 1-4 所示。

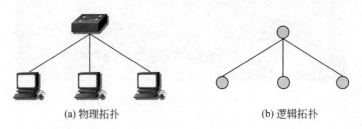

(a) 物理拓扑　　　　　　　　　　(b) 逻辑拓扑

图 1-4　星型拓扑结构

星型拓扑结构的主要特点是系统的可靠性比较高，当某一线路发生故障时，不会影响网络中的其他主机；而且增加或删除主机比较容易，将主机直接连接到中心节点或从中心节点断开即可；另外，中心节点可以方便地控制和管理网络，并及时发现和处理系统故障。但如果中心节点出现故障，则整个网络会陷入瘫痪。

星型（包括扩展星型）拓扑结构是在当前局域网中使用最为广泛的一种拓扑结构。

在总线型拓扑结构向星型拓扑结构过渡的过程中，曾经长时间地存在一种中间状态的网络，这种网络在物理上使用集线器（HUB）作为中心节点进行星型组网，但在逻辑上依然是由所有接入网络的计算机共享线路带宽。即物理拓扑结构为星型，但逻辑拓扑结构为总线型，如图 1-5 所示。

3. 树型拓扑

树型拓扑结构又称扩展星型拓扑结构，是一个多层级的星型拓扑结构，即网络中存在多级网络设备的连接。在树型拓扑结构中，终端计算机之间的通信通过一级或多级网络设备之间的数据交换来实现。在稍具规模的局域网中一般都会采用树型拓扑结构来组网。树型拓扑结构如图 1-6 所示。

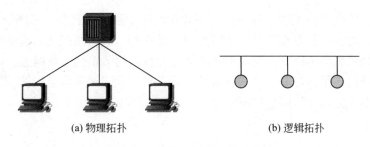

(a) 物理拓扑　　　　　　　　　(b) 逻辑拓扑

图 1-5　集线器组网拓扑结构

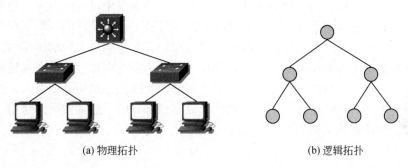

(a) 物理拓扑　　　　　　　　　(b) 逻辑拓扑

图 1-6　树型拓扑结构

4. 环型拓扑

环型拓扑结构是将各个计算机通过一条首尾相连的通信线路连接起来的一个封闭的环型结构网。在这个环型网中，每一台计算机只能和它的一个或两个相邻节点直接通信，如果需要与其他节点通信，信息必须依次经过两者之间的每一个节点。环型网络可以是单向的，也可以是双向的。单向是指所有的传输都是同方向的，每个设备只能和一个邻近节点通信；双向是指数据能在两个方向上进行传输，设备可以和两个邻近节点直接通信。环型拓扑结构如图 1-7 所示。

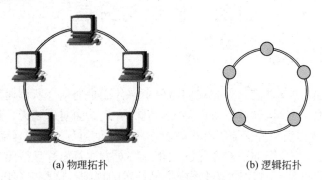

(a) 物理拓扑　　　　　　　　　(b) 逻辑拓扑

图 1-7　环型拓扑结构

在环型拓扑结构网络中一般采用令牌环的方法来共享通信线路，比较典型的环型拓扑结构网络为光纤分布式数据接口（Fiber Distributed Data Interface，FDDI）网络。环型拓扑的网络结构简单，系统中各工作站地位相等；建网容易，增加或减少节点时仅需简单的连接操作；能实现数据传送的实时控制，可预知网络的性能。但其中任何一个节点发生故障，都会导致环中的所有节点无法正常通信，因此在实际应用中一般采用多环结构；环型拓扑的另一个缺点是当一个节点要往另一个节点发送数据时，它们之间的所有节点都需要参与传输，因此比起总线型拓扑来，更多的时间被花在替别的节点转发数据上。

环型拓扑结构在早期局域网中有部分的应用，但目前已经基本被淘汰，因此在现在的局域网中一般不会见到环型拓扑结构的存在。

5. 网状拓扑

网状拓扑结构可以分为全网状和部分网状，全网状拓扑结构是指将参与通信的任意两个节点之间均通过通信线路直接相互连接，这是一种非常安全可靠的方案。由于不再需要竞争公用线路，通信变得非常简单。而且任意两台设备可以直接通信，而不用涉及其他设备。但每一对设备直接连接必然造成投资费用的增加，并且会增大后期运维的复杂度。因此全网状拓扑实现起来费用高、代价大、结构复杂、不易管理和维护，在局域网中实际上很少采用。在实际的局域网应用中，常常采用部分网状的拓扑结构，即对可靠性要求比较高的部分通过增加冗余线路进行网状的连接，而其他部分则一般依然采用星型（包括扩展星型）连接。网状拓扑结构如图 1-8 所示。

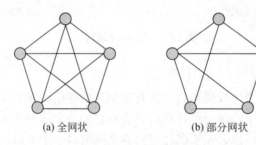

(a) 全网状   (b) 部分网状

图 1-8　网状拓扑结构

1.3　协议与分层

1.3.1　网络通信协议

在介绍网络通信协议之前，首先我们需要了解什么是通信。所谓通信，究其根本是人们相互之间的沟通，当然沟通可以采用多种不同的方式。面对面聊天、打电话交流、使用 QQ 或者微信等即时通信软件交流等都可以看作一个通信过程。而在任何一个通信过程中，如果要实现通信的目的（即通信双方能够互相理解对方的意思并且按照达成的意见去执行某一事项），都需要通信双方在通信过程中遵循一定的规则。这些规则包括以下几点。

（1）标识出发送方和接收方。

（2）双方一致同意的通信方法。

（3）通用语言和语法。

（4）共同约定的传递速度和时间。

（5）证实或确认要求。

在这里我们可以分析一下你与朋友的任何一种形式的通信是不是都包含了上述的规则要求。

与现实生活中的通信类似，网络通信中同样需要通信双方遵循一定的规则，而这些规则就是通信协议。所谓的网络通信协议就是为使计算机之间能够正确通信而制定的通信规则、约定和标准。网络通信协议通常由语义、语法和时序（定时关系）三部分组成，其中语义定义做什么，语法定义怎么做，时序定义什么时候做。

1.3.2　网络的分层

计算机网络本身是一个非常庞大和复杂的系统，其通信的约束和规则很显然不是一个网络通信协议可以描述清楚的。这就需要将计算机网络系统进行详细的功能划分，进而针对每一部分功能使用相应的协议进行描述和约束，因此计算机网络中实际上存在大量的协议，每一种协议用于实现计算机网络中的某一个特定的功能目标。

计算机网络按照实现功能的不同可以划分成若干个不同的层次，其层次划分的原则是"层内功能内聚，层间耦合松散"，即在网络中将功能相似或者紧密相关的功能模块放置在同一层中，层与层之间保持松散的耦合。

计算机网络采用层次化结构的优越性包括以下几点。

（1）各层之间相互独立，高层并不需要知道低层是如何实现的，仅需要知道该层通过层间的接口所提供的服务。

（2）灵活性好，当任何一层发生变化时，只要该层的接口保持不变，则在该层以上或以下的各层均不受影响。

（3）各层都可以采用最合适的技术来实现，各层实现技术的改变不会影响其他层。

（4）易于实现和维护，整个计算机网络系统已被分解为若干个易于处理的部分，这种结构使得一个庞大而又复杂的系统的实现和维护变得容易控制。

（5）有利于网络的标准化，因为每一层的功能和所提供的服务都已有了精确的说明，所以标准化变得较为容易。

1.4　计算机网络的体系结构

1.4.1　开放系统互连参考模型

开放系统互连参考模型（Open System Interconnection Reference Model，OSI/RM）由国际标准化组织（International Organization for Standardization，ISO）于 1984 年提出，并很快成为计算机网络通信的基础模型。OSI 模型是一个理论模型，它给出了网络的架构体系和标准，并描述了网络中的信息是如何传输的。在 OSI 模型中，网络被分为七层，自下而上分别是物理层、数据链路层、网络层、传输层、会话层、表示层和应用层，每一层负责完成某些特定的通信任务，并只与相邻的层进行数据交换。OSI 的分层模型如图 1-9 所示。

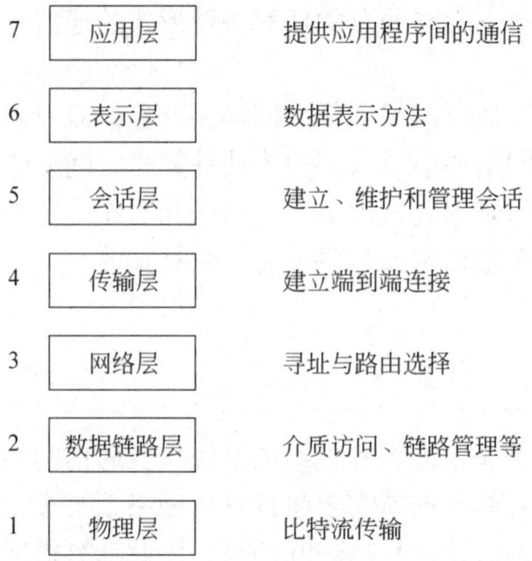

7	应用层	提供应用程序间的通信
6	表示层	数据表示方法
5	会话层	建立、维护和管理会话
4	传输层	建立端到端连接
3	网络层	寻址与路由选择
2	数据链路层	介质访问、链路管理等
1	物理层	比特流传输

图 1-9　OSI 的分层模型

1. OSI 各层的主要功能

1）物理层

物理层是 OSI 参考模型的最底层，其主要功能是利用物理传输介质为数据链路层提供物理连接，负责处理数据传输速率并监控数据出错率，以便透明地传送比特流。物理层定义了激活、维护和关闭终端用户之间电气的、机械的、过程的和功能的特性。物理层的特性包括电压、频率、数据传输速率、最大传输距离、物理连接器及其相关的属性等。

2）数据链路层

在物理层提供比特流传输服务的基础上，数据链路层通过在通信的实体之间建立数据链路连接，传送以"帧"为单位的数据，使有差错的物理线路变成无差错的数据链路，保证点到点的可靠的数据传输。数据链路层关心的主要问题包括物理地址、网络拓扑、线路规划、错误通告等。

3）网络层

网络层的主要功能是为处在不同网络中的两个节点之间的通信提供一条逻辑通道，其基本任务包括路由选择、拥塞控制和网络互联等。

4）传输层

传输层的主要任务是为用户提供可靠的端到端的服务，透明地传送报文。该层的主要任务包括在通信双方之间建立端到端的连接、数据报文的有序传输和流量控制等。

5）会话层

会话层用于建立、管理和终止应用程序进程之间的会话和数据交换。这种会话关系是由两个或多个表示层实体之间的对话构成的。

6）表示层

表示层保证一个系统应用层发出的信息能被另一个系统的应用层所理解。如有必要，表示层会用一种通用的数据表示格式在多种数据表示格式之间进行转换。表示层的功能包括数据格式的转换、数据的加密与解密、数据的压缩与恢复等。

7）应用层

应用层是 OSI 参考模型中最靠近用户的一层，它为用户的应用程序提供网络服务。应用层识别并证实目的通信方的可用性，使协同工作的应用程序之间进行同步，建立传输错误纠正和数据完整性控制方面的协定，判断是否为所需的通信过程留有足够的资源。

2. OSI 参考模型中数据的封装与传递

在 OSI 参考模型中，通信双方进行通信需要在对等层之间进行信息的交换，在对等层之间交换的信息单元被称为协议数据单元（Protocol Data Unit，PDU）。在实际的通信过程中，对等层之间是无法直接进行通信的，而是需要通过下一层为其提供服务。因此，实际的通信过程如图 1-9 所示。在发送方，数据从最上层开始，每一层都需要对数据进行封装，即在原数据的基础上增加封装头（有些还会有封装尾），在封装头中包含有相应封装协议的信息，然后将数据再传递给下一层，这样通过层层的封装和传递，最后通过物理层的线路将二进制比特流以信号的形式传送给接收方；接收方在接收到数据后，从最下层开始一层一层地解封装并传递给上一层，每一层都会将发送方对等层的封装解掉，并对封装中的协议相关信息进行核对以确保信息最终被送往正确的应用进程。从整个过程来看，实际的数据传输过程如图 1-10 中的实线箭头所示，但在逻辑上，通信双方对等层发送和接收的 PDU 是一致的，因此可以看作是对等层之间的逻辑通信（即虚线箭头所示）。

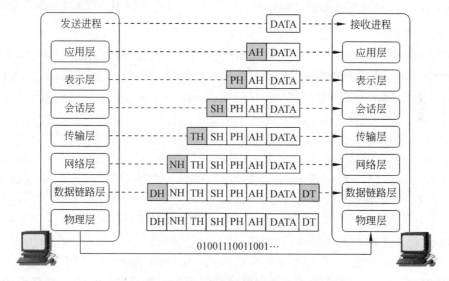

图 1-10　OSI 参考模型中数据的封装与传递

实际上，OSI 参考模型中数据的封装与传递的过程类似于通过邮局发送信件的过程。当需要发送信件时，首先需要将写好的信纸放入信封中，然后按照一定的格式书写收信人姓名、收信人地址以及发信人地址，这个过程就是一个封装的过程；当收信人收到信件后，需要将信封拆开，取出信纸，这就是解封装的过程。区别在于信件只需要一次封装，而网络中的数据信息在每一层都需要进行封装。

需要注意的是，OSI 是一个参考模型，所谓的参考模型是为各类网络协议和服务之间保持一致性提供通用的参考，即对发生在网络设备间的信息传输过程的一种理论化描述，它并不是一种实现规范，没有定义如何通过软件和硬件实现每一层的功能。而在实际的网络通信中，需要有与特定协议簇结构精确匹配的协议模型，当前网络广泛使用的协议模型为 TCP/IP 模型。

1.4.2 TCP/IP 模型

TCP/IP 模型是一个商业化的开放式模型，在 TCP/IP 模型中，网络被分为 4 层，自下而上分别是网络接入层（又称为网络接口层）、Internet 层（又称为网络层或互联层）、传输层和应用层。

TCP/IP 模型与 OSI 模型之间存在着层次间的对应关系，具体的对应为：TCP/IP 模型的网络接入层对应 OSI 模型的物理层和数据链路层，TCP/IP 模型的 Internet 层对应 OSI 模型的网络层，TCP/IP 模型的传输层对应 OSI 模型的传输层，TCP/IP 模型的应用层对应 OSI 模型的会话层、表示层和应用层，如图 1-11 所示。

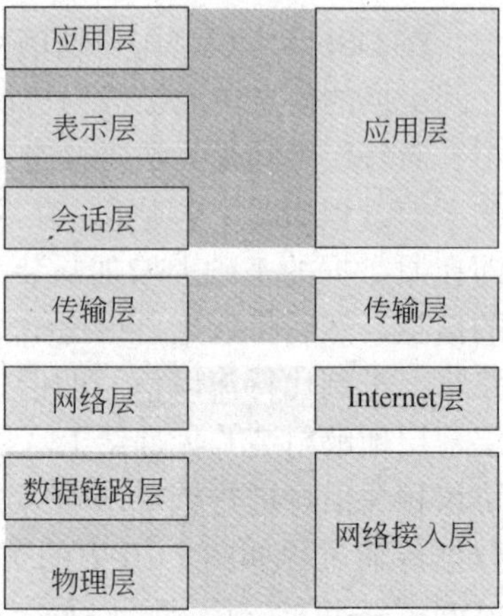

1. TCP/IP 模型各层的主要功能

图 1-11　TCP/IP 模型与 OSI 模型的对应关系

1）网络接入层

与 OSI 模型中的物理层和数据链路层详细论述了接入介质所需的步骤以及通过网络发送数据的物理手段不同，TCP/IP 模型在网络接入层并没有指定通过物理介质传输时使用的协议，而只是描述了从 Internet 层到物理网络协议的传递。即 TCP/IP 主机必须通过某种下层协议连接到网络，而具体的协议则有很多种。

典型的网络接入层技术包括常见的以太网、FDDI 等局域网技术，用于串行连接的高级数据链路控制（High-level Data Link Control，HDLC）、点到点协议（Point-to-Point，P2P）技术以及 X.25、帧中继（Frame Relay）和异步传输模式（Asynchronous Transfer Mode，ATM）等分组交换技术。

2）Internet 层

Internet 层的主要功能是使主机能够将信息发往任何网络并传送到正确的目标。基于这些要求，Internet 层定义了报文格式及其协议（Internet Protocol，IP 协议）。在 Internet 层，使用 IP 地址来标识网络节点；使用路由协议生成路由信息并根据这些路由信息实现报文的转发，使数据报文能够准确地传送到目的地；使用互联网控制报文协议（Internet Control Message Protocol，ICMP 协议）协助管理网络。

3）传输层

传输层位于应用层和 Internet 层之间，主要负责为两台主机上的应用程序提供端到端的连接。TCP/IP 模型中传输层上的协议主要包括传输控制协议（Transmission Control Protocol，TCP）和用户数据报协议（User Datagram Protocol，UDP）。传输层协议的主要作用包括以下几点。

（1）提供面向连接或无连接的服务，传输层协议定义了通信两端点之间是否需要建立可靠的连接关系。TCP 是面向连接的，而 UDP 是无连接的。

（2）维护连接状态，TCP 在通信前建立连接关系，传输层协议必须在其数据库中记录这种连接关系，并且通过某种机制维护连接关系，及时发现连接故障等。

（3）对应用层数据进行分段和封装，应用层数据往往是大块的或者持续的数据流，而网络只能发送长度有限的数据包，传输层协议必须在传输应用层数据之前将其划分成适当尺寸的段，再交给 Internet 层的 IP 协议传送。

（4）实现多路复用，一个 IP 地址可以标识一台主机，一对"源 – 目的"IP 地址可以标识一对主机的通信关系，而一个主机上却可能同时有多个程序访问网络，因此 TCP/UDP 通过端口号来标识这些上层的应用程序，从而使这些程序可以复用网络通道。

（5）可靠的传输数据，数据在跨网络传输过程中可能出现错误、丢失、乱序等问题，传输层协议必须能够检测并更正这些问题。TCP 协议通过序列号和校验和等机制检查数据传输过程中发生的错误，并可以重新传输出错的数据。而 UDP 提供非可靠性数据传输，数据传输的可靠性由应用层来保证。

（6）执行流量控制，当发送方的发送速率超过接收方的接收速率时，或者当资源不足以支持数据的处理时，传输层负责将流量控制在合理的水平上；反之，当资源允许时，传输层可以放开流量，使其增加到适当的水平。通过流量控制防止网络拥塞造成数据包的丢失，TCP 协议通过滑动窗口机制对端到端流量进行控制。

4）应用层

TCP/IP 模型中没有单独的会话层和表示层，其功能融合在应用层中，应用层直接与用户和应用程序打交道，负责对软件提供接口以使程序能使用网络服务。常用的网络服务有网络页面传输、文件传输、电子邮件处理、动态 IP 地址分配、远程登录等，对应的应用层协议分别为超文本传输协议（HyperText Transfer Protocol，HTTP）、文件传输协议（File Transfer Protocol，FTP）、简单邮件传输协议（Simple Mail Transfer Protocol，SMTP）和第三代邮局协议（Post Office Protocol – Version 3，POP3）、动态主机配置协议（Dynamic Host Configuration Protocol，DHCP）和 Telnet 协议等。

2. TCP/IP 模型中数据的封装与传递

TCP/IP 模型中数据的封装与传递过程如图 1-12 所示。

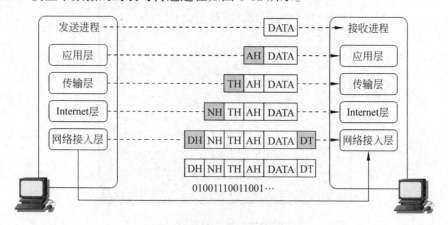

图 1-12　TCP/IP 模型中数据的封装与传递过程

1.5　网络协议分析工具

在学习计算机网络课程时，最好能够使用一些网络协议分析工具从计算机网络中获取各种协议报文进行实际分析。这样既可以验证所学习的理论知识，又能够有对网络报文构成和通信过程进行亲身体验，加深对所学知识的理解。在 Internet 上有很多网络协议分析工具，例如 Ethereal 就是一款开源、免费的协议分析工具，可以直接从网上下载，Ethereal 的升级版是 Wireshark。

在 Windows 中打开 Ethereal 后的界面如图 1-13 所示。

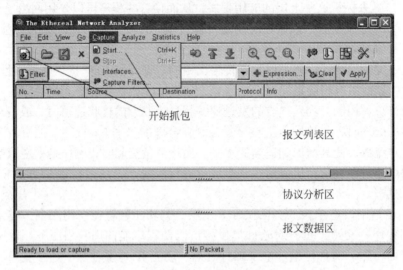

图 1-13　Ethereal 界面

使用 Capture 菜单中的 Start 按钮或单击工具栏中的"开始"按钮后，弹出一个抓包选项窗口，如图 1-14 所示，可以忽略所有选项，直接单击 OK 按钮开始进行网络抓包。

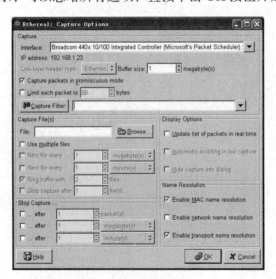

图 1-14　抓包选项窗口

在抓包期间，Ethereal 会显示一个抓包结果窗口如图 1-15 所示，窗口中显示的是已经抓到了哪种协议类型的报文（协议包）和报文（协议包）的数量。如图 1-15 显示抓到了70 个 TCP 协议包，17 个 UDP 协议包。单击该窗口的 Stop 按钮停止抓包。

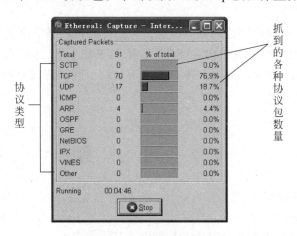

图 1-15　抓包结果窗口

抓包停止后显示报文分析窗口如图 1-16 所示。

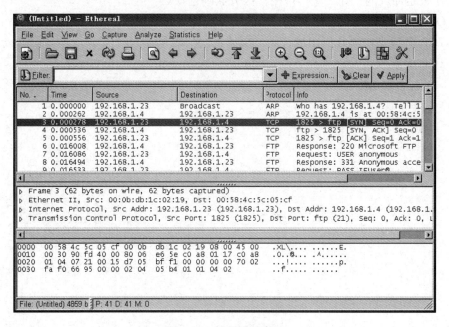

图 1-16　报文分析窗口

在报文分析窗口中，报文列表区显示截获报文的源地址、目的地址、协议类型等信息；协议分析区显示选中报文协议树的结构及报文分析内容；报文数据区按字节显示选中报文十六进制的报文内容。

关于 Ethereal 的更多使用方法，读者可以参考网络上的相关介绍。

微课 1-1：网络抓包

13

1.6　小　　结

本章主要介绍了计算机网络的基本概念，包括计算机网络的定义与组成，网络协议的基本概念以及典型的网络体系结构：OSI 模型和 TCP/IP 模型。本章是学习后续章节内容的基础，为了便于以后章节的学习，本章还简单介绍了网络协议分析工具 Ethereal 的简单使用。

1.7　习　　题

1. 什么是计算机网络？
2. 什么是网络通信协议？
3. 网络通信协议由哪些部分组成，分别表示什么含义？
4. 什么是网络体系结构？
5. 什么是局域网？什么是广域网？区分原则是什么？
6. OSI 模型由哪几层组成，每一层的主要功能是什么？
7. TCP/IP 模型由哪几层组成，每一层的主要功能是什么？
8. TCP/IP 模型与 OSI 模型各层之间的对应关系是什么？

第 2 章 物 理 层

物理层是开放系统互联模型中的第一层，它虽然处于最底层，却是整个网络体系结构的基础。物理层的主要是功能是为传输数据所需要的物理链路的建立、维持和拆除提供相关机械的、电子的、功能的和规范的特性。简单来说，物理层就是用来确保数据能够在各种物理媒体上进行有效的传输。

本章主要对物理层的基本概念、数据通信中的一些基础知识以及网络中常用的物理传输介质进行简单的介绍。

2.1 物理层的基本概念

作为 OSI 模型中的最底层，物理层为设备之间的数据通信提供传输媒体及互联设备，为数据传输提供可靠的物理环境。其主要功能如下。

（1）为数据端设备提供传输数据的通路，数据通路可以由一个物理媒体，也可以由多个物理媒体连接而成。

一次完整的数据传输，包括建立连接、传送数据、终止连接三个过程。所谓建立连接，就是在通信的两个数据终端设备之间形成一条通路。例如，我们在打电话时需要通过电话网络提供通信线路和通信设备，但是还需要呼叫被叫号码，对方应答之后就建立起了连接，通话就是在建立连接之后的数据传输过程，挂机就是终止连接的过程。

（2）传输数据。物理层要形成适合数据传输需要的实体，为数据传输服务。一是要保证数据能在其上正确通过；二是要提供足够的带宽（带宽是指每秒内能通过的比特数），以减少信道上的拥塞。传输数据的方式能满足点到点、点到多点、串行或并行、半双工或全双工、同步或异步等传输的需要。

2.1.1 物理层接口模型

典型的物理层接口模型是 DTE/DCE 模型，如图 2-1 所示。

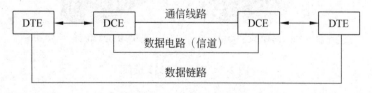

图 2-1 DTE/DCE 模型

图 2-1 中，DTE 全称为 Data Terminal Equipment（数据终端设备），泛指网络中的信源和信宿设备，即用户端设备，如主机、终端以及各种 I/O 设备等；DCE 全称为 Data Circuit Equipment（数据电路设备）或 Data Communication Equipment（数据通信设备），是用户端设备的入网节点，如调制解调器（Modem）、多路复用器等。

在数据通信中，DCE 之间的通信线路为数据传输介质，可能是金属电缆、光缆或者是无线；通信线路和 DCE 设备组成数据电路（信道），完成信息比特流的数据传输在一条通信线路上，由 DCE 设备可以通过多路复用方式形成多个信道。例如最常见的多路复用是在一条电话线路上可以让几十到上万人同时通过自己的信道通话；数据链路是在数据电路的基础上由两个 DTE 之间通过握手协议建立起的数据传输通道。例如，电话通信不仅需要有数据电路（信道），还需要两个话机之间通过呼叫和应答建立起的数据链路连接。

物理层接口模型需要在物理层协议的控制下进行工作，而物理层协议是指关于 DTE 和 DCE 或者其他通信设备之间接口的一组约定，主要用来解决网络节点物理电路之间如何进行连接的问题。因此物理层协议又称为物理层接口标准。

2.1.2　物理层接口的特性

物理层协议对物理层接口 4 个方面的特性进行了定义。

1. 机械特性

DTE 和 DCE 之间有许多条线路，通常采用连接器实现机械上的互联，即一种设备（如 DTE）的引出导线连接插头，另一种设备（如 DCE）的引出导线连接插座，然后通过插头和插座将两种设备方便地连接起来。为了使不同厂家生产的 DTE 和 DCE 设备能够互联，物理层的机械特性对连接器的几何参数，包括连接器的引脚数量、排列方式、几何尺寸等都做出了详细的规定。

例如，ISO 2110 中"数据通信 25 芯 DTE/DCE 接口连接器和插针分配"，该标准定义接口的引脚数为 25 个，采用"12/13"上下两行排列，用于进行主机与串行打印机、调制解调器以及网络设备 Console 接口之间的连接。ISO 2110 标准与 EIA RS-232 接口标准兼容，EIA RS-232 存在 25 针和 9 针两种不同的规格，其中 9 针接口采用"4/5"上下两行排列，具体接口外形如图 2-2 所示。目前主机上的 EIA RS-232 接口均为 9 针接口。

(a) 25针RS-232接口　　　　　(b) 9针RS-232接口

图 2-2　EIA RS-232 接口

ISO 2593 中"数据通信 34 芯 DTE/DCE 接口连接器和插针分配"，该标准定义接口的引脚数为 34 个，采用 9/8/9/8 四行排列，一般实验室使用的用于进行路由器之间广域网串口连接的 V.24 或 V.35 线缆连接接口即采用了 ISO 2593 标准。具体接口外形如图 2-3 所示。从图中可以看出，实际中只使用了其中的 18 个引脚。

(a) DTE端接口   (b) DCE端接口

图 2-3　ISO 2593 接口

2. 电气特性

物理层的电气特性定义了电气接口连接方式和接口的电气参数。其中电气接口连接方式有三种，分别是单端驱动非差分接收电路、单端驱动差分接收电路和平衡驱动差分接收电路。电气参数包括信号电平的选择和定义、驱动器的输出阻抗和接收器的输入阻抗、最大数据传输速率以及传输距离等。

3. 功能特性

物理层的功能特性是对连接器各芯线的定位、功能以及各对应信号之间关系的规定。按功能可以将接口信号线分为五类，即数据信号线、控制信号线、定时信号线、接地信号线、次信道信号线。

4. 规程特性

物理层的规程特性是对接口界面上信号传输的控制过程和控制步骤的规定。不同的接口标准，其规程特性各不相同。

2.2　数据通信基础知识

2.2.1　通信的基本概念

1. 信息与数据

通信在日常生活中每时每刻都在发生。通信的形式有多种多样，如书信、电话、对话、留言等。通信的目的是传递信息，信息是人们对客观世界的认识和反映。无论是什么形式的通信，都是以传递信息为目的。例如，为了传达"狼来了"这一信息，可以使用声音、手势等方式告诉他人。

信息的物理表示形式称作数据。所有信息都要用某种形式的数据表示和传播。例如"汽车"，可以使用文字、声音、图画等数据形式表示。

总之，数据是信息的表示形式，是信息的物理表现。所有信息都要用某种形式的数据表示。信息是数据表示的含义，是数据的逻辑抽象。信息不会因数据的表示形式不同而改变。

2. 完成通信的必要条件

无论什么形式的通信都是在两个实体之间进行的，要完成一次通信必要的条件如下。

1）通信的信源与信宿

通信的信源与信宿即信息的发送者与接收者，或者称为通信的实体、对象。例如人、计算机。

2）通信设备

通信设备即发送和接收信息的设备。例如书信通信，如果没有文字载体和文字识别器官就没法完成通信；又如在对话通信中，如果人的发声设备——嘴巴、声音接收设备——耳朵出了问题，对话通信就不能进行。在电话通信中，如果没有电话设备，电话通信就不能完成。

3）信道

信道是由通信设备与传输介质组成的信息传输通道。在通信过程中，信息需要通过信息传输通道才能够进行通信。例如，语音对话是在由嘴巴、耳朵和空气传输介质构成的信道中完成的；邮政通信是在由邮局以及邮政投递网络中完成的。

4）信号

信号是通信中信息传递的物理形式，是数据在信道中的传送方式。有些通信中信号和数据的表示形式是相同的，例如一般语音对话、书信；但有些通信中信号和表示信息的数据是不同的，例如密码通信、暗号。

5）通信协议

通信协议是通信中对信息表示方法的约定。如我们对话用什么语言。如果你说一种地方语言，对方就可能不知道你表达的信息。常见的灯光、旗语、号角、手势等通信都是按照某种通信协议进行的。

3. 模拟信号和数字信号

在电话诞生之后，借助电话，可以将语音传输到很远的地方。虽然声音在金属导线中也能够传输，但是不可能传递到很远的地方，所以在电话之间传递的信号一般是电磁波。在电话通信中，用语音控制电磁波的形态，使传输的电磁波与语音声波频率相同变化，这种信号称为模拟信号，即模拟语音信号。

使用模拟信号进行数据传输时，无论是在导体中传输还是在大气中无线传输，都会受到外界电磁波的干扰，例如雷电、发动机等。所以当通信距离较远时，使用模拟信号进行数据传输的电话通信就很难实现。解决这个问题的办法就是使用数字信号来进行数据的传输。

所谓数字信号，是指使用电压（电流）脉冲方波来表示二进制数字 0、1。模拟信号与数字信号波形如图 2-4 所示。

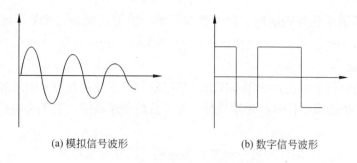

(a) 模拟信号波形   (b) 数字信号波形

图 2-4   模拟信号与数字信号波形

使用数字信号的好处是数字信号可以再生。信号再生是指在信号传递过程中受到外界干扰变形后，通过信号判决再恢复成原来的信号。例如，使用 +12V 电压表示数字 "1"，使用 −12V 电压表示数字 "0"。在接收信号时，如果大于 +3V 则认为是数字 "1"，如果小于 −3V 认为是数字 "0"。这样，虽然传输过程中 +12V 变成了 +5.2V，但并不影响信号的正确接收。数字信号传输再生过程如图 2-5 所示。

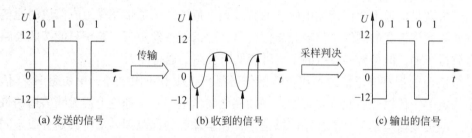

(a) 发送的信号   (b) 收到的信号   (c) 输出的信号

图 2-5   数字信号传输再生过程

现在的固定电话网络（Public Switched Telephone Network，PSTN）系统如图 2-6 所示。在固定电话系统中，用户线路中传输的是模拟信号，局间中继线路中传输的是数字信号。电话语音信号传输到交换机后，交换机中 A/D（模拟 / 数字转换）模块对模拟信号进行每秒 8000 次采样，对采样取得的信号值进行 256 级量化，然后由发送模块按位进行传输；在接收端，接收模块对接收到的数字信号进行判决再生，恢复量化值，再由 D/A（数字 / 模拟转换）模块转化成语音信号通过用户线路传输到接听用户。由于局间传输使用了数字信号，所以才使得现在的电话通信非常清晰。

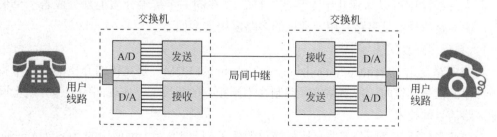

图 2-6   固定电话网络系统

4. 信号带宽和信道带宽

当使用电磁波在导体或大气中传播数据信号时，信号的频率范围和信道能够传输的频率范围就成了需要研究的问题。信号就像汽车，信道就像路，如果车比路宽显然是不行的。

1）信号带宽

信号带宽是指信号中包含的频率成分。模拟信号的带宽就是信号的最高频率与最低频率之差。例如，语音模拟信号的带宽就是人类声音的频率范围。对于模拟信号带宽计算方法为

$$信号带宽 = 信号最高频率 - 信号最低频率$$

例如，语音信号频率一般在 300~3400Hz，所以语音信号带宽为 3100Hz。

数字信号包含直流以上的频率成分，数字信号的脉冲波形在传输中是由无数频率的正弦波叠加形成的，所以数字信号中包含的频率成分非常多，远远大于模拟信号的频率范围。数字信号的最高频率成分与信号脉冲宽度有关，信号脉冲宽度为 1μs 的脉冲数字信号，其信号带宽一般为 1MHz。

2）信道带宽

信道带宽是信道上允许传输电磁波的有效频率范围。信道带宽受组成信道的通信设备及传输介质允许带宽的制约。传输介质像公路，通信设备像警察。警察只能按照公路的通行能力放行车辆，但是警察放行的车辆可能低于公路的通行能力。

模拟信道的带宽等于信道可以传输的信号频率上限和下限之差，单位是 Hz。信道的带宽不一定等于传输介质允许的带宽。例如在无线信道中，从理论上说无线信道的带宽是无限的，但无线信道是共享的公用广播信道，在全球和局部范围内都将其划分成不同用途的信道，根据用途的不同，其信道带宽差距很大。又如电话用户线路，线路传输的频率可以达到 1MHz 以上，但语音信道的带宽为 4000Hz，可以传输 0~4000Hz 频率范围的电磁波，涵盖了 300~3400Hz 的语音信号带宽。

数字信道的带宽一般用信道容量表示。信道容量是信道的最大数据传输速率，单位是比特 / 秒（bps）。

5. 多路复用的概念

不同的传输介质所允许的带宽有很大的不同。例如，电话线路大概能达到 2MHz 的带宽，而光纤线路则可以达到几十太赫兹（THz）。在同一个传输介质上划分成若干个信道同时传输多路信号就是多路复用。常见的多路复用技术如下。

1）频分多路复用

频分多路复用（Frequency Division Multiplexing，FDM）是在传输介质的有效带宽超过被传输的信号带宽时，把多路信号调制在不同频率的载波上，实现同一传输介质上同时传输多路信号的技术。

无线调频广播就是频分多路复用最简单的例子。早期家庭上网使用的 ADSL（Asymetric Digital Subscriber Line，非对称数字用户线路）与电话共用一条电话线路就是利用的频分多路复用技术。在电话用户线路上，语音信号占用了 0~4000Hz 的传输频带，ADSL 则占用 4000Hz 以上频带部分。

2）时分多路复用

时分多路复用（Time-Division Multiplexing，TDM）是传输介质可以达到的数据传输速率超过被传输信号传输速率时，把多路信号按一定的时间间隔传送的方法，实现在同一传输介质上"同时"传输多路信号的技术。

例如，我们现在的电话通信都是被数字采样后按 64kbps 的速率传输。如果信道的带宽是 2Mbps，显然可以同时传输 32 路电话信号（64k×32=2048（kbps））。这样在不同的时间段把不同的电话信号传输过去，就相当于把 2Mbps 的信道分成 32 个 64kbps 的信道。

3）统计时分复用

统计时分复用（Statistical Time-Division Multiplexing，STDM）是根据用户有无数据传输需要分配信道资源的方法，以进一步提高信道资源利用率。例如，在时分复用中把 2Mbps 的信道分成 32 个 64kbps 的信道，每个 64kbps 信道对应一个电话用户。但是每个电话用户在某个时间段并不需要传输数据，这时就可能浪费信道的传输能力。统计时分复用就是把每个用户的数据存储在计算机内存缓冲区中，并加上用户标识，在 2Mbps 信道上全速传输内存缓冲区中的数据，这样一个 2Mbps 的信道就可能相当于划分出上百个 64kbps 的信道。所谓的 IP 电话就是这样实现的。

2.2.2　数据编码

在计算机中，数据需要使用二进制编码表示。例如，ASCII 字符编码和汉字国标码等。而二进制编码数据在通信过程中需要使用具体的信号来表示。对于不同的数据传输方式，数据的信号编码形式也有所不同。

1. 基带传输与频带传输

1）基带传输

在数据通信中传输的都是二进制编码数据，终端设备把数据转换成数字脉冲信号来进行通信。数字脉冲信号所固有的频带称为基本频带，简称基带。在信道中直接传输基带信号的传输方式称为基带传输。

基带传输即直接传输数字信号，由于数字信号中包含从直流到数百兆赫兹的频率成分，信号带宽较大，因此采用基带传输数据时数字信号将占用较大的信道带宽，导致其只适用于短距离传输的场合。基带传输系统相对比较简单，传输速率较高。在局域网中一般都采用基带传输的方式来实现。

2）频带传输

基带传输方式虽然简单，但不适合进行长距离的传输，也不适合在模拟信道上传输数字信号。例如，由于电话语音信道只有 4000Hz 的带宽，远远小于数字脉冲信号的带宽，因此在电话语音信道上就不能传输基带数据信号。

为了利用模拟信道长距离传输数字信号，需要把基带数字信号利用某一频率正弦波的参量表示出来，这个正弦波称为载波。利用载波参量传输数字信号的方法称为频带传输。把数字信号用载波参量表示的过程叫作调制，在接收端把数字信号从载波信号中分离出来的过程叫作解调。调制解调器就是实现信号调制和解调的设备。

在频带传输中，使用调制编码表示数字信号，即使用载波信号的幅度、频率或相位表示数字 "0" 或 "1"。例如，使用 980Hz 频率的载波信号表示数字 "0"，使用 1180Hz 频率的载波信号表示数字 "1"。

2. 数字数据的调制编码

数字信号调制过程是利用数字信号控制载波信号的参量变化过程。正弦载波信号的数学函数表达式为

$$f(t) = A\sin(\omega t + \theta)$$

式中，A、ω 和 θ 分别代表函数的幅度、频率和初相角，使用数字信号控制这三个参量的变化，就可以产生数字信号的调制编码。

1）幅度调制编码（Amplitude Modulation，AM）

幅度调制编码又称调幅、幅移键控，是使用数字信号控制载波的幅度，通过载波幅度的变化来表示二进制数字 "0" 或 "1"。幅度调制过程如图 2-7 所示。

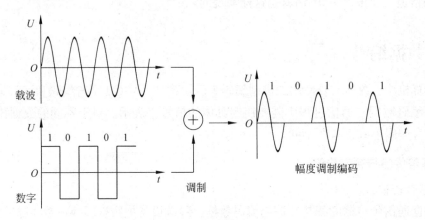

图 2-7　幅度调制过程

幅度调制编码使用信号幅度的大小表示数据，调制方法比较简单，容易实现，但是信号中的直流成分较大，而且容易受到外界电磁波的干扰，现在一般较少使用。

2）频率调制编码（Frequency Modulation，FM）

频率调制编码又称调频、频移键控，是使用数字信号控制载波的频率，通过载波频率的变化来表示二进制数字 "0" 或 "1"。频率调制过程如图 2-8 所示。

频率调制方式比较简单，抗干扰能力也比较强。频率调制需要使用两个或多个频率的载波。在图 2-8 中，使用两个频率的载波 f_0 和 f_1 分别表示二进制数字 "0" 和 "1"。如果使用 4 个频率的载波 f_0、f_1、f_2 和 f_3，那么每个载波信号就可以表示两位二进制数据，如表 2-1 所示。

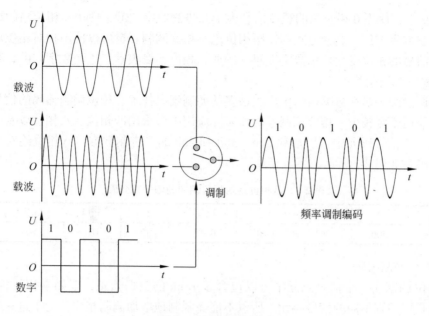

图 2-8　频率调制过程

表 2-1　4 个频率的载波调制编码

载波频率	f_0	f_1	f_2	f_3
二进制码	00	01	10	11

　　在数字数据的调制编码中，包含数据的编码信号称为信号码元。在使用 4 个频率的载波进行调制时，每个调制信号码元中可以包含 2bit 的二进制数据，这样在信道的有效带宽内可以成倍地提高数据传输速率。

　　使用频率调制编码时，各个载波之间为了避免干扰，必须留出一定的频率间隔，所以频率调制编码信号占用的频带较宽，特别是使用多个载波频率时，占用信道的频带更宽。

　　3）相位调制编码（Phase Modulation，PM）

　　相位调制编码又称调相、相移键控，是使用数字信号控制载波的初相角，通过载波相位的变化表示二进制数字"0"或"1"。相位调制过程如图 2-9 所示。

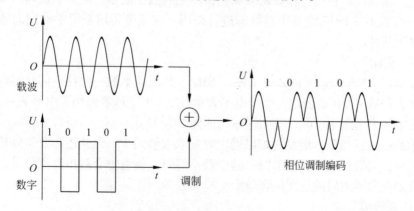

图 2-9　相位调制过程

图 2-9 中，使用 0 相位角的载波信号表示二进制数字"0"，使用 π 相位角的载波信号表示二进制数字"1"。这种方式称作两相位绝对相位调制。也可以使用相对相位调制，即使用载波信号的相位变化表示数字编码。例如，相位不变表示二进制数字"0"，相位变化 π 相位角表示二进制数字"1"。

相位调制编码是在数据通信中应用最多的调制编码技术。相位调制编码的信号带宽较小，占用信道带宽较少。相位调制编码在实际应用中多采用四相位、八相位以及十六相位调制，在一个信号码元中可以承载 2bit、3bit 和 4bit 的二进制数据。八相位绝对相位调制的信号编码表如表 2-2 所示。

表 2-2　八相位绝对相位调制的信号编码表

初相角	0	π/4	π/2	3π/4	π	5π/4	3π/2	7π/4
二进制码	000	001	010	011	100	101	110	111

4）混合调制编码

多相位调制在一个信号码元中可以包含多个 bit 的数据信息，但如果相位相差太少，接收方就难以识别不同的信号码元，所以不能无限制地增加调制相位。为了进一步提高码元表示的比特数，在频带传输中还会采用"幅度 - 相位""频率 - 相位"的混合调制技术。

"幅度 - 相位"调制编码使用不同的幅度和不同的相位来表示数字数据。例如，在八相位调制中，每个码元可以承载 3bit 的二进制数据，这是假定载波信号的幅度值是 A_0，在同样的相位编码信号中，使用幅度值是 A_1 的载波信号，就可以得到另一组包含 3bit 二进制数据的编码信号，两组信号合起来相当于每个信号码元中包含了 4bit 的二进制数据。八相位两幅度混合调制信号的编码表如表 2-3 所示。

表 2-3　八相位两幅度混合调制的信号编码表

初相角	0	π/4	π/2	3π/4	π	5π/4	3π/2	7π/4
幅度 A_0	0000	0001	0010	0011	0100	0101	0110	0111
幅度 A_1	1000	1001	1010	1011	1100	1101	1110	1111

3. 数字数据的数字信号编码

在基带传输系统中直接传输数据终端设备产生的数字信号。但为了正确无误地传输数字数据，一般需要在 DCE 设备中对数据进行编码。在基带传输系统中常用的数字信号编码方式有以下几种。

1）非归零编码

非归零编码（NonReturn to Zero code，NRZ）是最简单的一种数字信号编码，它使用一个正电平表示数字"0"，使用一个负电平表示数字"1"；或者使用正电平表示数字"1"，使用一个负电平表示数字"0"。非归零编码如图 2-10 所示。

非归零编码虽然简单，但是它难以确定收发双方的同步，因此还需要额外传送同步时钟信号。另外，当数据中"0"和"1"的个数不等时，信道中会累积直流分量，导致信号的失真，因此非归零编码的使用场合较少。

2）曼彻斯特编码

为了解决非归零码难以同步以及直流分量的问题，曼彻斯特（Manchester）编码使用

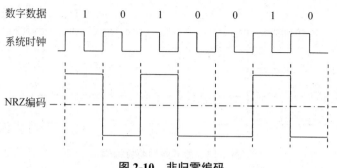

图 2-10　非归零编码

两个码元来承载 1bit 的二进制数据：从高电平到低电平跳变表示数字"0"，即其前一个码元的电平为高电平，后一个码元为低电平；从低电平到高电平跳变表示数字"1"，即其前一个码元为低电平，后一个码元为高电平。曼彻斯特编码如图 2-11 所示。

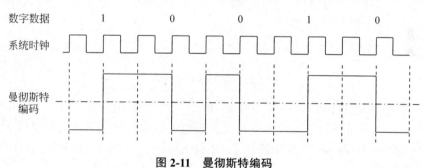

图 2-11　曼彻斯特编码

由于曼彻斯特编码的信号中间存在电平的跳变，因此它不再含有直流分量。另外，其中间的跳变还可以作为时钟信号来维持通信双方的同步，因此曼彻斯特编码是一种自带同步时钟信号的编码方式。

当然，由于曼彻斯特编码需要使用两个码元来表示一位二进制数据，因此它的编码效率比较低，为 50%。例如，在 10Mbps 的局域网中使用了曼彻斯特编码方式，为了达到 10Mbps 的传输速率，系统实际上必须提供 20MHz 以上的时钟频率。

3）差分曼彻斯特编码

差分曼彻斯特编码（Difference Manchester Code）是在曼彻斯特编码基础上的改进。在差分曼彻斯特编码中，每个信号编码位中间的跳变只起到携带时钟信号的作用，与信号表示的数据无关。数字数据"0"和"1"用数据位之间的跳变来表示。如果下一位数据是"0"，码元之间会有电平的跳变；如果下一位数据是"1"，则码元之间不发生电平的跳变。差分曼彻斯特编码提高了抗干扰能力，在信号极性发生翻转时并不影响信号的接收判决。其编码效率依然是 50%。差分曼彻斯特编码如图 2-12 所示。

4）非归零交替编码与 4B/5B 编码

曼彻斯特编码虽然有很多优点，但其编码效率太低，影响信道的数据传输速率。在较高数据传输速率的网络（如 100Mbps 的局域网）中无法满足编码需要。在实际中，100Mbps 的局域网中采用的编码方式为非归零交替编码（Non Return to Zero Inverted code，NRZI）。非归零交替编码采用电平跳变表示数字"1"，无电平变换表示数字"0"。非归零交替编码如图 2-13 所示。

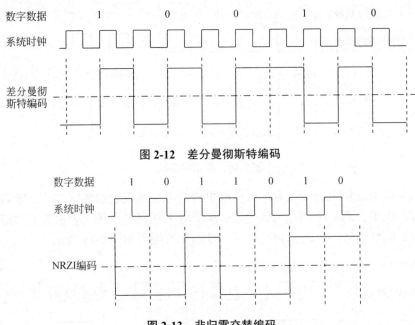

图 2-12　差分曼彻斯特编码

图 2-13　非归零交替编码

非归零交替编码的编码效率为 100%，但是当编码中包含的数字"0"的个数较多时，电路中的直流分量依然较大，而且也无法有效地提取时钟信号。为解决这个为题，在 IEEE 802.3u 标准（100Base-TX）中使用了 4B/5B 编码与非归零交替编码配合使用。4B/5B 编码表如表 2-4 所示。

表 2-4　4B/5B 编码表

数据	5B 编码	数据	5B 编码	数据	5B 编码	数据	5B 编码
0000	11110	0101	01011	1010	10110	1111	11101
0001	01001	0110	01110	1011	10111	IDLE	11111
0010	10100	0111	01111	1100	11010		
0011	10101	1000	10010	1101	11011		
0100	01010	1001	10011	1110	11100		

从表 2-4 中可以看出，5B 编码使用 5bit 的二进制数进行编码，可以得到 2^5=32 组编码；4B/5B 表示使用 5bit 的二进制数据编码传送 4bit 的二进制数据。4bit 二进制数据只需要使用 2^4=16 组编码，在 32 组编码中挑选出 16 组包含多个"1"的编码是容易做到的。在表 2-4 中可以看到，所选用的 16 组编码中都至少包含 2 个"1"，这样就可以有效地解决信号传输中的直流分量问题。至于同步时钟信号则可以从包含连续几个"1"的同步字符中提取。

4B/5B 编码在 5 个时钟周期中传送 4bit 的有效数据，其编码效率为 80%。在 100Base-TX 局域网中，时钟频率为 125MHz，每 5 个时钟周期为一组，每组发送 4bit 二进制数据，传输速率为 100Mbps。

5）其他数据编码

8B/10B 编码是在 IEEE 802.3z（千兆以太网标准）以及 IEEE 802.3ae（万兆以太网标准）

中使用的数据编码。了解了 4B/5B 编码原理后，8B/10B 编码就不难理解了，其实就是使用 10bit 的二进制数进行编码，从中选取出 256 组编码来传送 8bit 的二进制数据，保证每个编码中"1"的个数不少于 4。

4D-PAM5 编码是 IEEE 802.3ab（千兆以太网标准）中使用的数据编码。由于该标准使用 4 对 UTP 线缆传输数据，因此称作 4D。PAM5 编码是五电平编码，编码方案如表 2-5 所示。

表 2-5　PAM5 编码方案

电平	−2	−1	0	+1	+2
数据	00	01	—	10	11

4D-PAM5 编码的每个时钟周期内传输 2bit 的二进制数据，所以其编码效率为 200%。

2.2.3　数据传输方式

1. 并行传输与串行传输

计算机中的数据一般用字节和字来表示，计算机中存储数据一般以 8 位二进制即字节为单位，而在将数据通过信道进行传输时，可以采用按字（32bit 或 64bit）或按字节（8bit）进行传输以及按位（bit）进行传输，将数据按字或按字节使多位（一般是 8 的倍数）二进制数同时传输的方式称作并行传输；将数据按二进制位逐位传输的方式称作串行传输。

在并行传输中，每个数据位使用一根独立的数据线和公用信号地线；而串行传输则仅使用一根数据线和一根信号地线，让数据按位分时通过传输线路。并行传输与串行传输的具体实现方式如图 2-14 所示。

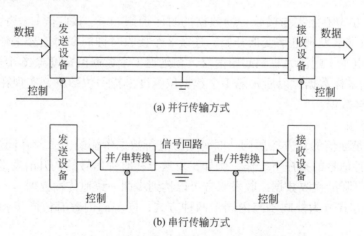

图 2-14　并行传输与串行传输的具体实现方式

并行传输方式在一个信号周期内可以将 8 位二进制数据同时传送到接收方，而串行传输方式则需要 8 个信号周期。传输 8 位二进制数据时，并行传输方式至少需要 9 根信号线，而并行传输方式只需要 2 根信号线。

在远距离通信系统中，通信线路的成本较高，因此并行传输方式一般只在系统内部或很短距离的系统之间使用，计算机网络中的通信方式一般都是采用串行传输的方式。

2. 异步传输和同步传输

在串行传输方式中，数据是按位进行传输的，发送方和接收方必须按照相同的时序发送和接收数据，才能够进行正确的数据传输。根据传输时序，控制技术可以分为异步传输方式和同步传输方式。

1）异步传输

异步传输方式中收发双方各自按照自己的时钟信号工作。异步传输方式一般用于字节（字符）数据传输。

在异步传输方式中，为了保证传输正确，使用起始位、停止位和波特率控制传输时序。传输的每个字节称作一个数据帧。在数据帧之间至少需要 1 个停止位，停止位一般使用高电平表示；数据帧的开始则需要一个起始位，早期的异步传输方式要求起始位有 1.5 个数据位宽度。数据位的宽度由波特率计算。例如，波特率为 9600 时，每个数据位的宽度约为 104μs。异步传输的帧结构如图 2-15 所示。

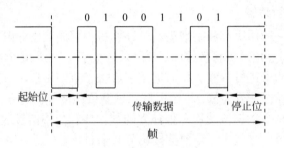

图 2-15　异步传输的帧结构

异步传输方式中接收端接收一帧数据的时序控制如下：接收时钟一般为传输波特率的 16 倍。接收端从发现电平变低开始，连续 8 个接收时钟周期对信号采样，如果 8 次采样信号均为低电平，则认为收到起始信号，在延迟 1 个数据位宽度（16 个接收时钟周期，104μs）后开始采样数据。以后每隔 1 个数据位宽度采样一位数据，实现在数据信号码元的中心位置采样数据。

2）同步传输

同步传输是通信的双方按照同一时钟信号进行数据传输的方式。在同步传输方式中，双方在同一时钟信号的指挥下工作，例如，发送方在时钟信号的上升沿发送数据，接收方在时钟信号的下降沿接收数据，收发双方可以达到步调一致地传输数据。

同步传输方式分为外同步与内同步两种方式，同步的内容有位同步和字节同步两个方面。

在外同步方式中，需要使用通信线路传输同步时钟信号，系统成本较高；内同步传输方式是从数据信号编码中提取同步时钟信号。例如，曼彻斯特编码和差分曼彻斯特编码就是典型的内同步，因为其编码方式中每个数据位中间都有电平的跳变，因此根据这个规律就能够生成同步时钟信号。

2.2.4　数据通信方式

1. 信道结构

在传输电子信号的线路中，一个信道理论上由两条线路组成，两条线路形成一条信号回路。一般把信道的两条线路中的一条称作数据信号线，另一条称作地线。有时多个信道可以共用一条信号地线，例如并行传输方式。

在信道中传输数据的方向是固定的。图 2-16（a）是信道的简单原理图。在线路的两端不仅连接的信号端子不同，而且往往会有信号放大器存在，所以信号只能向一个方向传输。图 2-16（b）是信道传输方向的一般表示。

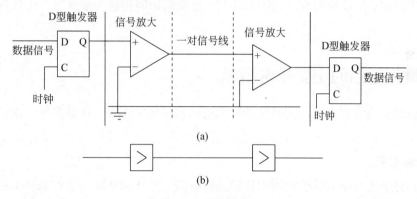

图 2-16　信道结构

2. 通信方式

根据信道的不同结构，可以将通信方式分成三种，分别是单工通信、半双工通信和全双工通信。

1）单工通信

单工通信是最简单的一种通信方式，其信道是一种单方向的传输信道，信号只能沿着一个方向进行传输，如图 2-17 所示。在计算机网络中一般不会采用单工通信的方式。

图 2-17　单工通信的信道结构

2）半双工通信

半双工通信的信道结构如图 2-18 所示。其中，发送信道和接收信道共用一条通信线路，数据可以向两个方向传输，但不能同时进行传输。在总线型局域网中，多个站点共享一条通信线路，所以其通信方式只能是半双工的通信方式。

图 2-18　半双工通信的信道结构

3）全双工通信

全双工通信的信道结构如图 2-19 所示。其中，发送信道和接收信道各自独立，可以同时发送数据和接收数据，数据通信效率高。在星型局域网中都采用全双工的通信方式。例如，在 100Base-TX 网络中采用 4 对 UTP 线缆作为传输线路，其中一对用于发送信道，一对用于接收信道，另外两对线缆空闲。

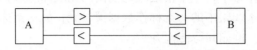

图 2-19 全双工通信的信道结构

在数据通信系统中，数据传输方式一般需要考虑是串行传输还是并行传输；是同步传输还是异步传输；是基带传输还是频带传输；是单向数据传输（半双工）还是双向数据传输（全双工）。

2.2.5 数据通信的主要技术指标

对数据通信系统而言，其主要性能技术指标包括传输速率、信道容量、误码率以及信道延迟等。

1. 传输速率

数据的传输速率是指单位时间内传输的数据量，具体到实际中又有两种不同的度量方式，分别是波特率和比特率。

1）波特率

波特率又称为码元传输速率、码元速率，它表示单位时间内（每秒）信道上实际传输码元的个数，常用符号 B 来表示，单位是波特（Baud）。需要注意的是，码元速率仅仅表示单位时间内传送的码元数目，与码元上承载的二进制位数无关。

如果信道上传输的信号的周期（宽度）为 T，则

$$B=1/T$$

2）比特率

比特率又称为信息传输速率、信息速率，它表示单位时间内（每秒）信道上所传输的二进制代码的位（比特）数，一般用符号 R 来表示，单位为"比特 / 秒"，记为"bit/s"或"b/s"。

需要注意的是比特率和波特率之间的关系。在波特率一定的情况下，比特率取决于每个码元所能承载的二进制数据位数。假设码元状态数为 N，则每个码元承载的二进制数据位数为 $\log_2 N$，因此比特率的计算公式如下：

$$R=B\times\log_2 N$$

式中，R 为比特率；B 为波特率；N 为码元状态数。

例题：某通信系统采用八相位调制编码，调制编码的码元状态数为 8，如果信号码元周期长度为 1/3200s，则数据传输速率为

$$R=1 \Big/ \frac{1}{3200} \times \log_2 8 = 3200 \times 3 = 9600 \text{（b/s）}$$

2. 信道容量

信道中理论上允许的最大数据传输速率称为该信道的信道容量。从比特率的概念可以得知，使用多状态信号编码可以有效地提高数据的传输速率，但是是否可以无限地增加信号编码状态数从而来无限地提高数据传输速率呢？答案当然是否定的。因为随着信号编码状态数的增加，对信号进行识别的难度也随之增加。如果信号编码的状态数太多，状态之间的特征差距太小，就会导致接收端无法正常地接收并识别信号。

实际上，信道容量受到信道的频带宽度以及信道中噪声强度的影响。通常情况下，信道频带宽度越宽，一定时间内信道上传输的信息量就越多，则信道容量就越大，传输效率就越高。香农（Shannon）定理给出了信道带宽与信道容量之间的关系。在香农定理中指出，在有噪声的信道中，假设信号的功率为 S，噪声的功率为 N，信道的频带宽度为 W（Hz），则该信道的信道容量 C 为

$$C = B \cdot \log_2 \left(1 + \frac{S}{N} \right)$$

在上面的定理中，$\dfrac{S}{N}$ 称为信道的信噪比，即信号功率与噪声功率的比值。信噪比通常使用单位分贝（dB）来表示，分贝和一般信噪比值的换算关系如下：

$$信噪比 = 10 \times \lg \frac{S}{N}$$

如果 $\dfrac{S}{N} = 100$，则用分贝表示的信噪比为 20dB。

例题： 带宽约为 4000Hz 的电话语音信道的信噪比 $S/N \approx 1000$，即 30dB。根据香农定理，该电话语音信道的信道容量为

$$C = 4000 \times \log_2 (1 + 1000) \approx 4000 \times 10 = 40000 = 40 \text{（kbps）}$$

从香农定理可以得知，在信道带宽一定的情况下，S/N 的值越大则信道容量越大，当信道内的噪声干扰的平均功率趋于 0 时，S/N 的值趋于无穷大，则信道容量也趋于无穷大，即无干扰的信道容量为无穷大，信道传输的信息多少完全由信道的频带宽度所决定。此时，信道中最大传输速率由奈奎斯特（Nyquist）定理决定：

$$B_{\max} = 2W$$

即

$$R_{\max} = 2W \times \log_2 N$$

式中，B 为波特率；R 为比特率；W 为信道的频带宽度；N 为码元状态数。即在无噪声的理想状况下，最大的波特率是信道频带宽度的 2 倍。

例题： 某信道带宽为 4000Hz，调制为 4 种码元，根据奈奎斯特定理，信道最大波特率和最大比特率分别是多少？

最大波特率：$\qquad\qquad B_{\max} = 2 \times 4000 = 8000$（Baud）

最大比特率：$\qquad\qquad R_{\max} = 2 \times 4000 \times \log_2 4 = 2 \times 4000 \times 2 = 16000 = 16$（kbps）

在这里需要注意的是信道容量和比特率之间在概念上的区别，信道容量代表了信道传输数据的能力，由信道的物理特性决定，是数据传输速率的极限；而比特率表示了数据实

际的传输速度。在实际应用中，信道容量一定是大于比特率的。

3. 误码率

由于网络中传输的数据信息都由离散的二进制数字序列来表示，因此在传输过程中，不论它经历了何种变换，产生了什么样的失真，只要在到达接收端时能正确地恢复出原始发送的二进制数字序列，就达到了传输的目的。所以衡量数据通信系统可靠性的主要指标是差错率，即数据在传输过程中出错的概率。差错率通常用误码率来表示。误码率又称码元差错率，是指在传输的码元总数中错误接收的码元数所占的比例，即

$$误码率 = 接收错误的码元数 \div 传输的码元总数$$

在计算机网络通信系统中，要求误码率低于 10^{-6}。一般传统的铜线信道的误码率在 10^{-6} 以下，光纤信道的误码率在 10^{-9} 以下；广域网要求误码率在 10^{-6} 以下，局域网要求误码率在 10^{-9} 以下。

4. 信道延迟

信号在信道中从信源端到达信宿端所需要的时间即为信道延迟，它与信道的长度及信号的传播速度有关。电信号一般以接近光速的速度（300m/μs）传播，但随介质的不同而略有差别。例如，电缆中的传播速度一般为光速的 77%，即 200m/μs 左右。

一般来说，考虑信号从信源端到达信宿端的时间是没有意义的，但对于一种具体的网络，当我们对该网络中相距最远的两个站之间的传播时延感兴趣时，就要考虑信号传播速度即网络通信线路的最大长度。如 500m 铜轴电缆的时延大约是 2.5μs，远离地面 3.6 万千米的卫星，上行和下行的时延均约 270ms。时延的大小对有些网络应用有很大的影响。

例题： 在相隔 2000km 的两地间通过电缆以 4800bps 的速率传送长度为 3000bit 的数据包，从开始发送到接收完成数据需要的时间是多少？如果采用 50kbps 的卫星信道传送，则需要的时间又是多少？

（1）对电缆而言，数据传送时间为：3000÷4800=625（ms）；信道延迟时间为：2000×1000÷200=10000（μs）=10（ms），因此从开始发送到接收完成数据需要的时间是 625＋10=635（ms）。

（2）对卫星信道而言，数据传送的时间为：3000÷（50×1000）=60（ms）；信道延迟时间为固定值 270ms，因此从开始发送到接收完成数据需要的时间是 60＋270=330（ms）。

2.3　数据传输介质

传输介质是数据通信信道的重要组成部分，是两个传输终端之间的物理路径，不同的传输介质构成了不同的信道特性。在数据通信中，常见的网络传输介质有同轴电缆、双绞线、光纤等。下面分别对其进行介绍。

2.3.1　同轴电缆

同轴电缆（Coaxial Cable）是早期总线型的共享式以太网中所使用的的传输介质。

同轴电缆的结构包括中央铜线、绝缘层、网状金属屏蔽层以及塑料封套，由于其中央铜线和网状金属屏蔽层同轴，因此称为同轴电缆。其具体的结构如图 2-20 所示。

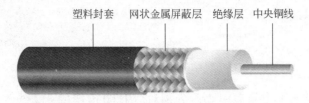

塑料封套　　网状金属屏蔽层　　绝缘层　　中央铜线

图 2-20　同轴电缆结构

在同轴电缆中，中央铜线负责传输电磁信号；网状金属屏蔽层一方面可以屏蔽噪声，另一方面可以作为信号地；绝缘层则负责将中央铜线与网状金属屏蔽层分隔开，若这两者接触，电线将会短路；塑料封套可使电缆免遭物理性破坏，通常由柔韧性好的防火塑料制品制成。

2.3.2　双绞线

双绞线（Twisted Pairwire，TP）是当前网络中最常用的一种传输介质。双绞线是由两根具有绝缘层的铜导线按一定密度互相扭绞在一起构成的线对，扭绞的目的是抵消传输电流产生的电磁场，降低信号干扰的程度。所有用电设备都会产生电磁干扰（Electro Magnetic Interference，EMI），即电噪声。电磁干扰可以通过电感、传导、耦合等方式中的任何一种进入通信电缆，导致信号损失。双绞线作为铜导线同样具有吸收和发射电磁场的能力。我们将两条铜导线扭绞在一起，如果双绞线的绞距同外界电磁波的波长相比很小，可以认为电磁场在第一个绞节中产生的电流和第二个绞节中产生的电流相同但极性相反，这样，外界电磁干扰在双绞线中所产生的影响就可以互相抵消。而对于双绞线自身产生的电磁辐射，根据电磁感应原理，很容易确定第一个绞节和第二个绞节中产生的电磁场大小相等、方向相反，相加为零。这就是双绞线的平衡特性。但是，这种情况只有在理想的平衡电缆中才会发生。实际上，理想的平衡电缆是不存在的。首先，弯曲会造成绞节的松散；其次，电缆附近的任何金属物体都会形成与双绞线的电容耦合，使相邻绞节内的电磁场方向不再完全相反，而会发射电磁波。

双绞线电缆按照是否可以抵御外界电磁辐射分为屏蔽双绞线（Shielded Twisted Pair，STP）电缆和非屏蔽双绞线（Unshielded Twisted Pairwire，UTP）电缆两种。屏蔽双绞线电缆能够有效抵御外界电磁辐射，其传输的可靠性较高，但其成本和安装的复杂度也都较高。当前网络中最常见的双绞线电缆是由 4 对双绞线组成的非屏蔽双绞线电缆，其 4 对线缆的颜色分别是橙白、橙；绿白、绿；蓝白、蓝；棕白、棕，如图 2-21 所示。

1. 双绞线电缆的制作

1）线缆排列顺序

作为当前网络中使用最广泛的通信介质，在网络连接中，UTP 接头处需要使用专门的连接器件与网络设备或主机网卡进行连接，这个连接器件就是 RJ-45 水晶头，如图 2-22 所示。

图 2-21　非屏蔽双绞线电缆结构图

图 2-22　RJ-45 水晶头

RJ-45 水晶头共有 8 个金属引脚，分别对应 UTP 电缆的 8 条线。在制作双绞线电缆时，必须首先明确 UTP 线缆中 8 条线的具体排列顺序。在网络中，UTP 线缆的线序需要遵循美国电子工业协会（Electronic Industries Association，EIA）和美国通信工业协会（Telecommunications Industry Association，TIA）制定的 EIA/TIA-568A 以及 EIA/TIA-568B 标准。具体如表 2-6 所示。

表 2-6　EIA/TIA-568A 和 EIA/TIA-568B 线序标准

标　　准	引　脚　序　号							
	1	2	3	4	5	6	7	8
EIA/TIA-568A	绿白	绿	橙白	蓝	蓝白	橙	棕白	棕
EIA/TIA-568B	橙白	橙	绿白	蓝	蓝白	绿	棕白	棕

传统上，网络中使用的双绞线电缆分为两种，一种称为交叉电缆，其一端使用 EIA/TIA-568A 标准，另一端使用 EIA/TIA-568B 标准，用来连接同种类型的网络设备；另一种称为直通电缆，两端均使用 EIA/TIA-568B 标准，用来连接不同类型的网络设备。具体的原理在本书中不再进行详细的介绍。而在当前的网络中，由于网络设备接口都能够支持自动翻转（Auto MDI/MDIX），因此只使用直通电缆，而且在综合布线工程中一般会规定只能使用直通电缆，从而减少管理的复杂度。

2）做线工具

制作双绞线电缆需要使用专门的线缆压接工具，即网线钳。网线钳的种类比较多，但一般都具备切线刀、剥线口和压线口等几部分。切线刀用于截取电缆和将双绞线切齐整；剥线口用于剥离双绞线电缆外层护套；压线口用于把双绞线和 RJ-45 水晶头压接在一起。如图 2-23 所示是一种网线钳。

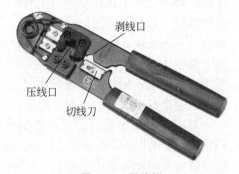

剥线口

压线口

切线刀

图 2-23　网线钳

3）做线过程

双绞线电缆的制作过程如下。

（1）截取需要长度的双绞线电缆。

（2）使用网线钳的剥线口剥除电缆外层护套。

（3）将 4 对线缆解绞，剪掉电缆中的尼龙绳（即撕裂绳）。

（4）按照 EIA/TIA-568B（即橙白、橙；绿白、蓝；蓝白、绿；棕白、棕）的线序颜色将 8 根线排列好，并将它们捋直摆平，保持线缆之间完全贴紧，没有任何缝隙。

（5）使用网线钳切线口剪齐排列好的 8 根线，剩余不绞合线缆长度约 1.5cm。

（6）将有次序的电缆插入 RJ-45 水晶头中，要确保每条线都能和水晶头里面的金属片引脚紧密接触，并确保电缆护套插入水晶头中，以保障连接的牢固。图 2-24 是电缆护套与水晶头错误与正确的位置。

如果电缆护套没有插入水晶头里，拉动电缆时就有可能导致双绞线拉出，造成双绞线与水晶头的金属片引脚接触不良，很多网络故障是因此造成的。

（7）检查线序和护套的位置，确保它们都是正确的。

（8）将水晶头紧紧插入网线钳的压接口中，并用力对其进行彻底压接。

（9）检查两端插头有无问题，查看水晶头上的金属片是否平整。

2. 双绞线电缆的测试

双绞线电缆制作完成后，需要测试其连通性是否正常，使用的工具是网络测试仪，即测线器，如图 2-25 所示。

(a) 错误	(b) 正确

图 2-24　电缆护套正误位置示意　　　　　图 2-25　网络测试仪

测线器由两部分组成，较大的一部分用来发送信号，另一部分则用来接收信号。将制作好的双绞线电缆两端的水晶头分别插入测线器上的两个 RJ-45 插孔内，打开测试开关，此时发送方会逐条线缆地发送信号，如果测线器两端的 8 个指示灯依次闪亮，则该双绞线电缆制作成功；如果接收方指示灯闪亮的顺序出现问题，则意味着所制作双绞线电缆的线序存在错误；如果有些指示灯不亮，则意味着相应的线缆断路或接触不良。

微课 2-1：网线制作

2.3.3　光纤

1. 光纤的结构

光纤（Optical Fiber）是光导纤维的简称，是一种把光封闭在其中并沿轴向进行传输的导波结构。

光纤的裸纤一般包括三部分：中心是高折射率的玻璃纤芯，进行光能量的传输；中间为低折射率的硅玻璃形成的包层，为光的传输提供反射面和进行光隔离，并起一定的机械保护作用；最外层是树脂涂覆层，对光纤进行物理保护。将一定数量的光纤按照特定方式组成缆芯，并且包覆外护层，就形成了光缆。光缆用于实现光信号的传输。光纤裸纤及光缆如图 2-26 所示。

涂覆层　包层　纤芯

(a) 裸纤结构	(b) 光缆

图 2-26　光纤裸纤及光缆

根据光的折射、反射和全反射原理可知，当光从一种物质射向另一种物质时，就会在两种物质的交界面产生反射和折射，并且折射的角度会随着入射光角度的变化而变化。当入射光达到或超过某一个角度时，折射光就会消失，入射光被全部反射回来，形成全反射。不同的物质对相同波长的光的折射角度是不同的，相同的物质对于不同波长的光的折射角度也不相同。光纤通信就是基于这个基本原理而形成的。

光纤的纤芯由高纯度的二氧化硅（SiO_2）制造，并加入极少部分掺杂剂以提高纤芯的折射率。包层通常也使用高纯度的二氧化硅制造，并加入掺杂剂以降低其折射率。包层的折射率低于纤芯的折射率，以便光线被束缚在纤芯中传输。在包层外面通常还有一层涂覆层，涂覆层的材料是环氧树脂或硅橡胶，其作用是增加光纤的机械强度，在光纤受到外界振动时既可以保护光纤的物理和化学性能，同时又可以增加柔韧性、隔离外界水汽的侵蚀。

2. 光纤的分类

光纤的种类很多，分类方法也多种多样。可以按照制作材料、工作波长、折射率分布和传输模式等对它们进行分类。

按照制造光纤的材料，可分为石英系列光纤、多组分玻璃光纤、塑料光纤和氟化物光纤等。按照光纤的工作波长，可分为短波长光纤、长波长光纤和超长波长光纤。下面重点介绍按照传输模式和折射率分布的分类方式。

1）按传输模式分类

按照光在光纤中传输模式的不同，可以将光纤分为多模光纤和单模光纤。

传输模式其实可以理解为光的入射角。在光纤的受光角内，以某一角度射入光线端面，并能在光纤的纤芯和包层的交界面上产生全反射的传播光线，就称为光的一个传输模式。

当光纤纤芯的几何尺寸远大于光波波长时，光纤中会存在几十种乃至几百种传播模式，这种光纤就称为多模光纤。入射角大就称为"高次模"，入射角小就称为"低次模"，沿光纤轴进行传输的称为"基模"。多模光纤的纤芯直径一般为 50μm 和 62.5μm，运行波长为850nm 或 1300nm。多模光纤由于存在多种模式，模间色散较高，传输带宽较窄，传输速率不高。

当光纤纤芯的几何尺寸可以与光波长相比拟时，光纤只允许一种模式（基模 HE11）在其中传播，其余的模式全部截止，这样的光纤叫作单模光纤。单模光纤的纤芯直径是8~10μm，运行波长为 1310nm 或 1550nm。由于它只允许一种模式在其中传播，从而避免了模式色散的问题，故单模光纤具有极宽的带宽，特别适用于大容量的光纤通信。

2）按折射率分布情况分类

对于多模光纤，按照横截面上的折射率分布情况，可以分为突变型（阶跃型）光纤和渐变型（梯度型）光纤。

突变型光纤（Step Index Fiber，SIF）的纤芯和包层的折射率都是一个常数。纤芯的折射率高于包层的折射率，使得输入的光能在纤芯至包层的交界面上不断地产生全反射而前进。由于纤芯到包层的折射率是突变的，只有一个台阶，所以也称为突变型折射率多模光纤，简称突变型光纤，也称为阶跃光纤。突变型光纤的传输模式很多，由于入射角不同，各种模式的传输路径也不一样，经传输后到达信宿的时间也不相同，因此产生时延差，使光脉冲展宽。所以这种光纤的模间色散高，传输频带比较窄，一般用于短距离的低速通信，比如工业控制等，目前已经基本被淘汰。

为了解决突变型光纤存在的缺点，研制了渐变型折射率多模光纤，简称渐变型光纤（Graded Index Fiber，GIF），又称为梯度型光纤。渐变型光纤的包层折射率是一个常数，但是纤芯的折射率是渐变的，在纤芯的中心折射率最大，沿纤芯半径方向逐渐减小，这样可以使高次模（入射角大）光按正弦形式进行传播。光在渐变型光纤中进行传输时，由于不同入射角的光线分别在不同的折射率界面上进行折射，进入低折射率层中，光的行进方向与光纤轴方向的夹角将逐渐减小，直到光在某一折射率层产生全反射，使光改变方向，朝中心高折射率层行进，此时，光的行进方向与光纤轴方向的夹角将逐渐增大，最后到达纤芯中心折射率最大的地方。这个过程不断重复进行，从而实现了光波的传输。由此可见，光在渐变型光纤中会自动地进行调整，最终到达目的地，这种功能称为自聚焦。渐变型光纤能减少模间色散，提高光纤的带宽，增加传输距离。目前使用的多模光纤多数是渐变型光纤。

2.4　小　　结

作为网络体系结构中的最底层，物理层为网络通信提供物理连接，并定义其相关的机械的、电子的、功能的和规范的特性。

本章简要介绍了物理层涉及的接口模型、接口特性等基本概念；数据通信系统模型、数据编码、数据传输方式、数据通信方式、数据通信的主要技术指标等数据通信的基础知识以及同轴电缆、双绞线、光纤等传输介质的基础知识。

2.5　习　　题

1. 物理层协议对物理层接口哪几方面的特性进行了定义？
2. 要完成一次通信必要的条件有哪些？
3. 数字数据的调制编码有哪几种方式？
4. 曼彻斯特编码的编码效率是多少？为什么？
5. 根据信道的结构不同，可以将通信分成哪几种方式？各自的通信特点是什么？
6. 简述 EIA/TIA-568A 以及 EIA/TIA-568B 的线序标准。
7. 光纤的裸纤一般包括哪几部分，作用分别是什么？
8. 按传输模式分类，可以将光纤分成哪两种类型？

2.6　直通双绞线电缆制作实训

实训学时：2 学时；每实训组学生人数：1 人。

1. 实训内容

（1）制作直通型双绞线电缆。

（2）测试直通型双绞线电缆。

2. 实训目的

掌握直通型双绞线电缆制作的步骤和方法。

掌握双绞线电缆测试的方法。

记住 EIA/TIA-568B 的线序标准。

3. 实训环境

（1）2m 长超 5 类双绞线电缆：1 条。

（2）超 5 类 RJ-45 水晶头：2 个。

（3）网线钳：1 把。

（4）网络测试仪：1 个。

4. 实训指导

1）工具及耗材检查

领取工具和耗材后，先对其进行检查，包括：水晶头是否存在金属引脚缺失；网线压线口齿形槽是否存在崩断情况；测线器是否有电。如果工具或耗材存在问题，应及时找实训指导老师进行更换。实训中应尽量避免耗材的浪费，培养学生良好的实训习惯。

2）直通型双绞线电缆的制作

按照本章 2.3.2 小节给出的双绞线电缆制作方法制作直通型双绞线电缆。实训中应该注意以下几点。

（1）一定要使用网线钳的剥线口剥除电缆外层护套，以避免在剥除电缆外层护套时伤及内部双绞线。

（2）电缆外层护套的剥除长度应控制在 2~3cm，不要剥除过长，避免浪费。在实际的布线工程中，网线均为先铺设，后制作接头，在铺设时会按照长度要求预留一部分做线冗余，如果外层护套剥除过长，很可能造成网线长度无法满足需求。

（3）注意线序，必须按照 EIA/TIA-568B 的线序标准对解绞后的双绞线进行排序，且一定要保证排序后的线缆之间没有缝隙，以避免线缆不齐导致最终部分线缆不通。

（4）排线完成后，剪去多余线缆时，一定要保证剩余不绞合线缆的长度在 1.5cm 左右，太长太短都不符合要求。剩余太长会导致图 2-24 所示的错误情况，即电缆护套没有插入水晶头中；剩余太短则会导致不绞合的线缆无法插入水晶头的最顶端，从而最终无法和金属引脚接通。

（5）从剪去多余线缆到将线缆插入水晶头的整个过程中，左手拇指和食指应一直捏紧不绞合线缆的根部，不要松手，直至将线缆插入水晶头前端的线缆槽中位置为止，以避免因中途松手导致的线缆顶端不齐。

（6）在进行压接前，必须对线缆与水晶头之间的连接进行认真检查，包括：线序是否正确、电缆护套是否已插入水晶头中、八条线缆是否全部插入了水晶头的最顶端。任何一项不符合要求都需要从头再来。

（7）在进行压接时，必须保证水晶头完全插入网线钳的压接口中，以保证压接后金属引脚可以切入线缆中。

3）直通型双绞线电缆的测试

制作完成后，按照本章 2.3.2 小节给出的测试方法使用网络测试仪对网线进行测试。合格的网线要求 8 条线缆必须全部能够正常连通。

【注意】 测试完成后，务必将网络测试仪的电源关闭。

5. 实训报告

EIA/TIA-568B 线序	1	2	3	4	5	6	7	8
测试结果描述								
制作中的注意事项								
测线器原理简述								
自己在实训中存在的问题及解决办法								

第 3 章　数据链路层

数据链路层在逻辑上位于物理层与网络层之间，它对物理层的原始数据进行封装，形成数据帧，并通过在帧尾附加校验码来对数据内容进行检查，从而将物理层提供的可能出错的物理连接改造成逻辑上无差错的数据链路。

本章主要对数据链路层的基本概念以及典型的数据链路层技术、设备等进行介绍。

3.1　数据链路层的基本概念

数据链路层是 OSI 参考模型中的第二层，在使用物理层提供服务的基础上向网络层提供服务。数据链路层的作用是对物理层传输原始比特流的功能的加强，将物理层提供的可能出错的物理连接改造成为逻辑上无差错的数据链路，即使其对网络层表现为一条无差错的链路。数据链路层的基本功能是向网络层提供透明的和可靠的数据传输服务。所谓的透明性是指该层传输数据的内容、格式及编码没有限制，也没有必要向上层解释信息结构的意义；而可靠的传输则使用户免去对丢失信息、干扰信息及顺序不正确等的担心。

3.1.1　数据链路层的功能

数据链路层最基本的服务是将来自源主机网络层的数据可靠地传输到目标主机的网络层。为达到这一目的，数据链路层必须具备一系列相应的功能，主要包括：如何将数据组合成数据块，在数据链路层中将这种数据块称为帧，帧是数据链路层的传送单位；如何控制帧在物理信道上的传输，包括如何处理传输差错，如何调节发送速率以使之与接收方相匹配；在两个网络实体之间提供数据链路通路的建立、维持和释放管理。

1. 帧同步功能

为了使传输中发生差错后将出错的数据进行重发，数据链路层将比特流组织成帧，然后以帧为单位进行传送。帧的组织结构必须设计成使接收方能够明确地从物理层收到的比特流中对其进行识别，即能从比特流中区分出帧的起始与终止，这就是帧同步要解决的问题。

需要注意的是，由于网络传输中很难保证计时的正确和一致，所以不能采用依靠时间间隔关系来确定一个帧的起始与终止的方法。

2. 差错控制功能

通信系统必须具备发现（即检测）差错的能力，并采取措施对差错进行纠正，从而将差错控制在系统所能允许的尽可能小的范围内，这就是差错控制过程，也是数据链路层的主要功能之一。

3. 流量控制功能

首先需要说明的是，流量控制并不是数据链路层所特有的功能，在许多高层协议中也提供流量控制功能，只不过流量控制的对象不同而已。例如，对于数据链路层来说，控制的是相邻两节点之间数据链路上的流量；而对于传输层来说，控制的则是从源主机到最终目的主机之间的端对端的流量。

4. 链路管理功能

链路管理功能主要用于面向连接的服务。在链路两端的节点要进行通信前，必须首先确认对方已处于就绪状态，并交换一些必要的信息对帧序号进行初始化，然后才能建立连接。在传输过程中则要维持该连接，如果出现差错，需要重新进行初始化，重新自动建立连接。传输完毕后则要释放连接。

数据链路层连接的建立、维持和释放的全过程都属于链路管理。

5. 透明传输

透明传输就是不管所传数据是什么样的比特组合，都应该能够在链路上进行传输。当所传输的数据中的比特组合恰巧出现了与某一个控制信息完全一样的情况时，必须要有可靠的措施，使接收方不会将这种比特组合的数据误认为是某种控制信息。只要能做到这一点，数据链路层的传输就被称为是透明的。

6. 寻址

必须保证每一个数据帧都能送到正确的相邻节点。接收方也应知道发送数据帧的节点是谁。在多台主机共享同一物理信道的情况下（如在共享式局域网中），如何在通信的主机之间分配和管理信道也属于数据层链路管理的范畴。

3.1.2　数据链路层标准

1. 局域网数据链路层标准

局域网的数据链路层标准主要是由电气和电子工程师协会（IEEE）定义。IEEE 在1980 年 2 月专门成立了一个 IEEE 802 委员会，致力于研究局域网和城域网的物理层和数据链路层介质访问规范。在 IEEE 802 中数据链路层被分成两个子层，分别是逻辑链路控制（Logical Link Control，LLC）子层和介质访问控制（Media Access Control，MAC）子层，其中逻辑链路控制子层是数据链路层的上层部分，通过逻辑链路控制协议来为用户的数据链路服务提供到达网络层的统一的接口；介质访问控制子层是数据链路层的下层部分，主要用来实现数据链路层的寻址以及对共享介质的访问进行控制管理。

在 IEEE 802 中有二十多个子标准，每个子标准都由一个工作组来负责。IEEE 802 的具体框架在第 1 章 1.1.2 小节中曾简单提及，其现有标准具体如下。

IEEE 802.1A：概述及网络体系结构。

IEEE 802.1B：寻址、网络管理和网际互联。

IEEE 802.2：逻辑链路控制协议。

IEEE 802.3：CSMA/CD 介质访问控制方法和物理层技术规范（以太网）。

IEEE 802.4：令牌总线介质访问控制方法和物理层技术规范。

IEEE 802.5：令牌环介质访问控制方法和物理层技术规范。

IEEE 802.6：DQDB 介质访问控制方法和物理层技术规范（MAN）。

IEEE 802.7：宽带 LAN（时分剑桥环网）。

IEEE 802.8：光纤局域网（FDDI）。

IEEE 802.9：综合话音数据局域网（ISDN）。

IEEE 802.10：可互操作的局域网的安全机制（Virtual LAN）。

IEEE 802.11：CSMA/CA（WLAN）。

IEEE 802.12：优先级请求访问局域网（100VoiceGrade-AnyLAN）。

IEEE 802.14：有线电视网上的数据传输。

IEEE 802.15：WPAN（Wireless Personal Area Networks）。

IEEE 802.16：Broadband wireless（Wireless MAN）。

IEEE 802.17：弹性分组环（Resilient Packet Ring，RPR）。

IEEE 802.18：宽带无线局域网技术咨询组（Radio Regulatory TAG）。

IEEE 802.19：多重虚拟局域网共存技术咨询组（Coexistence TAG）。

IEEE 802.20：移动宽带无线接入（Mobile Broadband Wireless Access，MBWA）工作组。

IEEE 802.21：Media Independent Handover（MIH）。

IEEE 802.22：无线区域网（Wireless Regional Area Network）。

IEEE 802.23：紧急服务工作组（Emergency Service Work Group）。

当前网络中使用的局域网标准主要是基于 IEEE 802.3 的以太网（有线局域网）标准以及基于 IEEE 802.11 的无线局域网标准。每个子标准下又会有不断演进出的细分标准，例如，IEEE 802.3 下有 IEEE 802.3a、IEEE 802.3u、IEEE 802.3z、IEEE 802.3ab 以及 IEEE 802.3ae 等；IEEE 802.11 下有 IEEE 802.11a、IEEE 802.11b、IEEE 802.11g、IEEE 802.11n 以及 IEEE 802.11ac 等。

2. 广域网数据链路层标准

与局域网标准基本由 IEEE 802 定义不同，广域网的数据链路层标准相对比较繁杂，本书中主要涉及由 ISO 定义的高级数据链路控制（High-Level Data Link Control，HDLC）以及由国际互联网工程任务组（The Internet Engineering Task Force，IETF）定义的点到点协议（Point to Point Protocol，PPP）。

3.2 以 太 网

当前有线局域网中主要使用的网络标准为以太网，以太网在 1980 年发布了第一个版本 DIX Ethernet V1，在 1982 年发布了第二个版本 DIX Ethernet V2（即 Ethernet Ⅱ）。考虑到兼容性的问题，1983 年制定的 IEEE 802.3 标准与以太网标准基本保持了一致（注意，实际上两者之间依然存在一些差别，例如以太网定义了物理层和数据链路层，而 IEEE 802.3 只定义了物理层和介质访问控制子层），因此，在不需要详加区分的情况下，一般将 IEEE 802.3 等同于以太网。

3.2.1　以太网帧结构

以太网中传输数据以帧为单位。以太网帧也写作 Ethernet Ⅱ 帧。在以太网上传输的数据帧中都包含源节点物理地址和目的节点物理地址，以太网帧结构如图 3-1 所示。

前导码	帧首定界符	目的地址	源地址	长度/类型	数据	帧校验序列

图 3-1　以太网帧结构

（1）前导码：长度为 7 字节，取值均为 10101010，用于实现收发双方的时钟同步。

（2）帧首定界符：长度为 1 字节，取值为 10101011，表示一个帧的开始。前导码和帧首定界符的实质作用就是告知接收方准备接收新的帧。

（3）目的地址：长度为 6 字节，目的节点的物理地址。

（4）源地址：长度为 6 字节，源节点的物理地址。

（5）长度/类型：长度为 2 字节，在早期的 IEEE 版本中名为"长度"，用来定义帧的数据字段的准确长度；在 DIX 版本中名为"类型"，用来表示接收该帧的上层协议。该字段的这两个用途在后来的 IEEE 版本中正式合并，但在指定的实现中只能使用二者之一。

（6）数据：长度为 46~1500 字节，数据帧具体需要传输的有效数据，其最小长度为 46 字节，如果数据不足 46 字节需要添加填充位。

（7）帧校验序列（Frame Check Sequence，FCS）：长度为 4 字节，采用循环冗余校验（Cyclic Redundancy Check，CRC）。发送端在发送数据帧之前会对帧进行 CRC 计算，产生校验值并将其封装在该字段中；接收端接收到帧后，同样会对帧进行 CRC 校验，并比较计算结果与该字段的值是否相同，如果结果相同，则意味着数据帧在传输过程中没有出现错误。

在描述一个数据帧的大小时，一般不包括"前导码"和"帧首定界符"，即帧的大小是指从"目的地址"到"帧校验序列"的所有字节。从上面的各字段长度可以看出，一个以太网数据帧的最小长度为 64 字节（6+6+2+46+4），最大长度为 1518 字节（6+6+2+1500+4）。如果接收端或中间网络设备接收到的帧大小不在 64~1518 字节的范围内，则帧将被丢弃。

网络中实际传输的数据帧结构如图 3-2 所示。

从上图所显示的报文中可以看出，在实际的报文分析软件中看不到"前导码""帧首定界符"以及"帧校验序列"。其中"长度/类型"字段为"类型"，0800H 表示其上层（网络层）是 IP 协议。

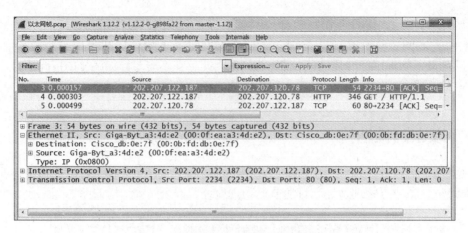

图 3-2　网络中实际传输的数据帧结构

3.2.2　以太网 MAC 地址

1. MAC 地址的概念

在以太网中，为实现节点（包括主机以及交换机等网络设备）之间的通信，需要给每一个节点一个唯一的标识，该标识就是网络节点的物理地址，又称之为介质访问控制（MAC）地址。MAC 地址还有一个名字是烧录地址（Burned In Address，BIA），它被烧录到以太网网卡的 ROM 中。这意味着该地址会永久编码到 ROM 芯片中，无法通过软件方式更改。早期计算机上的独立以太网卡如图 3-3 所示。现在的以太网卡一般都集成在主板上。

图 3-3　早期计算机上的独立以太网卡

MAC 地址的长度为 48bit（即 6Byte），为保证其全球唯一，IEEE 要求所有销售以太网设备的厂商都要在 IEEE 注册，并由 IEEE 为其分配一个 24bit（3 Byte）的组织唯一标识符（Organizationally Unique Identifier，OUI）。另外，IEEE 要求厂商必须遵守两条简单的规定：

（1）分配给网卡或其他以太网设备的所有 MAC 地址都必须使用厂商分配的 OUI 作为前 3 个字节；

（2）OUI 相同的所有 MAC 地址的最后 3 个字节必须是唯一的值（厂商代码或序列号）。

通过以上规定，有效地保障了 MAC 地址的全球唯一性，而且由于 MAC 地址不能更改，因此计算机在安装了一块网卡之后，其 MAC 地址就确定了，在没有更换网卡的情况下，这台计算机的 MAC 地址是不会发生变化的。

MAC 地址一般使用十六进制来表示，字节之间使用"："或"-"隔开。例如，计算机的 MAC 地址为：F0-DE-F1-35-28-57。在计算机中，可以使用"ipconfig /all"命令来查看计算机的 MAC 地址，如图 3-4 所示。

图 3-4　查看计算机的 MAC 地址

在数据链路层的通信中，发送节点会将自己的 MAC 地址和接收节点的 MAC 地址都封装到以太网帧中，接收节点收到数据帧后，会将帧中的目的地址与自己的 MAC 地址进行比较，来确定数据帧是否是发送给自己的，如果帧中的目的地址与自己的 MAC 地址相同，则将数据帧解封装并传递给上层协议；如果不同，则将数据帧直接丢弃。

2. MAC 地址的分类

MAC 地址按照其用途可以分为单播 MAC 地址、广播 MAC 地址和组播 MAC 地址三种类型。

1）单播 MAC 地址

单播 MAC 地址是数据帧从一台发送设备发送到一台目的设备时使用的唯一地址。如果目的 MAC 地址是单播地址，则数据帧只会被发送到该目的 MAC 地址所表示的唯一目的设备。如图 3-5 所示，数据帧只会被发送到 MAC 地址为 00-07-E9-42-AC-28 的服务器。

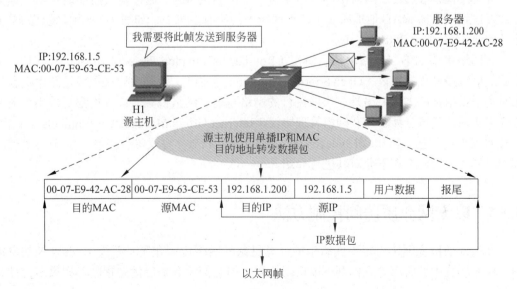

图 3-5　单播 MAC 地址

在网络中，主机之间的通信均为单播通信，目的地址都是单播 MAC 地址。

2）广播 MAC 地址

广播 MAC 地址用来表示本网络中的所有主机，如果目的 MAC 地址是广播地址，则数据帧会被发送到本网络中所有的主机上，如图 3-6 所示。广播 MAC 地址的 48bit 全部取值为"1"，即地址是 FF-FF-FF-FF-FF-FF。

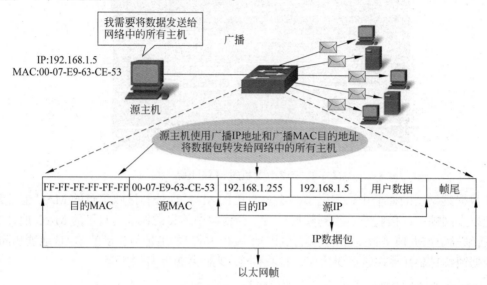

图 3-6　广播 MAC 地址

在网络中有很多协议需要通过广播的方式发送数据报文，例如动态主机配置协议（Dynamic Host Configuration Protocol，DHCP）、地址解析协议（Address Resolution Protocol，ARP）等，具体会在后续的内容进行讲解。

3）组播 MAC 地址

组播 MAC 地址又称为多播 MAC 地址。在网络中，主机可能会被分成多个组播组，组播 MAC 地址用来表示网络中的一组主机。如果目的 MAC 地址是组播地址，则数据帧会被发送到该组播 MAC 地址所表示的组播组中的所有主机上，如图 3-7 所示。组播 MAC 地址的前 24bit 取值为 01-00-5E。

在网络中诸如第二代路由信息协议（Routing Information Protocol version 2，RIPv2）、开放式最短路径优先协议（Open Shortest Path First，OSPF）等路由协议在发送路由更新信息时均采用组播的方式。另外，当前流行的网络直播、网络视频会议等也都是采用组播的方式来实现，具体会涉及互联网组管理协议（Internet Group Management Protocol，IGMP）以及协议无关组播（Protocol Independent Multicast，PIM）协议等，当然，由于其实现原理相对复杂，因此本书不会对其进行介绍。

3.2.3　以太网介质访问控制方法

在传统的以太网中，接入网络中的计算机共享网络传输介质（总线）。在这种共享传输介质的环境中，所有计算机都可以访问介质，但它们没有确定优先顺序。如果多台计算

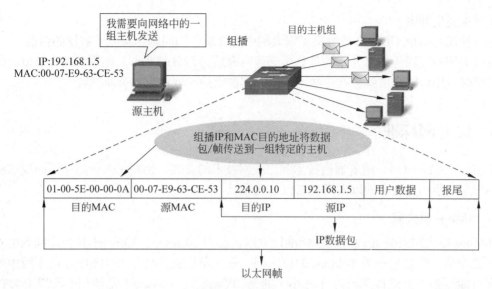

图 3-7 组播 MAC 地址

机同时发送数据，那么信号就会发生使用介质的冲突，网络必须恢复才能继续通信。

为解决计算机对传输介质进行争用的问题，以太网中使用了一种叫作"载波侦听多路访问 / 冲突检测"（Carrier Sense Multiple Access/Collision Derect，CSMA/CD）的介质访问控制方法。

该方法的具体工作原理如下。

1. 先听后说

在共享式以太网中，争用总线的计算机就如同若干人在一个谁也不能看到谁的黑暗房间开讨论会一样，如果谁想发言，应该是在没有别人发言的时候。共享式以太网中的计算机在准备发送数据帧之前，首先侦听总线是否空闲（以太网中数据信号使用的是曼彻斯特编码，如果接收到有规律的曼彻斯特编码就表示总线上有数据帧在传输，即总线忙），如果总线空闲，就可以在总线上发送一个数据帧。

2. 边说边听

在黑暗房间开讨论会的人如果想发言，当时又没有别人在发言他就可以发言。但可能会遇到这样的情况，当你开口发言时，别人也发言了，这时所有发言的人都需要停下来，谦让一下。在 CSMA/CD 中，计算机在确认总线空闲后开始发送数据帧，在发送的同时还要接收发送的数据，检查接收到的数据是否是发送出去的数据。在以太网中，由于传输距离较短，一般不会发生传输差错。但是如果遇到了多台计算机同时在总线上发送数据的情况，肯定会发生传输差错。所以共享式以太网中计算机在发送数据帧的同时也接收数据帧，目的是进行冲突检测。如果发现传输差错，就可以肯定发生了冲突。在发生冲突之后，所有发送数据的计算机都要停止发送数据，本次发送数据宣告失败。

3. 冲突回避

计算机检测到发生冲突之后，首先停止发送数据，然后回避一段时间再重新进行总线争用。回避时间的算法比较复杂，总体思想就是发生冲突的计算机回避的时间不能相同，以避免再次发生冲突。

通过使用 CSMA/CD，有效解决了以太网中的介质争用问题，保障了数据的传输。

在以太网中，因为共享介质的计算机必须对介质进行分时共享，如果有两台及以上的计算机同时占用传输介质就会产生冲突，因此其构成的区域称为一个冲突域。

3.2.4 以太网标准

从 IEEE 802.3 以后，随着通信技术和以太网技术的发展，出现了多种适应不同要求的以太网标准，使用比较多的以太网包括以下几点。

1. 10Mbps 以太网

10Mbps 以太网就是 IEEE 802.3 标准以太网，其中 10Base2、10Base5 是使用同轴电缆作为传输介质、传输速率为 10Mbps 的以太网，现在早已被淘汰。在 10Mbps 以太网中唯一还有可能见到（虽然概率已经非常小）的是 10Base-T。10Base-T 是使用 3 类以上 UTP 双绞线作为传输介质。单段双绞线的最大长度为 100m，最大网络直径为 500m 的共享式以太网（参见 3.3.1 小节）。虽然 10Base-T 使用两对双绞线组成独立的发送和接收信道，但使用集线器组网时在逻辑上仍然属于共享总线式网络，只能使用半双工通信方式；如果使用交换机组网，则可以使用全双工通信方式。

2. 快速以太网

快速以太网是 IEEE 802.3u 标准的 100Mbps 以太网。在快速以太网中数据编码不再使用曼彻斯特编码，因为曼彻斯特编码虽然有很多优点，但编码效率太低，影响信道的数据传输速率。所以在快速以太网中，数据编码使用了非归零交替编码，同时和 4B/5B 编码配合使用解决信号传输中的直流分量问题。

常用的快速以太网包括以下几点。

1）100Base-TX

传输速率为 100Mbps，使用 5 类以上 UTP 双绞线作为传输介质，单段双绞线的最大长度为 100m 的以太网。

2）100Base-FX

采用光纤作为传输介质的快速以太网标准，光纤长度可以达到 500m 以上，一般用于园区和楼宇之间的网络连接。

3. 吉比特以太网

吉比特以太网是 IEEE 802.3z 标准和 IEEE 802.3ab 标准的 1000Mbps 以太网。在 IEEE 802.3z 标准中使用的数据编码是 8B/10B 编码。IEEE 802.3ab 标准使用 4 对超 5 类（5e）以上 UTP 双绞线作为传输介质。单段双绞线的最大长度为 100m。数据编码使用 4D-PAM5 编码。4D-PAM5 编码的编码效率为 200%，时钟速率仍然使用 125MHz，由于使用 4 对双绞线传输，每对双绞线上的传输速率为 250Mbps，4 对双绞线合成 1000Mbps 的传输速率。

常见的吉比特以太网包括以下几点。

1）1000Base-T

IEEE 802.3ab 标准，使用 4 对 UTP 双绞线传输数据，传输速率为 1000Mbps 的快速以太网标准。双绞线电缆长度可以达到 100m。

2）1000Basc-LX

采用单模光纤作为传输介质的快速以太网标准。光纤长度可以达到 3000m。

3）1000Base-SX

采用多模光纤作为传输介质的快速以太网标准。光纤长度可以达到 550m。

4. 万兆以太网

万兆以太网是 IEEE 802.3ae 标准的 10Gbps 以太网，使用光纤作为传输介质，只支持全双工通信方式，不再使用 CSMA/CD 介质访问控制方式，最大通信距离为 40km。数据编码使用 8B/10B 编码。

3.3　以太网连接设备

3.3.1　中继器与集线器

在早期的总线型以太网（即共享式以太网）中，所有计算机都使用 T 形 BNC 接头连接到同轴电缆上，同轴电缆的两端使用终接器连接，两个终接器之间称作一个网段。在一个网段上，连接的计算机台数不能超过 30 台，网段最大长度为 500m（10Base5）或大约 200m（10Base2）。如果希望延长网络通信距离或增加网络内的计算机连接数量，需要增加新的网段，但网段之间需要使用中继器设备连接。

中继器是网络中物理层连接设备，可以对线路中的电信号进行放大。那么，是不是可以通过不断增加中继器，从而使网段以及网段中的计算机数量无限增长下去呢？答案是否定的。原因也很明显：在使用中继器连接的以太网中，所有的计算机均处于同一个冲突域中。即这些计算机都是共享同一条通信线路，在同一时刻只能允许一台计算机发送数据。为了发送数据，这些计算机就要争用总线，显然网络内的计算机数量越多，争用总线时发生冲突的概率越大，网络的性能也就越差。在共享式以太网中，网络的性能会随着计算机数量的增加呈指数下降。一旦计算机达到一定数量，则网络中可能会出现任意时刻总是有超过两台计算机需要通信，因此就会一直处于冲突状态，网络此时将无法进行任何有效通信。因此在共享式以太网中网络的扩展实际上受到了严格的限制。

第一个限制是虽然使用中继器可以连接两个网段，但中继器两侧的网段上只能有一个网段可以连接计算机。所以如果连接两个都有计算机的网段，实际需要两个中继器。使用中继器连接两个具有计算机站点的网段如图 3-8 所示。

从图 3-8 中可以看到，为了连接两个具有计算机站点的网段实际需要两个中继器。由于两个中继器之间也需要使用无计算机站点的电缆连接，所以就形成了 3 个网段。由此可以推论出，如果连接 3 个具有计算机站点的网段，需要的中继器为 4 个，实际连接的网段为 5 个。

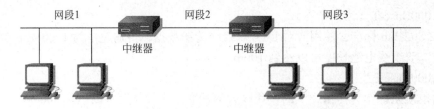

图 3-8　使用中继器连接两个具有计算机站点的网段

第二个限制是一个共享式以太网中最多只能由 4 个中继器，如果中继器的数量太多，网络跨距太大，则有可能导致 CSMA/CD 无法正常检测到冲突的发生，从而导致数据通信出现问题。

上述限制可以总结为 "5-4-3-2-1 规则"，具体如下。

5：最多允许有 5 个网段。

4：最多允许有 4 个中继器。

3：最多允许有 3 个接入计算机的网段。

2：在 5 个网段中至少存在 2 个延长网段，不允许接入计算机。

1：所有的网段构成 1 个冲突域。

随着 10Base5 和 10Base2 网络的淘汰，中继器也已经绝迹。其继任者是在 10Base-T 使用的集线器（HUB），HUB 属于多端口的中继器。HUB 在使用双绞线电缆组网时起到了将计算机连接到局域网中的作用，但是像我们一直强调的那样，使用 HUB 连接的网络仍旧属于共享总线型网络，所有使用 HUB 连接到一起的计算机都属于一个冲突域。在此我们具体对其进行解释。

在 10Base-T 以太网连接中，双绞线两端使用 RJ-45 接口与计算机和集线器连接，方便了网络的组织和网络维护，易于实现结构化布线。而且从连接形式看，10Base-T 以太网的拓扑结构就是星型网络拓扑结构，如图 3-9 所示。所以有人把 10Base-T 以太网称作星型网络，但实际上 10Base-T 以太网并不是真正的星型网络。星型网络中的各个节点都通过专用线路连接到中心节点（从这一点看 10Base-T 以太网是星型结构），中心节点和各个节点之间采用全双工通信方式。

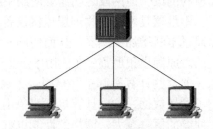

图 3-9　使用 HUB 实现的 10Base-T 连接

在使用 HUB 连接的 10Base-T 以太网中，集线器（HUB）只是一种多端口中继器，是物理层的网络连接设备，HUB 只能起到对信号放大和连接的作用。使用 HUB 连接的信道结构如图 3-10 所示。

计算机使用两对双绞线连接到 HUB，虽然具有独立的发送和接收信道，但是 HUB 内部是将输入的信号放大之后，输出到所有计算机的接收信道上。这样一来，从一台计算机发送线路上发出的信号会传送到每台与 HUB 连接的计算机的接收线路上，即仍然是广播式网络。显然在使用 HUB 连接的 10Base-T 以太网中同时只能有一台计算机可以发送数据，其他计算机只能接收数据。并且一台计算机在发送数据的同时不能接收数据，即只能工作在半双工通信方式。所以人们把这种结构称作物理星型，即物理连接上像星型网络，逻辑上还是共享总线型网络。

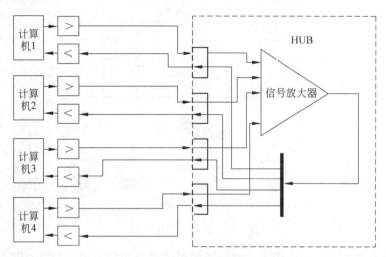

图 3-10　使用 HUB 连接的信道结构

常见的 HUB 如图 3-11 所示。

图 3-11　HUB 实物

HUB 在当前的网络中也已经基本上被淘汰。

3.3.2　网桥与交换机

1. 网桥

使用物理层网络连接设备连接的网络是一个冲突域。改善总线型以太网性能的方法是把一个大的冲突域用网络连接设备分隔成若干小的冲突域网段，这种设备称作网桥。使用网桥连接多个网段时，网桥根据数据链路层的目的 MAC 地址使用"存储转发"方式为不同网段之间转发数据帧，所以网桥被称作第 2 层（OSI 模型的数据链路层）网络连接设备。

网桥又称作"学习桥""透明桥"。在使用网桥连接的网络中，用户并不知道网桥的存在，所以称作透明桥。网桥工作时，接收不同网段上的数据帧，记录数据帧中的源 MAC 地址和网段的关系，形成一个转发地址映射表。由于网桥中的转发地址映射表是网桥自己通过"地址学习"得到的，所以又称作学习桥。网桥的工作原理如图 3-12 所示。

网桥的简单工作原理如下。

（1）网桥接收网段上的数据帧。

（2）根据数据帧中的源 MAC 地址查看转发地址映射表内有没有该源 MAC 地址记录，如果没有，则将该 MAC 地址和网段的关系记录在转发地址映射表内。

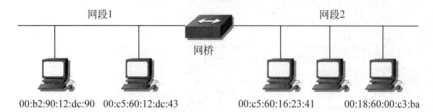

转发地址映射表

网段	MAC地址
网段1	00:b2:90:12:dc:90
网段1	00:c5:60:12:dc:43
网段2	00:c5:60:16:23:41
网段2	00:18:60:00:c3:ba

图 3-12　网桥的工作原理

（3）根据目的 MAC 地址在转发地址映射表内查找相应表项，如果能够查找到，根据目的 MAC 所在网段确定是否转发该数据帧。

例如在图 3-12 中，如果从网段 1 上接收到目的 MAC 地址是 00:c5:60:12:dc:43 的数据帧，从转发地址映射表内可以知道该目的 MAC 地址的主机在网段 1，是网段内部通信，所以不需要转发；如果目的 MAC 地址是 00:18:60:00:c3:ba，从转发地址映射表内可以知道该目的 MAC 地址的主机在网段 2，该数据帧需要转发到网段 2 的网络上。

（4）如果在转发地址映射表内查找不到目的 MAC 地址对应的表项时，就要向除来源网段之外的所有其他网段转发该数据帧。

通过网桥连接使多个网段形成了一个大的网络，但并不是一个冲突域。使用网桥连接的各个网段自己是一个冲突域，数据冲突只发生在各自网段内部。

2. 以太网交换机

使用网桥连接的网络每个网段为一个冲突域，每个冲突域中的计算机共享信道带宽。如果每个网段中只有一台计算机，那么信道带宽将被该计算机独占。以太网交换机（一般也称作局域网交换机）就是一个多端口的网桥，一般每个端口只连接一台计算机，每台计算机独占信道带宽，两台计算机之间的通信使用专用的信道。当以太网卡探测到独占信道后，会自动调整通信方式为全双工方式，使网络性能大为提高。

1）以太网交换机的工作原理

以太网交换机实际上就是一个多端口的网桥，工作原理和网桥类似。以太网交换机的每个端口一般只连接一台计算机形成星型拓扑结构的交换式以太网。作为网桥，它的每个端口可以连接一个网段，所以以太网交换机的端口提供的带宽可以被一台计算机独占，也可以被若干台计算机共享。

以太网交换机的工作原理如图 3-13 所示。

图 3-13 中，以太网交换机的 1、4、11、19 号端口分别连接了一台计算机，这些计算机独占交换机端口提供的信道带宽；18 号端口通过一个 HUB 连接了两台计算机，这两台计算机共享交换机端口提供的信道带宽。

以太网交换机也具有"地址学习"功能。通过地址学习动态地建立和维护一个"端口／

转发地址映射表

端口	MAC地址	计时
1	00:b2:90:12:dc:90	…
11	00:c5:60:12:dc:43	…
19	00:c5:60:16:23:41	…
4	00:18:60:00:c3:ba	…
18	00:18:b0:00:43:5a 01:f1:40:50:4b:59	…

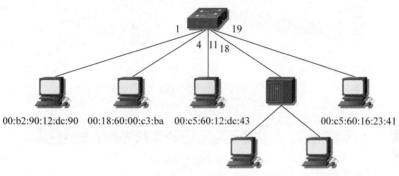

图 3-13 以太网交换机的工作原理

MAC 地址映射表"。以太网交换机接收数据帧后，根据源 MAC 地址在地址映射表内建立源 MAC 地址和交换机端口的对应关系，并启动一个计时。如果该映射关系已经存在于地址映射表内，则刷新计时。如果计时溢出，则删除该映射关系。这样，在交换机内建立和维护着一个动态的端口 /MAC 地址映射表，当一台计算机从一个端口转移到其他端口时，交换机也不会错误地转发数据帧。

以太网交换机通过端口 /MAC 地址映射表维护正确的转发关系。以太网交换机接收到数据帧后根据目的 MAC 地址，在地址映射表内查找对应的端口，然后从该端口转发出去。如果在地址映射表内查找不到目的 MAC 地址对应的端口，则会将数据帧转发到其他所有端口。

对于共享带宽的端口，交换机具有数据帧过滤功能。交换机检查目的 MAC 地址对应的端口如果是数据帧来源端口，则不进行转发。例如在图 3-13 中，如果 18 号端口上的两台计算机之间通信时，交换机虽然能够接收到该端口上的数据帧，但不会进行转发。

以太网交换机虽然工作原理和网桥基本相同，但交换机主要考虑交换速率，数据转发工作是使用硬件完成的。交换机可以使用全双工通信方式，在全双工通信时传输速率可以达到信道带宽的 2 倍。交换机接口之间的数据交换使用背板电路完成，背板电路带宽是端口带宽的数十倍，可以达到几吉比特（Gbps）到几十吉比特（Gbps）的传输速率。而网桥中数据转发一般是用软件完成的，所以交换机的转发速度比网桥快得多。

2）以太网交换机的分类

市场上的交换机品牌、种类很多，性能、价格也有较大差别。交换机的分类方法很多，这里只介绍其几种基本的分类方式。

（1）按交换机是否可以配置分类

交换机按照是否可配置管理可以分为不可管理交换机（Small Office & Home Office，

SOHO）以及可网管交换机（即企业级交换机）。SOHO交换机开机即可使用，不需要也不能进行逻辑配置管理，一般办公室内部、微机机房以及小型网吧的网络连接使用SOHO交换机来实现；企业级交换机可以通过专门的配置接口登录到交换机上进行网络的划分、安全策略的实施等逻辑配置管理，一般成规模的企业网络（如高校校园网）中使用企业级交换机来实现。两种交换机如图3-14所示。

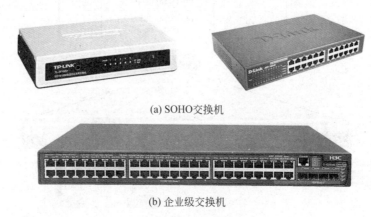

(a) SOHO交换机

(b) 企业级交换机

图3-14　交换机

（2）按端口速率分类

以太网交换机端口提供的速率有10Mbps、100Mbps和1000Mbps，或10M/100M、10M/100M/1000M兼容端口，有的交换机还提供1000Mbps的光纤接口。1000M的光纤接口一般用于交换机之间的干道连接。

（3）按转发方式分类

按以太网交换机的转发方式可以分为存储转发交换和贯穿式交换两种。

存储转发方式交换机需要首先将数据帧完整地接收下来，然后基于FCS字段对其进行CRC的校验，校验通过，确定数据帧正确后再查找"端口/MAC地址映射表"进行转发，而校验未通过的数据帧将被丢弃。这种方式可以检测数据帧中的错误，过滤掉有错误的数据帧。但是存储转发方式会产生较大的延迟，而且数据帧越长，产生的延迟越大。

贯穿式交换机又称为直通式交换机，它在接收完数据帧的目的MAC地址后（接收到数据帧的14个字节后），就可以确定转发到哪个端口。所以从接收完目的MAC之后就开始转发。这种转发方式延迟很小，但是对于有错误的数据帧也会转发。由于以太网中的错误数据帧多数是由于共享式网络中的冲突引起的，在发生冲突时双方都会停止发送，所以发生错误的数据帧长度一般小于64字节（称作碎片）。在贯穿式交换中为了避免转发碎片对转发方式进行了改进，在接收完64字节数据后再进行转发，对于由于冲突产生的碎片在交换机中就可以被过滤掉。经过改进的贯穿式交换被称作无碎片交换方式。

（4）按工作协议层分

按照交换机工作的协议层分为二层交换机和三层交换机。

一般的以太网交换机都是指二层交换机，即按照数据链路层MAC地址转发数据帧；三层交换机在二层交换机中增加了路由功能，交换机不仅可以按照MAC地址转发数据帧，还能够提供网络层的路由。三层交换机一般用于交换机之间的交换连接。

　　二层交换机是按照数据链路层 MAC 地址转发数据帧，所以不涉及网络层地址，即二层交换机是逻辑网络内部的连接设备；三层交换机可以根据网络层地址查找路由，所以三层交换机具有路由的网络连接功能，像路由器一样可以连接不同的逻辑网络。

　　（5）根据交换机之间的连接方式分

　　根据交换机之间的连接方式可以分为级联型交换机和堆叠型交换机。一般交换机都是级联型的，即交换机之间连接时，可以使用交换机的端口完成交换机之间的相互连接。

　　堆叠型交换机主要考虑的是提高交换机端口数量，堆叠型交换机使用专用的连接线路和接口完成交换机之间的连接，使用堆叠方式可以把若干交换机在逻辑上组成一个多端口的交换机。现在由于可扩展交换机成本的降低，除了特殊场合，一般不再使用堆叠型交换机。

3.4　广域网链路

3.4.1　高级数据链路控制

　　高级数据链路控制（High-level Data Link Control，HDLC）协议是一种面向比特的同步数据链路层协议，使用同步串行传输在两点之间提供无差错的通信。HDLC 协议是早期常用的一种广域网二层封装协议，目前 Cisco 设备的串行链路默认封装即为 HDLC。HDLC 在应用上存在一定的局限性，主要表现为 HDLC 只支持点到点链路，不能提供对点到多点链路的支持；而且 HDLC 不提供认证的功能，无法对对端的设备进行身份鉴别。但 HDLC 的配置和应用都相对比较简单。

　　标准的 HDLC 帧结构如图 3-15 所示。

| 标志 | 地址 | 控制 | 数据 | 帧校验序列 |

图 3-15　标准的 HDLC 帧结构

　　（1）标志：长度为 1 字节，取值为 01111110，用来标识一个帧的开始和结束。由于在实际传输的业务数据中也可能出现这样的数据，因此发送系统在检测到数据字段中出现了连续的 5 个"1"时，将在其后插入一个"0"，以避免连续 6 个"1"的出现导致错误地认为帧已结束。而接收系统在接收数据时会把发送系统插入的"0"剔除掉以恢复数据。

　　在连续传输多个帧时，前一个帧的结束标志将作为下一个帧的开始标志。

　　（2）地址：长度为 1 字节，用来标识接收或发送帧的地址，默认取值为全"0"。

　　（3）控制：长度为 1 字节，用来实现 HDLC 协议的各种控制信息，并标识传递的是否是有效数据信息。控制字段的格式和取值取决于 HDLC 帧的类型。HDLC 有三种不同类型的帧，分别是信息帧、监控帧和无编号帧。

　　信息帧简称为 I 帧，它用来传输有效信息或数据。在 I 帧中携带有上层信息和一些控制信息，包含发送序列号和接收序列号以及用于执行流量和差错控制的轮询 / 终止（P/F）位。

监控帧简称为 S 帧，它用来提供差错控制和流量控制。S 帧可能请求和暂停传输、报告状态和确认收到 I 帧，在 S 帧中没有数据字段。

无编号帧简称为 U 帧，它同样用来提供控制功能，但不对其进行编号，一般用于对链路的建立和拆除提供控制信息。

（4）数据：数据字段用来承载传递的上层协议数据信息。这是一个变长字段，其长度上限由"帧校验序列"字段或通信节点的缓冲容量来决定，一般是 1000~2000bit；而其长度下限为 0，即没有数据字段，例如监控帧。

（5）帧校验序列：长度为 2 字节，采用循环冗余校验（CRC）机制对两个标志字段之间的整个帧进行校验。

对于标准的 HDLC 而言，由于没有相应的字段对上层协议进行标识，因此只能应用于单协议的环境。为解决这个问题，Cisco（美国思科）对 HDLC 协议进行了扩展，在标准 HDLC 帧结构的基础上增加了一个用于指示网络协议的字段以标识帧中封装的协议类型，长度为 2 字节，例如使用 0x0800 来标识上层协议为 IP 协议。Cisco HDLC 的帧结构如图 3-16 所示。

标志	地址	控制	协议	数据	帧校验序列

图 3-16　Cisco HDLC 帧结构

由于 Cisco 设备上的 HDLC 封装与标准的 HDLC 封装存在区别，因此在多厂商设备共存的情况下，可能会出现虽然都配置了 HDLC 协议，但依然无法进行通信的情况。所以存在多厂商设备时，一般建议采用 PPP 协议进行串行链路的封装。

3.4.2　点到点协议

点到点协议（Point-to-Point Protocol，PPP）是目前使用最为广泛的广域网协议，它提供了同步和异步电路上的路由器到路由器、主机到网络的连接，支持多种网络层协议，并提供有身份验证功能。PPP 是一个分层的协议，它涉及 OSI 中的下三层，PPP 各层的功能如图 3-17 所示。在物理层实现点到点的物理连接；在数据链路层通过链路控制协议（LCP）建立和配置连接；在网络层通过网络控制协议（NCP）配置不同的网络层协议。

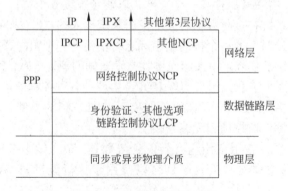

图 3-17　PPP 协议的组成

1. PPP 的帧结构

PPP 的帧结构如图 3-18 所示。

标志	地址	控制	协议	数据	帧校验序列

图 3-18　PPP 帧结构

图 3-18 所示各项说明如下。

标志：长度为 1 字节，取值 01111110。标识一个帧的开始和结束。

地址：长度为 1 字节，全 "1" 地址。PPP 不指定单台设备的地址。

控制：长度为 1 字节，取值 00000011，表示用户数据采用无序帧方式传输。

协议：长度为 2 字节，用于标识被封装在帧中数据字段中的协议类型。

数据：长度为 0 或多个字节，为符合协议字段指定协议的数据报。

帧校验序列：长度为 2 字节，采用循环冗余校验（Cyclic Redundancy Check，CRC）机制对两个标志字段之间的整个帧进行校验。

2. PPP 的会话过程

一次完整的 PPP 会话过程包括 4 个阶段。

1）链路建立阶段

在该阶段，每一台运行 PPP 的设备都发送链路控制协议（Link Control Protocol，LCP）帧来配置和测试数据链路。LCP 位于物理层之上，用来建立、配置和测试数据链路连接。在 LCP 帧中包含有一些配置选项字段，来进行设备间配置的协商，例如：最大传输单元、是否使用身份验证等。一旦配置信息协商成功，链路即宣告建立。在链路建立过程中，任何非链路控制协议的数据包均会被没有任何通告地丢弃。

2）链路质量检测阶段

在该阶段，链路将被检测，从而判断链路的质量是否能够携带网络层信息。如果使用了身份验证，则身份验证的过程也将在该阶段完成。

3）网络层控制协议协商阶段

PPP 设备发送网络控制协议（Network Control Protocol，NCP）帧来选择和配置一种或多种网络层协议，如 IP、IPX。配置后，通信双方就可以通过链路发送各自的网络层协议分组。

4）链路终止阶段

通信链路一直保持到链路控制协议的链路终止帧关闭链路，或者发生一些外部事件将链路终止。

3. PPP 身份验证

PPP 提供了身份验证的功能，身份验证功能是可选项。如果使用身份验证功能，则在链路建立后，网络层协议配置阶段开始之前对等的两端进行相互鉴别。PPP 提供了两种不同的验证方式：PAP 和 CHAP。

1）密码验证协议（Password Authentication Protocol，PAP）

PAP 通过两次握手，为远程节点的验证提供了一个简单的方法。如图 3-19 所示，在链路建立后，远程节点将不停地在链路上反复发送自己进行 PAP 认证的用户名和密码，直到身份验证通过或者连接被终止。

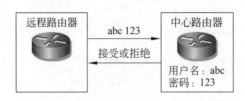

图 3-19　PAP 身份验证过程

在 PAP 验证中，密码在链路上是以明文的方式进行传输，而且由于有远程节点来控制验证重试的频率和次数，因此不能够防止再生攻击和重复的尝试攻击。

2）质询握手验证协议（Challenge Handshake Authentication Protocol，CHAP）

CHAP 使用三次握手来启动一条链路并周期性地验证远程节点。CHAP 作用在初始链路建立之后，并且在链路建立后的任何时间都可以进行重复验证。CHAP 身份验证过程如图 3-20 所示。

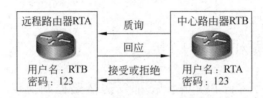

图 3-20　CHAP 身份验证过程

在链路建立后，由中心路由器发送一个质询消息到远程节点，质询消息中包含了一个 ID、一个随机数以及中心路由器的名称。远程节点基于 ID、随机数以及通过中心路由器的名称查找到的密码计算出一个单向哈希函数，并把它放到 CHAP 回应中，回应的 ID 直接从质询消息中复制过来。质询方接收到回应后，通过 ID 找出原始的质询消息，基于 ID、原始质询消息的随机数和通过远程节点名称查找到的密码计算出一个单向哈希函数，如果计算出的结果与收到的回应中的数值一致，则验证成功。

3.5　小　　结

本章对数据链路层的基本概念以及典型的数据链路层技术、设备等进行了介绍。重点介绍了局域网中的以太网标准，包括以太网的帧结构、MAC 地址、介质访问控制方法以及以太网中的典型网络设备；另外，对广域网中常用的两种数据链路层封装协议 HDLC 和 PPP 进行了介绍，其中详细介绍了 PPP 协议中两种身份验证方式的验证过程。

3.6　习　　题

1. 数据链路层的主要功能是什么？
2. 在 IEEE 802 中数据链路层被分成哪两个子层？其功能分别是什么？

3. 常用的广域网的数据链路层标准是哪两个？

4. 一个以太网数据帧的最小长度和最大长度分别是多少？它们是如何计算出来的？

5. 为保证 MAC 地址的全球唯一，IEEE 对以太网设备的厂商都有哪些要求？

6. MAC 地址按照其用途可以分为哪几种类型？

7. 简要陈述以太网介质访问控制方法 CSMA/CD 的工作原理。

8. 简述 "5-4-3-2-1 规则"。

9. 简述网桥的工作原理。

10. 以太网交换机的 "存储转发交换" 和 "贯穿式交换" 分别是如何实现的？

11. 标准 HDLC 和 Cisco HDLC 在帧结构上有什么区别？

12. 简单陈述 PPP 的会话过程。

13. 简单陈述 PPP 协议中 CHAP 认证的实现过程。

第4章 网络层技术

网络层位于 OSI 模型中的第三层，在数据链路层和传输层之间。它在数据链路层提供两个相邻端点之间传送数据帧功能的基础上，进一步管理网络中的数据传输，通过特定的算法将数据从源端经过若干个节点（设备）传送到目的端，为传输层提供最基本的主机到主机的数据传送服务。另外，不同的网络在物理层和数据链路层会存在各种实现上的差别（如局域网和广域网、有线网和无线网等），而网络层在逻辑上向上屏蔽了网络的物理差别，通过统一的协议和标准的数据封装来实现异构网络之间通信。

本章主要对网络层涉及的地址、协议以及路由技术进行简单的介绍。

4.1 IP 地址

第 3 章介绍了关于 MAC 地址的知识。MAC 地址是某个设备接口（如主机网卡）唯一的物理地址，但不能算是真正意义上的"地址"。因为 MAC 地址表示的是"我是谁"，而不能表示"我在哪里"。从 MAC 地址的组成结构来看，MAC 地址本身并不带有任何的位置信息。

使用 MAC 地址来实现全球范围内的网络通信显然是不现实的。因为同一厂商所生产的网卡可能会卖到全球各地，而同一区域所使用的的网卡又可能来自不同的厂商。如果使用 MAC 地址来作为全球范围内的网络通信地址，那么传递信息的网络设备就需要每时每刻都知道所有在用的 MAC 地址以及它们各自所在的位置信息，这显然是不可能实现的。

实际上，在网络中真正用来实现全球范围内的网络通信所采用的地址是一种被称为"IP 地址"的地址。IP 地址由位于网络层的 IP（Internet Protocol）协议来定义。IP 地址是一种人为分配的逻辑地址，是具有层次结构的编号地址，它包括网络编号和主机编号两个部分，就像电话号码中包含区号和区内编号一样。IP 地址由 Inter NIC（Internet 网络信息中心）统一管理，每个国家的网络信息中心统一向 Inter NIC 申请 IP 地址，并负责国内 IP 地址的管理与分配。网络信息中心一般只分配网络号，网内的主机编号由取得该网络编号使用权的网络管理人员管理分配。这样，在一个计算机被分配了一个 IP 地址后，该计算机肯定属于该网络号内的成员，在 Internet 上其他计算机与该计算机通信时，首先根据该计算机 IP 地址的网络号找到该网络，再从该网络中寻找该计算机。这个过程和打长途电话的过程相似，先根据区号找到电话机所在的地区，再从该区内根据电话号码找到该电话机。

IP 地址和物理地址不同，它是一个人为分配的逻辑地址。IP 地址是有网络地址和主机地址层次结构的编号地址，在网络寻址中，可以根据目的计算机 IP 地址中的网络号找到该计算机所在的网络，再从这个网络中找到该主机编号的计算机就容易了。

那么，有了 IP 地址之后，物理地址是否就没用了呢？

IP 地址和邮政编码是一样的，虽然可以确定目的城市、邮区，但是不能用来完成最终的邮件传递，最终的邮件传递还是依靠用户的街道、门牌地址。在计算机网络中，使用 IP 地址可以确定计算机的所在网络，但是数据的传递要依靠底层网络进行。如果底层网络是以太网，以太网只能识别 MAC 地址，数据的物理传输还是需要使用物理地址。

需要注意的是，与 MAC 地址一样，IP 地址是网络设备接口的属性，而不是网络设备本身的属性。当我们说给某台设备分配一个 IP 地址时，实质上是指给这台设备的某个接口分配了一个 IP 地址，当设备有多个接口时，通常每个接口都至少需要一个 IP 地址。

4.1.1 IP 地址的表示方法

在 TCP/IP 协议网络中目前使用的有第 4 版 IP 协议（IPv4）和第 6 版 IP 协议（IPv6）。为了便于学习，IPv6 的内容将在后面单独介绍。

【注意】 在介绍 IPv6 之前，没有特别指出 IPv6 的情况下，一般出现的 IP 地址叙述都默认为 IPv4 地址。

IPv4 中使用 32 位二进制数编码 IP 地址。为了阅读和书写的方便，IPv4 地址使用点分十进制表示，即把 IP 地址的每个字节（8 位二进制数）用十进制数表示，每个字节之间用 "." 分隔。例如，202.207.127.38 就是一个采用点分十进制表示的 IP 地址，其所对应的二进制数如表 4-1 所示。

表 4-1 IP 地址的二进制格式与十进制格式对比

进　　制	第 1 字节	第 2 字节	第 3 字节	第 4 字节
二进制	11001010	11001111	01111111	00100110
十进制	202	207	127	38

4.1.2 IP 地址的分类

IP 地址中包含网络编号和主机编号，网络编号和主机编号是如何划分的呢？这个问题在 IPv4 中涉及 IP 地址的分类，类别不同，其划分方法也不同。

在 IPv4 地址中为了照顾不同网络内主机数目的多少以及其他目的，IP 地址被划分成 A、B、C、D、E 五类。IPv4 地址的分类方法如图 4-1 所示。其中，IP 地址的高位部分含有 IP 地址的类别编码，A 类地址的第一位为 0，B 类地址的前两位为 10，C 类地址的前三位为 110，D 类地址的前四位为 1110，E 类地址的前五位为 11110。

在这五类 IP 地址中，D 类地址属于组播 IP 地址，E 类地址属于保留地址，我们实际上能够分配使用的是 A、B、C 三类 IP 地址。

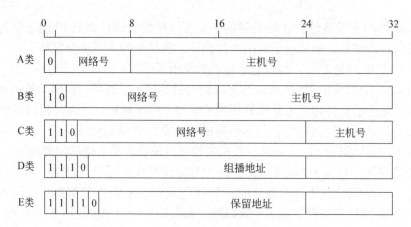

图 4-1 IP 地址的分类

1. A 类地址

A 类 IP 地址的网络号为 7 位，主机号长度为 24 位。理论上 A 类地址的范围是 0.0.0.0~127.255.255.255。但是 A 类地址中以 127 开头的地址用于回环地址测试（127.X.X.X），如本地网络测试使用 127.0.0.1。另外，网络标识的第一个字节不能为 "0"，因此实际可用的是 126 个 A 类网络，其范围是 1.0.0.1~126.255.255.254。每一个 A 类网络理论上可以有 2^{24}=16777216 台主机，但主机标识的各个位不能都为 "1"，如果所有位都为 "1"，则该地址是广播地址，而非主机的地址。主机标识的各个位不能都为 "0"，如果所有位都为 "0"，则该地址是网络地址。因此实际上一个 A 类的 IP 地址最多有 16777214 个可用地址。

A 类 IP 地址适用于有大量主机的大型网络环境，但是实际使用中，几乎没有组织会拥有如此多的主机，因此使用 A 类地址必然造成地址的浪费。

2. B 类地址

B 类 IP 地址的网络号为 14 位，主机号长度为 16 位。B 类地址的范围是 128.0.0.1~191.255.255.254。B 类地址理论上可以拥有 2^{14}=16384 个不同的 B 类网络。每个 B 类网络可以有 2^{16}=65536 台主机，同 A 类 IP 地址类似，全 "0" 和全 "1" 的 2 个地址保留用于特殊目的，实际上一个 B 类地址最多有 65534 个可用地址。

B 类地址中的主机数仍然很多，在实际的使用中也会造成浪费。

3. C 类地址

C 类 IP 地址的网络号为 21 位，主机号长度为 8 位。C 类地址的范围是 192.0.0.1~223.255.255.254。C 类地址理论上可以拥有 2^{21}=2097152 个不同的 C 类网络。每个 C 类网络可以有 2^{8}=256 台主机，全 "0" 和全 "1" 的 2 个地址保留用于特殊目的，实际上一个 C 类地址最多有 254 个可用地址。

C 类 IP 地址特别适用于一些小型公司和学校。

4. D 类 IP 地址

D 类 IP 地址不标识网络，其范围是 224.0.0.0~239.255.255.255。D 类 IP 地址用于其他

特殊的目的，如组播（multicasting）地址。

5. E 类 IP 地址

E 类 IP 地址是保留地址，其范围是 240.0.0.0~255.255.255.255。E 类 IP 地址主要用于实验和将来使用。

4.1.3　特殊 IP 地址

在 TCP/IP 协议网络内，一些 IP 地址具有特殊的用途，不能随意使用。这些 IP 地址包括以下几类。

1. 网络地址

IP 地址中，主机编号部分全"0"的地址表示网络地址，网络地址不能分配给主机使用。全"0"是指表示主机地址的二进制数据位全部是"0"，例如 C 类 IP 地址中，前 3 个字节是网络号，第 4 个字节是主机编号，第 4 个字节数值等于 0 时，即表示这是一个网络地址。又如 202.207.127.0 就是一个网络地址。或者换句话说，网络内主机编号不能使用 0 号。

2. 广播地址

IP 地址中，主机编号部分全"1"的地址表示广播地址，广播地址当然不能分配给主机使用。在 C 类 IP 地址中，第 4 个字节是主机编号，主机编号的 8 个二进制位全"1"时，对应的十进制数是 255，例如，202.207.127.255 就是一个广播地址。

在广播地址中，网络编号部分表示对哪个网络内的主机广播，一般称作直接广播。如果网络编号部分也是全"1"，并不表示向所有网络内的主机广播，而是限制在对自己所在网络内的主机广播，一般称作受限广播或有限广播。例如，255.255.255.255 就是一个受限广播地址。目的地址为受限广播地址的报文被局限在本网段内进行广播。

3. 本网络内主机

在 IP 地址中，0 号网络不能使用。一个 IP 地址的网络编号部分全"0"时，网络地址表示本网络，例如 0.0.0.38 表示本网络内的 38 号主机。

4. 链路本地地址

当一台主机采用"自动获得 IP 地址"的方式时，它需要从 DHCP（Dynamic Host Configuration Protocol，动态主机配置协议）服务器处获得可用的 IP 地址。如果由于网络故障或服务器故障等原因导致主机无法正常获得 IP 地址时，系统会自动为主机分配一个 B 类网络 169.254.0.0 中的 IP 地址。如果发现主机地址为 169.254.0.0 网络中的地址，则意味着本地连接为受限连接，无法访问互联网。

5. 回送地址

A 类地址中的 127.0.0.0 网络用于网络软件测试和本地进程间通信，该网络内的所有地址不能分配给主机使用。目的地址网络号包含 127 的报文不会发送到网络上。一般测试

TCP/IP 协议软件是否正常时，可以在"命令提示符"窗口使用：

```
ping 127.0.0.1
```

如果能够收到"Reply from 127.0.0.1 : bytes=32 time < 1ms TTL=128"类似的信息则说明该计算机上的 TCP/IP 协议软件工作正常。

6. 私有 IP 地址

在 IP 地址中，A、B、C 类地址中都保留了一块空间作为私有（专用）IP 地址使用。它们分别是：10.0.0.0~10.255.255.255、172.16.0.0~172.31.255.255、192.168.0.0~192.168.255.255。

所谓私有 IP 地址，是指不能在 Internet 公共网络上使用的 IP 地址，因为在 Internet 上不会配置到达私有网络地址的路由，所以在 Internet 网上不会传送目的 IP 地址是私有 IP 地址的报文。但私有 IP 地址可以在自己的内部网络上任意使用，而且不用考虑和其他地方有 IP 地址冲突问题。

用户在自己的内部网络中可以任意使用私有 IP 地址，但如果想把内部网络连接到 Internet 时，就必须借助网络地址转换（Network Address Translation，NAT）服务，将私有 IP 地址转换成合法的公网 IP 地址才能进入 Internet。市场上出售的小型路由器一般都有 NAT 功能，借助这种小型路由器就可以实现家庭网络通过一个公网 IP 地址上网。

【注意】 在网络实验室中，一般都使用私有 IP 地址。因为网络实验的重点是理解概念和掌握技术，使用什么地址没有关系。在实际工作中租用到公用 IP 地址后，需要使用公用 IP 地址配置网络。

4.1.4 IP 地址分配规则

TCP/IP 协议网络内的主机没有合法的 IP 地址就不能联网工作。网络管理员在分配 IP 地址时需要遵守以下规则。

1. 每个网络接口（连接）应该分配一个 IP 地址

一台主机通过网络接口连接到网络，例如使用网卡实现和网络的连接。对于连接到网络的接口都需要分配 IP 地址。一般计算机只通过一个接口和网络连接，所以一般分配一个 IP 地址，即通常说的给主机分配 IP 地址（严格地说是为网络连接或网络接口分配 IP 地址）。但如果一台计算机使用两个网络接口分别连接到两个网络，即建立了两个网络连接，那么就需要给每个网络连接分配一个合法的 IP 地址。路由器作为网络中的网络连接和报文存储转发设备，它的网络接口也需要分配 IP 地址，路由器的每个连接到网络的接口都需要分配一个合法的 IP 地址。路由器可以看作具有多个网络接口的计算机。

2. 使用合法的 IP 地址

对于不需要和 Internet 连接的 TCP/IP 协议网络，网络内可以任意使用 IP 地址。但如果网络是连接到 Internet 上的，IP 地址就不能随意使用，只能从上级网络管理部门申请获得，如果使用私有 IP 地址就需要在连接公共网络的边界使用 NAT 转换。特殊的 IP 地址不能分配给网络接口（或者说主机），每个网络接口的 IP 地址必须是唯一的。

3. 同一网络内的 IP 地址网络号必须相同，一个网络的 IP 地址网络号必须唯一

在同一个网络内的所有主机、网络接口所分配的 IP 地址必须有相同的网络号。例如存在如图 4-2 所示的网络，并且已获得 202.207.120.0~202.207.123.0 共 4 个 C 类网络 IP 地址的使用权。

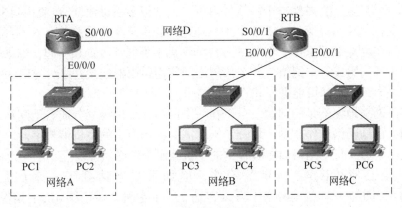

图 4-2　IP 地址分配规则网络

（1）网络 A 中的 IP 地址分配方案如下。

路由器 RTA 的 E0/0/0 接口：202.207.120.1

PC1：　　　　　　　　　　202.207.120.2

PC2：　　　　　　　　　　202.207.120.3

（2）网络 B 中的 IP 地址分配方案如下。

路由器 RTB 的 E0/0/0 接口：202.207.121.1

PC3：　　　　　　　　　　202.207.121.2

PC4：　　　　　　　　　　202.207.121.3

（3）网络 C 中的 IP 地址分配方案如下。

路由器 RTB 的 E0/0/1 接口：202.207.122.1

PC5：　　　　　　　　　　202.207.122.2

PC6：　　　　　　　　　　202.207.122.3

（4）网络 D 中的 IP 地址分配方案如下。

路由器 RTA 的 S0/0/0 接口：202.207.123.1

路由器 RTB 的 S0/0/1 接口：202.207.123.2

微课 4-1：IP 地址分配

在每个网络内，各个网络接口的 IP 地址是唯一的，但每个网络内所有 IP 地址的网络号是相同的，不同网络内的网络号都是不同的。虽然网络 D 内只占用了两个 IP 地址，但它必须占用一个网络号。

一个网络内的 IP 地址如果使用了其他网络的络号，不仅会造成 IP 地址冲突，还会造成网络错误。这就像一个北京人寄信时把自己的地址写成了上海，那么对方回信时信件肯定会寄到上海，寄信人就永远收不到回信，在网络中的情况就是网络不通。

4.1.5　子网与子网掩码

1. 子网划分

在 IPv4 地址极度紧缺的情况下，4.1.4 小节为图 4-2 设计的 IP 地址分配方案虽然没有错误，但基本上是行不通的，因为在这个方案中浪费了大量的 IP 地址。

在 A、B、C 类地址中，虽然一个网络号内可以包含很多主机地址，但使用起来却不方便。例如一个 B 类网络中可以容纳 65534 个主机地址，如果某个单位总共有 6 万台计算机，显然申请一个 B 类网络就足够了。但是 6 万台计算机不可能都放置在一起，如果分散在几百个部门，每个部门组成一个网络，各个部门之间使用路由器连接起来，这时最大的问题是网络号只有一个，而实际可能需要几百个网络号。

为了解决网络地址不足的问题，可以在一个网络地址内再划分成若干网络，在一个网络地址内划分出的网络称作子网。划分子网时需要占用原来的主机编号字段，当然一个网络划分若干网络后，每个网络内能够容纳的主机编码个数必然减少。

例如，依然使用图 4-2 所示的网络，但如果只申请到了一个 C 类网络地址 202.207.120.0，因为一个 C 类网络中可以容纳 254 个主机，对于图 4-2 的情况是足够的。但需要的 4 个网络号如何取得呢？这里可以把主机编码部分分成两部分，左边两位用于子网编码，其余 6 位用于子网内主机编码，编码情况如图 4-3 所示。

202.207.120.0	11001010	11001111	01111000	00	000000
划分四个子网：					000000
202.207.120.0	11001010	11001111	01111000	00	000000
202.207.120.64	11001010	11001111	01111000	01	000000
202.207.120.128	11001010	11001111	01111000	10	000000
202.207.120.192	11001010	11001111	01111000	11	000000

图 4-3　子网划分

通过将第 4 个字节的左边两位二进制位作为子网编码，可以得到 00、01、10、11 四组编码，即 4 个子网号。在每个子网内主机编码部分可以从 000000 到 111111 变化，可以得到 64 个主机编码地址。但是在书写 IP 地址时不能把一个字节拆开写，即子网编码和子网内主机编码要合在一起书写，所以 4 个子网的网络地址分别是 202.207.120.0、202.207.120.64、202.207.120.128 和 202.207.120.192。每个子网中的可用 IP 地址数量为 $2^6-2=62$（个）。

通过上面的子网划分，已知 4 个子网的网络地址，则每个子网的广播地址、可用 IP 地址的范围均可求出。具体如表 4-2 所示。

表 4-2　各子网的网络地址、广播地址和可用 IP 地址范围

子　　网	网络地址	广播地址	可用 IP 地址范围
子网 1	202.207.120.0	202.207.120.63	202.207.120.1~202.207.120.62

子　网	网络地址	广播地址	可用 IP 地址范围
子网 2	202.207.120.64	202.207.120.127	202.207.120.65~202.207.120.126
子网 3	202.207.120.128	202.207.120.191	202.207.120.129~202.207.120.190
子网 4	202.207.120.192	202.207.120.255	202.207.120.193~202.207.120.254

2. 子网掩码

在 A、B、C 类 IP 地址中，可以根据 IP 地址的第一个字节的取值来确定 IP 地址的类别，进而确定 IP 地址的网络号和主机号。但是在划分子网之后，网络编号部分的长度将不再是固定的，这时应该如何判断 IP 地址中哪些位是网络号，哪些位是主机号呢？

解决该问题的方法是使用子网掩码（Subnet Mask）。与 IP 地址相同，子网掩码也是由 32 位二进制数组成，使用点分十进制来表示；但与 IP 地址不同的是，在子网掩码中，二进制位取值为"1"的位表示对应 IP 地址中的网络编号部分，二进制位取值为"0"的位表示对应 IP 地址中的主机编号部分。例如对于 A、B、C 类 IP 地址，它们的子网掩码分别如下。

A 类网络子网掩码：255.0.0.0。

B 类网络子网掩码：255.255.0.0。

C 类网络子网掩码：255.255.255.0。

一般在给出 IP 地址时，需要同时给出其使用的子网掩码，这样在划分了子网后，就可以使用子网掩码计算子网的网络地址。具体的计算方法是：将 IP 地址与子网掩码进行"逻辑与"运算，运算结果即为该 IP 地址所在网络的网络地址。例如，已知 IP 地址 202.207.120.167，其子网掩码为 255.255.255.192，则其网络地址计算过程如表 4-3 所示。运算结果为 202.207.120.128，即 IP 地址 202.207.120.167 所在子网的网络地址。

表 4-3　从 IP 地址和子网掩码到网络地址

运　算　内　容	第一字节	第二字节	第三字节	第四字节
IP 地址	11001010	11001111	01111000	10100111
子网掩码	11111111	11111111	11111111	11000000
逐位"与"运算结果	11001010	11001111	01111000	10000000
网络地址（十进制）	202	207	120	128

为什么是"与"运算呢？从概念上来讲应该也比较容易理解。"与"运算的特点是：1 与任何数"相与"结果为数字本身，0 与任何数"相与"结果为 0。根据子网掩码的概念可知，在子网掩码中，与网络位对应的位取值为 1，与主机位对应的位取值为 0。在将 IP 地址与子网掩码进行"与"运算时，IP 地址的网络位部分与子网掩码中对应的 1 进行"与"运算，运算结果依然是网络位本身保持不变；IP 地址的主机位部分与子网掩码中对应的 0 进行"与"运算，运算结果为全 0，"网络位 + 全 0 的主机位"即为该 IP 地址所在网络的网络地址。

确定子网掩码（即借用几位主机位划分子网）的因素是整个网络内需要的网络号个数和子网内所能容纳的最多主机个数。表 4-4 是 C 类网络中子网掩码的取值和可用的子网个数、子网内可用 IP 地址数以及最多能够容纳的主机数的对照表。

表 4-4　子网掩码与子网数量、子网内 IP 地址数及主机数对照表

掩码最后一个字节	二进制表示	子网数量	可用 IP 地址数量	子网内主机数量
128	10000000	2	126	125
192	11000000	4	62	61
224	11100000	8	30	29
240	11110000	16	14	13
248	11111000	32	6	5
252	11111100	64	2	1

从表 4-4 可以看到，子网内最多能够容纳的主机数量比可用 IP 地址数量要小 1，这是因为在网络中网关设备（一般是路由器或三层交换机）需要占用一个 IP 地址。另外需要注意的是，当掩码为 255.255.255.252 时，网络中只有 2 个可用地址，这种子网一般用在网络设备的点到点连接中，而不会分配给以太网段。

在图 4-2 的例子中，如果按照图 4-3 规划子网，那么使用的子网掩码为 255.255.255.192。

（1）网络 A 中的 IP 地址分配方案如下。

路由器 RTA 的 E0/0/0 接口：202.207.120.1　255.255.255.192

PC1：　　　　　　　　　　202.207.120.2　255.255.255.192

PC2：　　　　　　　　　　202.207.120.3　255.255.255.192

（2）网络 B 中的 IP 地址分配方案如下。

路由器 RTB 的 E0/0/0 接口：202.207.120.65　255.255.255.192

PC3：　　　　　　　　　　202.207.120.66　255.255.255.192

PC4：　　　　　　　　　　202.207.120.67　255.255.255.192

（3）网络 C 中的 IP 地址分配方案如下。

路由器 RTB 的 E0/0/1 接口：202.207.120.129　255.255.255.192

PC5：　　　　　　　　　　202.207.120.130　255.255.255.192

PC6：　　　　　　　　　　202.207.120.131　255.255.255.192

（4）网络 D 中的 IP 地址分配方案如下。

路由器 RTA 的 S0/0/0 接口：202.207.120.193　255.255.255.192

路由器 RTB 的 S0/0/1 接口：202.207.120.194　255.255.255.192

这里对于 C 类网络来说只使用了 202.207.120.0 网络，但由于使用了子网掩码 255.255.255.192，在一个 C 类网络内划分出了 4 个子网，满足了网络号的需求。4 个子网的网络地址分别是 202.207.120.0、202.207.120.64、202.207.120.128 和 202.207.120.192。

在分配 IP 地址时，后面需要跟上子网掩码，用于说明该 IP 地址的网络地址如何计算。子网掩码的表示方法也可以使用 "IP 地址 / 网络地址长度" 表示。例如在 C 类网络中，第 4 字节的前三位作为子网编码时，即网络地址长度为 27 位，子网掩码可以用下列两种方法表示：

- 200.100.120.28　255.255.255.224
- 200.100.120.28/27

微课 4-2：子网与子网掩码

4.1.6　子网划分习题课

习题 1：已知一个 C 类网段 202.207.120.0，现借用 3 位主机位进行子网的划分。问题：

（1）子网掩码是多少？

（2）可以划分出几个子网？

（3）每个子网的网络地址是多少？

（4）每个子网的广播地址是多少？

（5）每个子网有多少个可用 IP 地址？每个子网最多可以有多少台主机？

答案：子网掩码是 255.255.255.224；可以划分出 8 个子网。各子网的网络地址和广播地址如表 4-5 所示。

表 4-5　习题 1 各子网网络地址和广播地址表

子　　网	网　络　地　址	广　播　地　址
子网 1	202.207.120.0	202.207.120.31
子网 2	202.207.120.32	202.207.120.63
子网 3	202.207.120.64	202.207.120.95
子网 4	202.207.120.96	202.207.120.127
子网 5	202.207.120.128	202.207.120.159
子网 6	202.207.120.160	202.207.120.191
子网 7	202.207.120.192	202.207.120.223
子网 8	202.207.120.224	202.207.120.255

每个子网有 $2^5-2=30$（个）可用 IP 地址，每个子网最多可以有 30–1=29（台）主机。

习题 2：已知一个 C 类网段 192.168.1.0，现借用 1 位主机位进行子网的划分。问题：

（1）子网掩码是多少？

（2）可以划分出几个子网？

（3）每个子网的网络地址是多少？

（4）每个子网的广播地址是多少？

（5）每个子网有多少个可用 IP 地址？每个子网最多可以有多少台主机？

答案：子网掩码是 255.255.255.128；可以划分出 2 个子网。各子网的网络地址和广播地址如表 4-6 所示。

表 4-6　习题 2 各子网网络地址和广播地址表

子　　网	网　络　地　址	广　播　地　址
子网 1	192.168.1.0	192.168.1.127
子网 2	192.168.1.128	192.168.1.255

每个子网有 $2^7-2=126$（个）可用 IP 地址，每个子网最多可以有 126–1=125（台）主机。

习题 3：已知一个 C 类网段 192.168.1.0，现借用 2 位主机位进行子网的划分。问题：

（1）子网掩码是多少？

（2）可以划分出几个子网？

（3）每个子网的网络地址是多少？

（4）每个子网的广播地址是多少？

（5）每个子网有多少个可用 IP 地址？每个子网最多可以有多少台主机？

答案：子网掩码是 255.255.255.192；可以划分出 4 个子网。各子网的网络地址和广播地址如表 4-7 所示。

表 4-7　习题 3 各子网网络地址和广播地址表

子　　网	网　络　地　址	广　播　地　址
子网 1	192.168.1.0	192.168.1.63
子网 2	192.168.1.64	192.168.1.127
子网 3	192.168.1.128	192.168.1.191
子网 4	192.168.1.192	192.168.1.255

每个子网有 $2^6-2=62$（个）可用 IP 地址，每个子网最多可以有 $62-1=61$（台）主机。

习题 4：已知一个 C 类网段 192.168.1.0，现借用 3 位主机位进行子网的划分。问题：

（1）子网掩码是多少？

（2）可以划分出几个子网？

（3）每个子网的网络地址是多少？

（4）每个子网的广播地址是多少？

（5）每个子网有多少个可用 IP 地址？每个子网最多可以有多少台主机？

答案：子网掩码是 255.255.255.224；可以划分出 8 个子网。各子网的网络地址和广播地址如表 4-8 所示。

表 4-8　习题 4 各子网网络地址和广播地址表

子　　网	网　络　地　址	广　播　地　址
子网 1	192.168.1.0	192.168.1.31
子网 2	192.168.1.32	192.168.1.63
子网 3	192.168.1.64	192.168.1.95
子网 4	192.168.1.96	192.168.1.127
子网 5	192.168.1.128	192.168.1.159
子网 6	192.168.1.160	192.168.1.191
子网 7	192.168.1.192	192.168.1.223
子网 8	192.168.1.224	192.168.1.255

每个子网有 $2^5-2=30$（个）可用 IP 地址，每个子网最多可以有 $30-1=29$（台）主机。

习题 5：已知一个 C 类网段 192.168.1.0，现借用 4 位主机位进行子网的划分。问题：

（1）子网掩码是多少？

（2）可以划分出几个子网？

（3）每个子网的网络地址是多少？

（4）每个子网的广播地址是多少？

（5）每个子网有多少个可用 IP 地址？每个子网最多可以有多少台主机？

答案：子网掩码是 255.255.255.240；可以划分出 16 个子网。各子网的网络地址和广播地址如表 4-9 所示。

表 4-9　习题 5 各子网网络地址和广播地址表

子　　网	网 络 地 址	广 播 地 址
子网 1	192.168.1.0	192.168.1.15
子网 2	192.168.1.16	192.168.1.31
子网 3	192.168.1.32	192.168.1.47
子网 4	192.168.1.48	192.168.1.63
子网 5	192.168.1.64	192.168.1.79
子网 6	192.168.1.80	192.168.1.95
子网 7	192.168.1.96	192.168.1.111
子网 8	192.168.1.112	192.168.1.127
子网 9	192.168.1.128	192.168.1.143
子网 10	192.168.1.144	192.168.1.159
子网 11	192.168.1.160	192.168.1.175
子网 12	192.168.1.176	192.168.1.191
子网 13	192.168.1.192	192.168.1.207
子网 14	192.168.1.208	192.168.1.223
子网 15	192.168.1.224	192.168.1.239
子网 16	192.168.1.240	192.168.1.255

每个子网有 $2^4-2=14$（个）可用 IP 地址，每个子网最多可以有 14-1=13（台）主机。

习题 6：已知一个 C 类网段 192.168.1.0 则：

（1）最多可以借用几位主机位来划分子网？

（2）子网掩码是多少？

（3）可以划分出几个子网？

（4）每个子网有多少个可用 IP 地址？

答案：最多可以借用 6 位主机位来划分子网；子网掩码是 255.255.255.252；可以划分出 $2^6=64$（个）子网；每个子网有 $2^2-2=2$（个）可用 IP 地址。

【注意】　子网划分是网络规划的基础，也是必须要掌握的知识，只有掌握了子网划分的知识，才能够为网络规划正确的 IP 地址。

4.2　IP 协议

4.2.1　IP 协议的概念

1. IP 协议的特点

IP 协议是 TCP/IP 模型中的网络层协议，主要功能是为传输层提供网络传输服务，完成数据报文主机到主机的传输。

在网络层面对的是一个具体的传输网络，这个网络是由很多中间节点（路由器）连接组成的复杂网络。IP 协议的特点主要表现在以下几个方面。

1）IP 协议是主机到主机（点到点）的网络层通信协议

IP 协议完成的是源主机到目的主机的网络传输通信，虽然中间可能经过很多转发节点（路由器），但 IP 协议中只使用源主机 IP 地址和目的主机 IP 地址，中间节点只是根据目的地址进行转发，直到到达目的主机为止。对于源主机和目的主机而言，网络传输是透明的。

2）IP 协议是一种不可靠、无连接的数据报传输服务协议

网络层一般把数据报称作"分组"，IP 协议允许的最大分组长度是 64KB。IP 协议在传输分组时采用了"尽力传递"的策略，使用无连接的数据报服务方式，不提供差错控制，不维护数据报发送后的状态信息。分组离开主机之后根据路由器选择的路由进行传输，由于路由器的拥塞可能会导致分组在路由器上滞留或被丢弃。在报文传输可靠性要求较高的网络中，会由传输层的 TCP 协议来解决由网络层引起的传输差错问题。

3）IP 协议可以使用不同协议的下层网络传输 IP 分组

在 TCP/IP 模型中，为网络层提供服务的下层网络可能存在各种不同的结构和协议，根据下层协议的种类，IP 协议可以提供不同的接口参数，用于满足分组在不同下层网络中传输的需要。

2. IP 协议报文格式

IP 协议的报文格式如图 4-4 所示，分为报头和数据两部分。报头部分是 IP 协议的封装，数据部分是上层（即传输层）的协议报文。其中报头部分的前 20 字节（即从"版本"字段到"目的地址"字段）的格式是固定的；而"选项"字段的长度是可变的，长度为 0~40 字节。即一个 IP 报头的最小长度是 20 字节，最大长度是 60 字节。

图 4-4 中各项说明如下。

（1）Version：版本字段，长度为 4bit。IP 协议版本号，4 表示 IPv4，6 表示 IPv6。

（2）IHL：报头长度字段，长度为 4bit。报头长度字段表示 IP 报头的长度，以 4 个字节为一个单位，即报头的实际长度＝报头长度字段取值×4。

（3）Type of service：服务类型字段，长度为 8bit。服务类型字段使主机可以要求网络用不同的方式来处理数据报，主要是可靠性和速度。例如，对于音频或视频而言，速度更重要；而对于文件而言，则是可靠性更重要。

（4）Total length：总长度字段，长度为 16bit。总长度字段表示报文的总长度，即"报

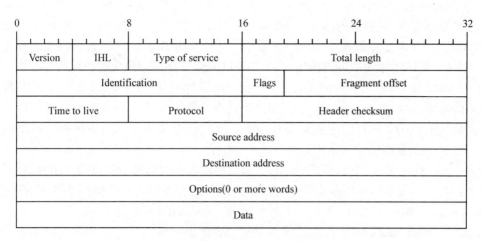

图 4-4　IP 协议报文格式

头 + 数据"的长度。IP 报文的最大长度为 64KB。

（5）Identification：标识字段，长度为 16bit。标识字段主要是解决不同类型的底层网络之间的通信问题。局域网有不同的类型，所允许传输的帧的最大长度（Maximum Transmission Unit，MTU）也不同，当一个数据报从一个网络传输过来，所去的网络允许的帧的最大长度无法封装它时，只有把这个数据报分得更小一点，这就是网络中的分片。等这些分片到达目的主机时，再被重新组装成原始的 IP 数据报文。标识字段就是用来说明这个分片是属于哪个 IP 数据报的。属于同一 IP 数据报的分片，其标识字段的值相同。

（6）Flags：标志字段，长度为 3bit。第一位未使用，值为 0。第二位是 DF（Don't Fragment）位，即禁止分片标志位，当 DF=0 时，允许 IP 数据报在底层网络被分片；当 DF=1 时，禁止对 IP 数据报进行分片，此时，如果 IP 数据报的长度大于底层网络的 MTU，则 IP 数据报文被丢弃。DF 的默认取值为 0，但在 ping 命令中可以通过"-f"参数将其置位为 1。例如：

```
C:\Users\lenovo>ping 192.168.1.1 -l 2000 -f

正在 Ping 192.168.1.1 具有 2000 字节的数据：
需要拆分数据包但是设置 DF。
需要拆分数据包但是设置 DF。
需要拆分数据包但是设置 DF。
需要拆分数据包但是设置 DF。

192.168.1.1 的 Ping 统计信息：
    数据包：已发送 =4, 已接收 =0, 丢失 =4 (100% 丢失 ),
```

第三位是 MF（More Fragment）位，在 IP 数据报文被分成了若干个分片后，若某分片的 MF=1，表示该分片后面还有分片；若 MF=0 则表示该分片为最后一个分片。

（7）Fragment offset：片偏移量字段，长度为 13bit。片偏移量字段用来说明分片在原始 IP 数据报文中的位置。IP 报文被分片后，由于每个分片都是作为独立的报文进行传输，各自选择的路由可能不同，到达目的主机的顺序也是随机的。而在进行重组时需要对其进行正确的排序，片偏移量就像排队用的序号一样，当所有分片到达目的主机后，就根据它来重新组装IP数据报文。片偏移量字段以8字节为一个单位，又由于其长度为13bit，因此一个IP数据报文最多可以分成 2^{13}=8192 个分片，一个IP数据报文的最大长度是 $2^{13}×8=2^{16}$=65536 字节，即64KB，与"Total length"字段的最大取值保持一致。

（8）Time to live：生存时间（TTL）字段，长度为8bit。生存时间字段表示IP数据报文的生存时间，当IP报文经过一个三层网络设备（路由器或三层交换机）时，TTL的值就会被减去1，一旦TTL的值被减为0，则该IP数据报文被丢弃，不再进行转发，从而避免一个IP报文在网络中"永生"。

（9）Protocol：协议字段，长度为8bit。协议字段表示数据部分传输的上层协议的类型，即当网络层一个完整的数据报组装完成后，协议字段会告诉传输层由谁来处理这些数据。例如，1 表示 ICMP，6 表示 TCP，17 表示 UDP，89 表示 OSPF 等。

（10）Header checksum：头部校验和字段，长度为16bit。头部校验和字段用来对收到的IP数据报文的头部进行校验，检测其是否正确。在每个路由器上收到一个IP数据报文后，都会进行这项工作，这是因为TTL字段的值总是不停地在改变。

（11）Source address：源IP地址字段，长度为32bit。源IP地址字段发送IP数据报文的源主机的IP地址。

（12）Destination address：目的IP地址字段，长度为32bit。目的IP地址字段接收IP数据报文的目的主机的IP地址。

（13）Options：选项字段，长度为0~40字节。选项字段主要用于控制和测试目的。部分选项的定义如下。

- 安全和处理限制，一般用于军事领域。
- 记录路径，让每个路由器记录下它的IP地址。
- 时间戳，让每个路由器记录下它的IP地址和时间。
- 宽松的源站选择，为数据报指定若干必须经过的IP地址。
- 严格的源站选择，与宽松源站选择类似，但是要求只能经过指定的这些地址。

选项字段的长度要求是32bit的整数倍，不够的位填充"0"来补全。

例：有一个数据报总长度为4820字节，首部20字节，数据4800字节。某一网络能传输的数据报的最大长度是1420字节，需要进行分片。请列出每个分片的IP数据报长度、片偏移量字段和MF标志的值。

解析：某一网络能传输的数据报的最大长度是1420字节，而首部长度为20字节，因此实际数据最大长度为1400字节。数据总长度为4800字节，因此可以分为4个分片，分片长度分别是 1420（1400+20）、1420（1400+20）、1420（1400+20）、620（600+20）。片偏移量字段以8个字节为一个单位，因此针对第二个分片，其片偏移量字段的取值是1400/8=175，以此类推，第三、四个分片的片偏移量字段的取值分别是350和525。

答案：

报文分片一（长=1420，MF=1，Offset=0）；

报文分片二（长=1420，MF=1，Offset=175）；

报文分片三（长=1420，MF=1，Offset=350）；

报文分片四（长=620，MF=0，Offset=525）。

在网络中实际的IP数据报文如图4-5所示。

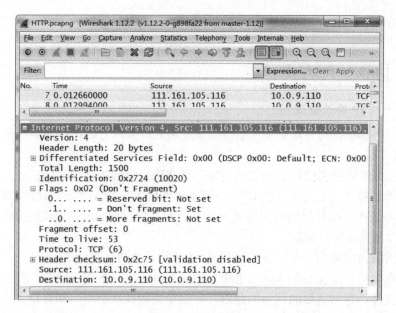

图 4-5　IP 协议报文

4.2.2　IP 层接口参数

1. 入口参数

传输层将组织好的报文（包括协议报头和为上层传送的数据两部分）提交给网络层进行传输时，还需要提交以下几个接口参数。

- 传输层协议类型，一般为 TCP 或 UDP。
- 目的主机 IP 地址。

报文在传输中是否允许分片。TCP 协议一般不允许分片，UDP 协议一般允许分片。

2. 出口参数

网络层接收到传输层提交的报文和入口参数后，对传输层报文进行分段、封装处理，形成网络层协议数据单元，一般称作分组。然后将分组提交给下层协议网络进行传输。在 TCP/IP 模型中，网络层的下层为网络接口层，表示 IP 分组可以通过下层任何协议的网络进行物理传输，所以网络层在给下层提交分组时，还需要提交下列接口参数。

（1）协议种类，该报文的网络层协议种类，指示下层网络将分组传递到目的地之后接收该分组的上层协议。

（2）路由，网络层根据目的主机的 IP 地址完成路由选择，但分组的传递需要下层网络去实现，所以网络层必须告诉下层网络分组传输的路由，即分组下一跳的主机地址。

在点对点网络中，从路由表中可以知道路由上通往下一跳的输出端口。但是在广播式网络中，网络层必须告诉下层网络路由上的下一跳是哪个主机。下层网络中只有数据链路层和物理层，即只能识别物理地址（MAC 地址）。所以在广播式网络中，网络层提供的路由参数是下一跳的 MAC 地址。由于以太网帧中需要使用目的 MAC 地址和源 MAC 地址，所以在以太网中下一跳的 MAC 地址也需要网络层提供。

4.2.3　IP 协议处理方式

1. 主机上的 IP 协议处理

主机的网络层接收到传输层提交的数据报文和入口参数之后进行如下处理。

1）网络寻径

网络层根据传输层提交的目的主机地址，首选确定是网络内部通信，还是和其他网络进行通信。确定的方法是使用目的 IP 地址和本机网络连接的 TCP/IP 属性配置中的子网掩码进行逻辑与运算，如果得到的网络地址和本机所在的网络地址相同则是网络内部通信，否则就是和其他网络进行通信。

如果是网络内部通信，报文下一跳的 IP 地址就是目的主机的 IP 地址，网络层需要提供的路由参数就是目的主机的 MAC 地址。如果是和其他网络进行通信，就需要在主机的路由表中查找是否有到达目的网络的路由，一般是使用默认路由，即将报文传递给默认网关。如果在网络连接的 TCP/IP 属性中正确设置了默认网关，该报文的下一跳就是默认网关；如果没有配置默认网关，则该报文被直接丢弃。

在主机的 TCP/IP 属性中正确设置了默认网关之后，和其他网络的通信报文就都能找到路由，该报文下一跳地址是默认网关，网络层提供的路由参数就是默认网关的 MAC 地址。

2）报文封装

（1）检查是否需要分片。网络层根据下层网络的 MTU 检查传输层提交的数据报文是否需要分片。如果传输层提交的报文长度加上 IP 报头后大于下层网络的 MTU 值，那么就需要进行分片。在需要分片的情况下，如果传输层提交的入口参数中不允许分片，网络层就会丢弃该报文，同时向传输层发送一个"需要拆分数据包但是设置 DF"的错误报告报文。

（2）封装报头信息。在分组数据前面添加 IP 协议报头，按照 IP 报头格式写入各个字段信息，包括源 IP 地址、目的 IP 地址、TTL 等。如果是分片传输，还需要填写标识、标志、片偏移量等参数信息。

3）提交分组及接口参数

将使用 IP 协议报头封装好的分组和下一跳主机的 MAC 地址一同交给下层网络进行物理传输。

2. 路由器上的 IP 协议处理

路由器是网络中的中间连接转发设备。路由器一般称作第三层网络设备。路由器接收到下层提交的 IP 协议报文后进行以下处理。

1）网络寻径

从 IP 协议报头中取出目的 IP 地址，在路由表内查找是否有到达目的网络的路由，如果没有，丢弃该报文并向源主机发送一个"目的主机不可达"的错误报告报文；如果找到了路由，则进行如下操作。

（1）判断是直接交付还是转发。如果目的主机所在网络是和路由器直连的，说明报文要到达的网络就是本路由器连接的网络，该分组下一跳应该直接交付给目的主机；否则说明是需要转发的报文。

（2）准备路由参数。对于需要直接交付的分组，路由器需要为下层网络提供目的主机的 MAC 地址作为路由参数；对于需要进行转发的分组，路由器会根据路由表提供输出端口或下一跳物理地址。

2）转发报文

（1）分片检查。由于路由器的不同端口连接的网络协议可能不同，报文经由路由器转发时也需要根据连接网络的 MTU 对分组进行是否需要分片的检查，需要分片时，路由器和主机上的处理是相同的。

（2）转发。对于需要转发的分组，路由器根据路由选择将分组发送到输出端口的发送队列。对于直接交付的分组，路由器将该分组和出口参数（包括报文协议种类、目的主机的 MAC 地址等）交给连接到端口的下层网络。

4.3 ARP 协议

网络层提交 IP 分组给下层网络时需要提供路由信息接口参数。对于点对点式网络，网络层在选择路由后就能够确定输出端口。从该端口输出后，接收方就是下一跳主机（网关）。但如果下层网络是广播式网络或者以太网，网络层在接口参数中必须告诉下层网络下一跳主机的 MAC 地址。网络层为了获取到下层网络中的主机 MAC 地址，需要使用地址解析协议（Address Resolution Protocol，ARP）。

4.3.1 ARP 协议的工作原理

网络层经过路由选择后，如果下一跳主机所在的网络是广播式网络或以太网，网络层为了获得下一跳主机的 MAC 地址，首先要向下一跳主机所在的网络发送一个 ARP 广播报文，报文内容大致为："请 IP 地址是 X.X.X.X 的主机告诉我你的 MAC 地址是多少"；下一跳主机接收到 ARP 广播后，就会向发出 ARP 请求的源主机发送自己的 MAC 地址。

ARP 协议报文格式如图 4-6 所示。

Hardware type		Protocol type	
Hardware size	Protocol size	Opcode	
Sender MAC address			
Sender IP address			
Target MAC address			
Target IP address			

图 4-6 ARP 协议报文格式

图 4-6 中各项说明如下。

（1）Hardware type：硬件类型字段，长度为 16bit。标识底层网络的协议类型，例如以太网为 1。

（2）Protocol type：协议类型字段，长度为 16bit。标识网络层协议类型，IP 协议用 0x0800（即十进制数 2048）表示。

（3）Hardware size：硬件地址长度字段，长度为 8bit。表示底层网络中使用的物理地址的长度，对于以太网而言为 6，即 48bit。

（4）Protocol size：协议地址长度字段，长度为 8bit。表示网络层使用的协议地址的长度，对于 IP 地址而言为 4，即 32bit。

（5）Opcode：操作类型，ARP 报文操作类型，长度 2 字节。其中：1 表示 ARP 请求；2 表示 ARP 应答；3 表示 RARP 请求（用于无盘工作站根据 MAC 地址请求 IP 地址）；4 表示 RARP 应答。

（6）Sender MAC address：源 MAC 地址字段，长度为 48bit。源主机的 MAC 地址。在 ARP 请求中，源主机（即请求主机）会将自己的 MAC 地址放置在该字段；在接收到的 ARP 响应中，请求主机会从该字段中读取出目的主机的 MAC 地址。

（7）Sender IP address：源 IP 地址字段，长度为 32bit。源主机的 IP 地址。在 ARP 请求中，源主机（即请求主机）会将自己的 IP 地址放置在该字段；在接收到的 ARP 响应中，请求主机会从该字段中读取出目的主机的 IP 地址，从而获得目的主机 IP 地址和 MAC 地址的映射关系。

（8）Target MAC address：目的 MAC 地址字段，长度为 48bit。目的主机的 MAC 地址。在 ARP 请求中，该字段的取值为 "00:00:00:00:00:00"，在 ARP 响应中，该字段的值为请求主机的 MAC 地址。

（9）Target IP address：目的 IP 地址字段，长度为 32bit。目的主机的 IP 地址。在 ARP 请求中，该字段的值为目的主机的 IP 地址，在 ARP 响应中，该字段的值为请求主机的 IP 地址。

在以太网中，主机发送 ARP 请求分为两种不同的情况：一种情况是源主机和目的主机在同一个网段中，此时通过 ARP 请求目的主机的 MAC 地址即可；另一种情况是源主机和目的主机不在同一个网段中，此时需要将 IP 数据报文发送给网关，因此 ARP 请求的是网关设备的 MAC 地址。

假设在以太网中，主机 202.207.122.187/26 需要和外部网络进行通信，因此它需要请求网关 202.207.122.129/26 的 MAC 地址。具体过程如图 4-7 所示。

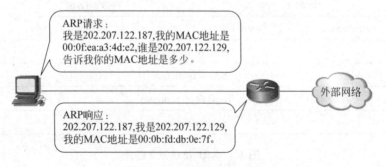

图 4-7　ARP 协议工作过程

网络中实际的 ARP 请求报文和响应报文分别如图 4-8 和图 4-9 所示。

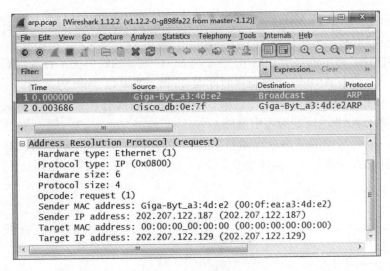

图 4-8 ARP 请求报文

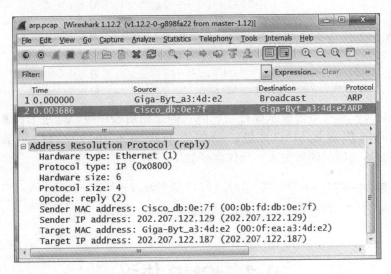

图 4-9 ARP 响应报文

4.3.2 ARP 地址映射表

为了提高工作效率,主机和路由器中都会生成一个 IP 地址与 MAC 地址的高速缓存表,称为 ARP 地址映射表,用来保存最近使用过的 IP 地址和 MAC 地址之间的映射关系。

网络层在需要获取下一跳主机的 MAC 地址时,首先会去 ARP 地址映射表中查找是否有下一跳主机的 MAC 地址,如果有则直接使用,如果没有才会去发送 ARP 请求报文。

主机每次通过 ARP 请求得到一个 IP 地址和 MAC 地址的映射关系后,就将该映射关系保存在 ARP 地址映射表中。一台主机在进行 ARP 请求时,网络内的其他主机都能监听到该主机 IP 和 MAC 地址的映射关系,都会把该主机 IP 和 MAC 地址的映射关系保存到自己的 ARP 地址映射表中。一台主机在启动时也会主动广播自己的 IP 地址与 MAC 地址的映射关系，所有收到 ARP 广播报文的主机都会将该映射关系保存，这样就可以减少 ARP 请求广播的数量，从而提高工作效率。

主机通过 ARP 请求或监听到的 IP 地址与 MAC 地址的映射关系称为动态（Dynamic）ARP 表项。一个动态 ARP 表项的生存时间是 2min，如果在 2min 内又收到了该映射关系报文，则该 ARP 表项重新启动生存计时；如果 2min 内没有再收到该映射关系报文，则 2min 后该表项从 ARP 地址映射表中删除。

在 Windows 系统中的"命令提示符"窗口中使用命令"arp -a"，可以显示主机上的 ARP 地址映射表的全部表项，具体命令如下：

```
C:\Users\lenovo>arp -a

接口 : 192.168.1.104 --- 0xd
Internet 地址           物理地址              类型
192.168.1.1            6c-e8-73-28-28-52     动态
192.168.1.255          ff-ff-ff-ff-ff-ff     静态
224.0.0.2              01-00-5e-00-00-02     静态
224.0.0.22             01-00-5e-00-00-16     静态
224.0.0.252            01-00-5e-00-00-fc     静态
239.11.20.1            01-00-5e-0b-14-01     静态
239.255.255.250        01-00-5e-7f-ff-fa     静态
255.255.255.255        ff-ff-ff-ff-ff-ff     静态
```

静态（Static）表项不会被系统自动删除。静态映射表项可以通过 arp 命令添加。命令格式为：arp -s IP 地址 MAC 地址，例如添加 IP 地址 202.207.127.130 和 MAC 地址 00-0f-ea-a5-3b-d6 之间的映射关系，具体命令如下：

```
C:\Users\lenovo>arp -s 202.207.127.130 00-0f-ea-a5-3b-d6
```

命令"arp -d *"可以删除 ARP 地址映射表中的所有表项。

4.4　ICMP 协议

Internet 控制报文协议（Internet Control Message Protocol，ICMP）是用于报告网络层差错和传送网络控制报文的协议。ICMP 报文是使用不可靠的 IP 协议分组传送的，所以 ICMP 报文中只能传送差错信息，而不能完成差错控制功能。常用的 ICMP 报文类型如下。

1. 拥塞控制报文

当路由器上发生拥塞后，路由器将丢弃一些到达的报文，同时向源主机发送一个"源站抑制"ICMP 报文，要求源主机降低发送流量，进行网络拥塞控制。传输层的 TCP 协议在收到"源站抑制"的 ICMP 报文后会将拥塞控制窗口尺寸减半。

微课 4-3：网络层报文处理

2. 请求 / 应答报文对

使用 ICMP 请求 / 应答报文对网络的连通性进行测试是 ICMP 协议最为常用的一项应

用。其具体的应用方法就是使用 ping 命令进行网络的连通性测试。

在使用"ping 目的主机 IP 地址"命令时，正常情况下，源主机向目的主机发送一个 ICMP 请求（echo-request）报文，在 ICMP 请求报文中会携带长度为 32 字节的随机数，目的主机收到 ICMP 请求（echo-request）报文后，会将 ICMP 请求报文中的随机数直接复制到 ICMP 应答（echo-reply）报文中并回送给源主机。若在规定的时间内源主机收到了 ICMP 应答（echo-reply）报文，则意味着源主机和目的主机之间的网络连通性正常。具体测试过程如下：

```
C:\Users\lenovo>ping www.baidu.com
正在 Ping www.a.shifen.com [119.74.217.109] 具有 32 字节的数据：
来自 119.75.217.109 的回复：字节 =32 时间 =8ms   TTL=57
来自 119.75.217.109 的回复：字节 =32 时间 =11ms  TTL=57
来自 119.75.217.109 的回复：字节 =32 时间 =9ms   TTL=57
来自 119.75.217.109 的回复：字节 =32 时间 =10ms  TTL=57
119.75.217.109 的 Ping 统计信息：
    数据包：已发送 =4，已接收 =4，丢失 =0（0% 丢失），
往返行程的估计时间（以毫秒为单位）：
    最短 =8ms，最长 =11ms，平均 =9ms
```

网络连通性测试异常又分为两种不同的情况。一种情况是"无法访问目标主机"，即 "Destination host unreachable"。具体命令如下：

```
C:\Users\lenovo>ping 192.168.1.110
正在 Ping 192.168.1.110 具有 32 字节的数据：
来自 192.168.1.104 的回复：无法访问目标主机。
来自 192.168.1.104 的回复：无法访问目标主机。
来自 192.168.1.104 的回复：无法访问目标主机。
来自 192.168.1.104 的回复：无法访问目标主机。
192.168.1.110 的 Ping 统计信息：
    数据包：已发送 =4，已接收 =4，丢失 =0（0% 丢失）
```

另一种情况是"请求超时"，即 Request timeout。具体命令如下：

```
C:\Users\lenovo>ping 202.207.127.37
正在 Ping 202.207.127.37 具有 32 字节的数据：
请求超时。
请求超时。
请求超时。
请求超时。
202.207.127.37 的 Ping 统计信息：
    数据包：已发送 =4，已接收 =0，丢失 =4（100% 丢失）
```

其中，"无法访问目标主机"一般是因为没有到达目标主机所在网络的路由，从而导致无法对其进行访问；而"请求超时"一般情况是虽然存在到达目的主机所在网络的路由，但是由于目标主机关机、目标主机防火墙禁止 ICMP 请求进入等原因导致源主机在规定的时间内没有接收到来自目标主机的 ICMP 响应报文。当然，具体是因为什么原因导致网络的连通性出现问题还需要根据网络的实际情况进行具体的分析。

网络中实际的 ICMP 报文如图 4-10 所示。

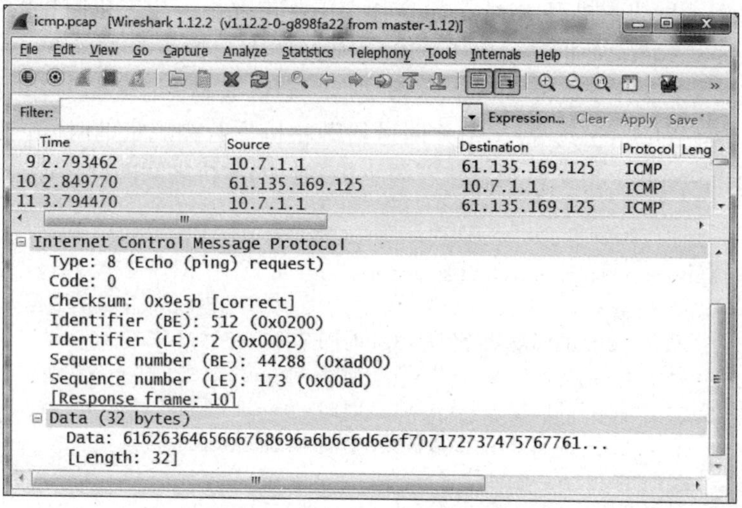

图 4-10　ICMP 协议报文

3. 差错报告报文

当网络层发生传输差错、丢弃数据报文时，产生差错的主机或路由器在丢弃数据报文后会向源主机发送一个报告发生差错的 ICMP 报文。例如，4.3 节所讲的没有到达目的主机的路由、路由器丢弃生存时间等于 0 的报文等情况下都会向源主机报告差错。

差错报告报文的典型应用是 tracert 命令，即路径跟踪命令。它用于确定 IP 数据报文访问目标 IP 地址所经过的路径以及到达某个路由器的时间。其工作原理是：源主机首先发送一个"TTL=1"的报文，该报文到达第一台路由器时，TTL-1=0，报文被丢弃，同时路由器向源主机发送一个报告发生差错的 ICMP 报文，于是源主机即可从 ICMP 差错报文中获知第一台路由器的 IP 地址；然后源主机再发送一个"TTL=2"的报文，该报文到达第二台路由器时，TTL 减为 0，报文被丢弃，同时路由器向源主机发送一个报告发生差错的 ICMP 报文，于是源主机即可从 ICMP 差错报文中获知第二台路由器的 IP 地址……以此类推，即可获知从源主机到目的主机所经过的路径。具体命令如下：

```
C:\Users\lenovo> tracert www.sjzpc.edu.cn

Tracing route to www.sjzpc.edu.cn [ 202.207.120.78 ]
over a maximum of 30 hops :
  1    4 ms      3 ms      4 ms       202.207.122.129
  2    < 1 ms    < 1 ms    < 1 ms     www.sjzpc.edu.cn [ 202.207.120.78 ]

Trace complete.
```

从上面显示的结果可以看出，从当前主机到达网站 www.sjzpc.edu.cn 经过了两跳，这是因为网络综合实验室逻辑上和学院的官网服务器均处于学院的局域网中。另外，到达每一跳会有 3 个时间参考值，这 3 个参考值是由 3 个 ICMP 报文获得的。

在实际的应用中，tracert 命令往往用来测试网络的故障点所在的位置，一般我们会先使用 ping 命令来测试连通性，如果连通性存在问题，则通过 tracert 命令来测试确定故障点的位置。该命令在 Linux 下写作 traceroute。

需要注意的是，出于网络安全的考虑，为防止网络被探测，现在很多设备将 ICMP 相关的报文 deny 掉，因此 tracert 在很多情况下都不可用。

4.5　路由器基本配置

网络设备，无论是路由器、交换机还是防火墙，也无论生产厂商是 Cisco、华为还是H3C，其本质上都是一台专用的计算机。与普通的个人计算机一样，网络设备也由类似的硬件组成，也需要有操作系统的支持。本章将对华为网络设备的硬件组成、操作系统、命令行配置等进行简单的介绍。

4.5.1　网络设备硬件结构

作为专门用于进行数据报文转发、路由或安全控制的专用计算机，网络设备（包括路由器、交换机、防火墙等）都有着与 PC 类似的硬件结构，区别在于网络设备只有主机部分，而没有类似于显示器、键盘和鼠标等的部分外设。当然，由于网络设备其功能的专用性，因此它们在硬件结构上和 PC 也会有一些差异。具体网络设备（以路由器为例）的硬件组成大致如下。

（1）CPU：路由器的处理器，与 PC 的 CPU 作用相同。

（2）Flash：存储设备，用来存储路由器的操作系统映像和初始配置文件，可以理解为路由器的硬盘。当然由于其专用性，容量一般都比较小。

（3）ROM：只读存储器，存储路由器的开机自检程序和引导程序等，即路由器的BIOS 芯片。

（4）RAM：路由器的内存，存储路由表、运行配置文件和待转发的数据报队列等。

（5）I/O port：输入 / 输出端口（有时也称端口），不同的网络设备可以提供的接口也会有所区别。常见接口有以下几种。

① Console 接口：系统控制台接口，用于在本地通过 PC 的 RS-232 接口使用 Console线缆与该接口相连，从而登录到网络设备。

② AUX 接口：辅助口（异步串行口），用于远程连接网络设备进行配置，也可用于拨号连接，在网络设备上一般会将 AUX 接口和 Console 接口相邻设置。现在很多网络设备上已经不再配备 AUX 接口。

③ MiniUSB 接口：近几年网络设备上新增加的一种 Console 接口，主要是考虑到当前的 PC 已经很少有 RS-232 接口，因此可以通过 PC 的 USB 接口与网络设备的 MiniUSB 接口相连来登录网络设备。

④ Serial 接口：同步串行口（广域网接口），这种类型的接口一般只存在于路由器上，

用于进行广域网链路的连接。实验环境下，一般使用背对背线缆进行连接。Serial 接口的编号命名规则一般是"框号 / 槽位号 / 端口号"或者"槽位号 / 端口号"，例如，Serial 0/0/0、Serial 1/0 等。

⑤ 以太网接口：包括 GigabitEthernet（1000Mbps）接口和 Ethernet（100Mbps）接口。用来连接以太网交换机、PC 等设备，一般作为局域网中某网段的网关。以太网接口的编号命名规则和 Serial 接口一致，例如，Ethernet 0/0/1、Ethernet 0/0/2 等。

华为 AR 1220 路由器的面板如图 4-11 所示。

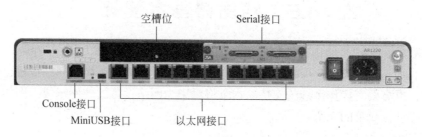

图 4-11　华为 AR 1220 路由器面板示意图

从图 4-11 可以看出，Console 接口和以太网接口在外观上是一样的，都是 RJ-45 接口，但是实际上它们的通信逻辑完全不同，不能混用。

4.5.2　控制台连接

由于网络设备没有显示器和键盘等外设，因此在对网络设备进行配置前，首先需要使用一台计算机连接到网络设备上，然后使用该计算机作为终端登录到网络设备上对其进行配置，该计算机就称为网络设备的控制台。当前网络设备一般都支持通过 Console 接口或通过 MiniUSB 接口两种方式进行控制台的连接。下面分别对其进行介绍。

1. 通过 Console 接口连接

1）物理连接

通过 Console 接口连接的方式首先需要在物理上使用一条 Console 线缆将网络设备的 Console 接口和计算机的 9 针 RS-232 接口连接起来。Console 线缆是一条 8 芯的扁平电缆，如图 4-12 所示。其中线缆一端为 RJ-45 的水晶头，用来连接到网络设备的 Console 接口上，另一端是 DB9 的母口，用来连接到计算机的 RS-232 接口上。

2）建立逻辑连接

物理连接建立以后，需要在作为控制台的计算机上通过终端连接程序与网络设备之间建立逻辑上的连接。常用的终端连接程序包括 SecureCRT、Putty、Windows 自带的"超级终端"等。"超级终端"自 Windows 7 开始不再作为系统自带程序出现，但可以通过单独安装的方式使用。这里以 Windows 操作系统中的"超级终端"为例进行连接。具体步骤如下。

（1）在 Windows 系统中选择"开始"→"所有程序"→"附件"→"通信"→"超级终端"，打开"超级终端"的"连接描述"对话框。如图 4-13 所示。

图 4-12　Console 线缆

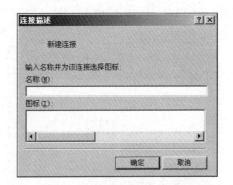

图 4-13　"连接描述"对话框

（2）在"连接描述"对话框中随便输入一个名称即可，该名称只有本地意义，然后单击"确定"按钮打开"连接到"对话框。如图 4-14 所示。

（3）在"连接到"对话框中选择连接时使用的端口或协议，在计算机只有一个 RS-232 接口的情况下，一般都是选择"COM1"。选择完成后，单击"确定"按钮打开"COM1 属性"对话框。如图 4-15 所示。

图 4-14　"连接到"对话框

图 4-15　"COM1 属性"对话框

（4）在"COM1 属性"对话框中对端口的各个属性参数进行设置，一般单击"还原为默认值"按钮即可。

设置完成后，单击"确定"按钮，即可进入网络设备的命令行配置界面。如图 4-16 所示。

2. 通过 Mini USB 接口连接

1）物理连接

由于现在很多计算机尤其是笔记本电脑上已经不再提供 RS-232 接口，因此在进行控制台连接时可以通过 Mini USB 接口进行连接。通过 Mini USB 接口连接的方式首先需要在物理上使用一条 Mini USB 线缆将网络设备的 Mini USB 接口和计算机的 USB 接口连接起来。Mini USB 线缆的两端如图 4-17 所示。其中线缆一端为 Mini USB 接口，用来连接到网络设备的 Mini USB 接口上，另一端是 USB 接口，用来连接到计算机的 USB 接口上。

图 4-16　网络设备命令行配置界面　　　　图 4-17　Mini USB 线缆两端接口图

2）Mini USB 驱动程序安装

使用 Mini USB 接口连接网络设备，需要在计算机上安装 Mini USB 的驱动程序。具体步骤如下。

（1）Mini USB 的驱动程序 AR_MiniUSB_driver 可以从华为公司企业业务支持网站（http://support.huawei.com/enterprise）上获取。驱动程序下载成功后，在计算机上双击驱动程序的安装文件，弹出如图 4-18 所示的驱动程序安装对话框。

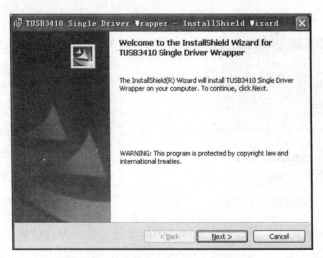

图 4-18　MiniUSB 驱动程序安装对话框

（2）在图 4-18 所示的对话框中单击 Next 按钮，并在弹出的对话框中选择 I accept the terms in the license agreement 并单击 Next 按钮。弹出如图 4-19 所示的对话框。

（3）在图 4-19 中，选择驱动程序的解压路径，单击 Change 可以更改驱动程序解压的路径，如果不需要更改，则可直接单击 Next，进入下一个对话框。

（4）在下一个对话框中单击 Install 对驱动程序进行解压，完成后单击 Finish。

（5）解压完成后，在步骤（3）指定的解压路径下找到 DISK1 文件夹，双击 setup.exe，安装驱动程序即可。

（6）驱动程序安装完成后，右击"此电脑"，在菜单中选择"管理"→"计算机管理"→"设

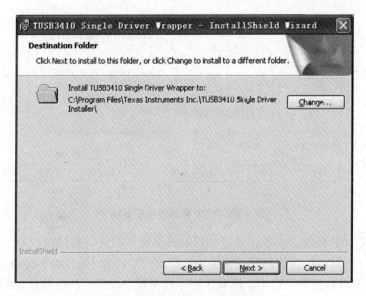

图 4-19　选择驱动程序解压路径

备管理器"，在设备管理器窗口中展开"端口（COM 和 LPT）"，可看到除"通信端口（COM1）"之外新增加的一个通信端口名称（不同的 PC 机名称不同），这就是 Mini USB 驱动程序新安装的通信端口。这个通信端口是用 HUB 口作为异步通信端口使用时的端口名称。

【注意】　记住这个名称，在下面建立逻辑连接时需要选择这个通信端口名称。

3）建立逻辑连接

建立逻辑连接的过程与"通过 Console 接口连接"的步骤相同，唯一需要注意的是，在图 4-14 中，连接时所使用的端口要选择用 HUB 口作为异步通信端口使用时的端口名称。

4.5.3　VRP 介绍

VRP 全称为 Versatile Routing Platform，即通用路由平台。它是华为公司从低端到高端的全系列路由器、交换机等数据通信产品的通用网络操作系统。每个网络设备公司的设备操作系统都会有自己的名称，例如，Cisco 的网络设备操作系统称为 IoS，H3C 的网络设备操作系统称为 Comware。当然，无论操作系统名称上有什么区别，其本质上都是使用的 Linux 内核。

VRP 就是网络设备中的操作系统，就像 PC 上安装的 Windows 一样。VRP 可以运行在多种硬件平台之上，并拥有一致的网络界面、用户界面和管理界面，可以为用户提供灵活丰富的应用解决方案。

1. VRP 的发展历程

随着网络技术和应用的飞速发展，VRP 平台在处理机制、业务能力、产品支持等方面也在持续发展。到目前为止，VRP 已经开发出了 5 个版本，分别是 VRP1、VRP2、VRP3、VRP5 和 VRP8。各版本的主要特性如图 4-20 所示。

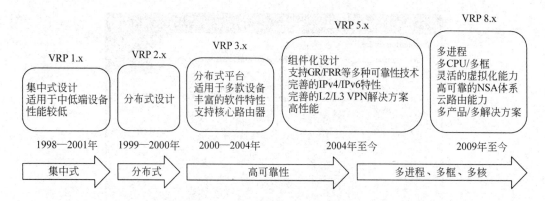

图 4-20　VRP 各版本的主要特性

VRP 以 TCP/IP 模型为参考，通过完善的体系架构设计，将路由技术、MPLS（Multi-Protocol Label Switching，多协议标签交换）技术、VPN（Virtual Private Network，虚拟专用网）技术、安全技术等数据通信技术，以及实时操作系统、设备和网络管理、网络应用等多项技术完美地集成在一起，满足了运营商和企业用户的各种网络应用场景的需求。

目前，华为大部分适用于企业网络场景的终端网络设备都是基于 VRP 5.x 的，本书也是基于 VRP 5.x 版本。

2. 设备初始化启动

我们如果要访问在通用路由平台 VRP 上运行的华为产品，首先要进入启动程序。为保障网络设备本地登录的安全，在使用 Console 线缆连接网络设备进行配置时，与传统上各厂商可以直接进入 CLI 界面进行配置不同，华为网络设备默认采用了 AAA 认证方式对用户进行身份认证，认证通过后才能进入用户视图对网络设备进行配置。具体如下：

```
Login authentication
Username:admin
Password:
```

其中输入 Password 时与 Linux 系统类似，系统不进行回显。

华为各类网络设备默认通过 Console 登录时使用的用户名均为 admin，但出厂密码各不相同，在新购买的设备说明书中会找到该设备的 Password。

Password 输入正确后系统开始启动，开机界面信息提供了系统启动的运行程序和正在运行的 VRP 版本及其加载路径。华为路由器启动时会显示一大串系统信息，一般不需要理会。最后的几行显示为

```
      ......
Press any key to get started
<Huawei>
Warning: Auto-Config is working. Before configuring the device, stop Auto-
Config. If you perform configurations when Auto-Config is running, the
DHCP, routing, DNS, and VTY configurations will be lost. Do you want to
stop Auto-Config? [y / n] : Y
```

启动完成以后，系统提示目前正在运行的是自动配置模式。用户可以选择继续使用

自动配置模式还是进入手动配置的模式。如果选择手动配置模式，在提示符处输入"Y"。在没有特别要求的情况下，一般建议选择手动配置模式。

3. VRP 命令行

网络设备的配置一般需要在命令行界面（Command-Line Interface，CLI）进行。命令行是在网络设备内部注册的、具有一定格式和功能的字符串。一条命令行由关键字和参数组成，关键字是一组与命令行功能相关的单词或词组，通过关键字可以唯一确定一条命令行。参数是为了完善命令行的格式或者指示命令的作用对象而指定的相关单词或数字等，包括整数、字符串、枚举值等数据类型。

在 VRP 中，命令的总数有数千条之多，为了实现对它们的分级管理，VRP 系统将这些命令按照功能类型的不同分别注册在不同的视图之下。

1）命令行视图

命令行界面分成若干种命令行视图，使用某个命令时，需要先进入该命令行所在的视图中。最常用的命令行视图有用户视图、系统视图和接口视图，三者之间既有联系，又有一定的区别，其关系如图 4-21 所示。

进入命令行界面后，首先进入的是用户视图，提示符为"<Huawei>"，其中"<>"表示当前视图是用户视图，"Huawei"是网络设备缺省的主机名。在用户视图下，用户可以了解设备的基础信息、查询设备状态，但不能进行与业务功能相关的配置。如果需要对设备进行业务功能的配置，则需要进入到系统视图。

在用户视图下输入 system-view 命令进入到系统视图，系统视图的提示符为"[ ]"。在系统视图下可以使用绝大部分的基础功能配置命令，另外，系统视图还提供了进入其他视图的入口，如果想要进入到其他的视图，首先必须进入到系统视图中。

如果要对网络设备进行具体的业务配置，就需要从系统视图进入到特定的接口视图或协议视图中。进入不同的视图会使用不同的配置命令，比较常用的是接口视图。进入接口视图需要在系统视图下输入命令"interface *interface-type interface-number*"，然后即可完成对相应接口的配置操作。在接口视图下，主机名后面追加了接口类型和接口编号信息，但其提示符依然是"[ ]"，实际上，除用户视图的提示符为"<>"以外，其他任何视图下的提示符均为"[ ]"。用户视图、系统视图和接口视图的配置界面如图 4-22 所示。

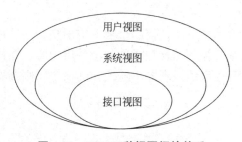

图 4-21　VRP 三种视图间的关系

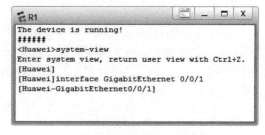

图 4-22　三种视图的配置界面

2）命令级别与用户权限级别

VRP 系统将命令和用户进行了分级，每一条命令都有相应的级别，每个用户也都有自己的权限级别，并且用户权限级别和命令的级别具有一定的对应关系。用户登录网络设备后，只能执行等于或低于自己权限级别的命令。

VRP 命令级别分为 0~3 级：0 级（参观级）、1 级（监控级）、2 级（配置级）和 3 级（管理级）。网络诊断类命令属于参观级的命令，用于测试网络是否连通等。监控级命令用于查看网络状态和设备基本信息。对设备进行业务配置时，需要用到配置级命令。对于一些特殊的功能，如上传或下载配置文件，则需要用到管理级的命令。

用户权限分为 0~15 共 16 个级别。默认情况下，3 级用户就可以操作 VRP 系统的所有命令，也就是说 4~15 级的用户权限在默认情况下和 3 级用户权限是相同的。4~15 级的用户权限一般与提升命令级别的功能一起使用，例如当设备管理员较多时，需要在管理员中再进行权限的细分，这时可以将某条关键命令所对应的用户级别提高，如提高到 15 级，这样一来，缺省的 3 级管理员就不能再使用该关键命令了。命令级别与用户权限级别的对应关系如表 4-10 所示。

表 4-10　命令级别与用户权限级别的对应关系

用户级别	命令级别	说　　明
0	0	网络诊断类命令（ping、tracert）、从本设备访问其他设备的命令（telnet）等
1	0、1	系统维护命令，包括 display 等。但并不是所有的 display 命令都是监控级的，例如 display current-configuration 和 display saved-configuration 等都属于管理级的命令
2	0、1、2	业务配置命令，包括路由、各个网络层次涉及的命令等
3~15	0、1、2、3	涉及系统基本运行的命令，如文件系统、FTP 下载、配置文件切换命令、用户管理命令、命令级别设置命令、系统内部参数设置命令等，还包括进行故障诊断的 debugging 命令等

3）命令行的使用方法

（1）进入命令视图

用户进入 VRP 系统后，首先进入的是用户视图。如果出现 <Huawei>，并有光标在">"右边闪动，就表明用户已经成功进入了用户视图。进入用户视图后，就可以通过命令来了解设备的基础信息、查询设备状态等。如果需要对设备进行具体的配置，则可以输入 system-view 命令进入系统视图，在系统视图下输入命令"interface *interface-type interface-number*"进入接口视图等。

（2）退出命令视图

退出命令视图使用的是 quit 命令，quit 命令的功能是从任何一个视图退出到上一层视图。例如，接口视图是从系统视图进入的，所以系统视图是接口视图的上一层视图，在接口视图中输入 quit 命令，即可退出到系统视图；而在系统该视图下输入 quit 命令，则会退出到用户视图。具体命令执行情况如下：

```
[Huawei-Ethernet0/0/1]quit
[Huawei]quit
<Huawei>
```

有些命令视图的层级很深，从当前视图退出到用户视图可能需要执行很多次的 quit 命令。这种情况下执行 return 命令，可以直接从当前视图退出到用户视图。具体如下：

```
[Huawei-Ethernet0/0/1]return
<Huawei>
```

另外，在任意视图下，使用快捷键 Ctrl+Z，效果与 return 相同。

（3）输入命令行

VRP 系统提供了丰富的命令行输入方法，支持多行输入，每条命令最大长度为 510 个字符，命令关键字不区分大小写，同时支持不完整关键字输入。表 4-11 列出了在命令行的输入过程中常用的一些功能键。

表 4-11　VRP 命令行编辑功能键

功　能　键	说　　明
退格键 BackSpace	删除光标位置的前一个字符，光标左移；若已经到达了命令的起始位置，则停止
左光标键←或 Ctrl+B	光标向左移动一个字符的位置；若已经到达了命令的起始位置，则停止
右光标键→或 Ctrl+F	光标向右移动一个字符的位置；若已经到达了命令的尾部，则停止
删除键 Delete	删除光标所在位置的一个字符，光标位置保持不动，光标后方字符向左移动一个字符的位置；若已经到达了命令的尾部，则停止
上光标键↑或 Ctrl+P	显示上一条历史命令。如果需要显示更早的历史命令，可以重复使用该功能键
下光标键↓或 Ctrl+N	显示下一条历史命令，可重复使用该功能键

（4）不完整关键字输入

为了提高命令行输入的效率和准确性，VRP 系统能够支持不完整关键字输入功能，即在当前视图下，当输入的字符能够匹配唯一的关键字时，可以不必输入完整的关键字。例如，当需要输入命令 display current-configuration 时，可以通过输入 dis current 或 dis cu 等来实现，但是注意不能输入 d c 或 dis c 等。因为系统中有多条以 d c 或 dis c 开头的命令，如 display colck 和 display cpu-defend 等。

（5）在线帮助

在线帮助是 VRP 系统提供的一种实时帮助功能。在命令行输入过程中，用户可以随时键入"？"来获得在线帮助信息。命令行在线帮助可以分为完全帮助和部分帮助两种。

① 完全帮助。完全帮助是指对需要执行的命令完全不知道的情况下使用的帮助。例如我们想要查看设备的当前配置情况，但在进入用户视图后完全不知道下一步应该如何操作，此时可以键入"？"，得到的回显帮助信息如下：

```
<Huawei> ?
User view commands:
  arp-ping       ARP-ping
  batch-cmd      Batch commands
  cd             Change current directory
  ce-ping        Ce-ping tool
  check          Check information
  clear          Clear monitor group
  clock          Specify the system clock
  cluster        Run cluster command
```

```
     cluster-ftp      FTP command of cluster
     compare          Compare function
     configuration    Configuration interlock
     copy             Copy from one file to another
     debugging        Enable system debugging functions
     delete           Delete a file
     dir              List files on a file system
     display          Display current system information
     fixdisk          Recover lost chains in storage device
     format           Format the device
     ftp              Establish an FTP connection
     hwtacacs-user
     issu             In-Service Software Upgrade (ISSU)
     kill             Release a user terminal interface
     language-mode    Specify the language environment
     license          License commands
     local-user       Add / Delete / Set user(s)
     ---- More ----
```

从显示的关键字中可以看到 display，对该关键字的解释是 Display current system information，即显示当前系统信息。因此我们自然会想到，如果要查看设备的当前配置情况，很可能会用到 display 这个关键字。于是，在按任意字母键退出帮助后，首先键入 display 和空格，然后再次键入"？"，得到第一个关键字为 display 的帮助信息，具体如下：

```
     <Huawei>display ?
     aaa                       AAA
     access-user               User access
     accounting-scheme         Accounting scheme
     acl                       Acl status and configuration information
     actual                    Current actual
     --------output omitted--------
     counters                  Statistics information about the interface
     cpos-trunk                Display information of cpos-trunk
     cpu-packet                Packets reported to the CPU
     cpu-usage                 CPU usage information
     current-configuration     Current configuration
     ddns                      DDNS
     debugging                 Debug command
     default-parameter         Display default configuration parameter value
     device                    Display information
     ---- More ----
```

从回显的信息中，我们发现了"current-configuration"。通过简单的分析和推理，我们可以知道，要查看设备的当前配置情况，应该输入的命令行是"display current-configuration"。

② 部分帮助。部分帮助是指知道命令行关键字的部分字母的情况下使用的帮助。例

如我们想要输入"display current-configuration"命令，但又不记得完整的命令格式，只记得关键字 display 的开头是 dis，current-configuration 的开头是 c。在这种情况下，可以利用部分帮助的功能来确定出完整的命令。首先键入"dis"，然后在其后键入"？"，得到的回显帮助信息如下：

```
[Huawei]dis?
  display
```

回显信息表明，以 dis 开头的关键字只有"display"。根据不完整关键字输入的原则，用"dis"就可以唯一确定关键字"display"。所以在输入"dis"后直接输入空格，然后输入"c"，并在"c"后键入"？"，以获取下一个关键字的帮助。得到的回显帮助信息如下：

```
[Huawei]dis c?
  calendar                    calibrate
  capwap                      cfm
  changed-configuration       channel
  clipboard                   clock
  cluster                     cluster-increment-result
  cluster-license             cluster-topology-info
  command-record              component
  configuration-occupied      control-flap
  controller                  counters
  cpos-trunk                  cpu-packet
  cpu-usage                   current-configuration
```

从回显信息可以看出，关键字"display"后，以"c"开头的关键字只有二十多个，从中很容易找到"current-configuration"。这样通过部分帮助的功能我们就可以找到完整的命令行是"display current-configuration"。

（6）快捷键

快捷键的使用可以进一步提高命令行的输入效率。VRP 系统已经定义了一些快捷键，称为系统快捷键。系统快捷键的功能固定，用户不能再重新对其定义。常见的系统快捷键如表 4-12 所示。

表 4-12　常见的 VRP 系统快捷键

功　能　键	说　　　明
Ctrl+A	将光标移动到当前行的开始
Ctrl+E	将光标移动到当前行的末尾
Esc+N	将光标向下移动一行
Esc+P	将光标向上移动一行
Ctrl+C	停止当前正在执行的功能
Ctrl+Z	返回到用户视图，功能相当于 return 命令
Tab	部分帮助的功能，输入不完整的关键字后按下 <Tab> 键，系统自动补全关键字

VRP 系统还允许用户自己定义一些快捷键，但自定义快捷键可能会与某些操作命令发生混淆，所以建议一般情况下最好不要自定义快捷键。

4. VRP 常用基本配置命令

1）命令行格式约定

在后面介绍的配置命令行中我们会使用一些格式或符号，除命令行前面表示用户视图的"<>"和表示系统视图的"[ ]"符号外。

（1）命令关键字：命令的必写部分，一般用正规字体表示。例如：

```
[Huawei]interface
```

（2）参数：命令中需要指定的参数，一般用斜体字表示。例如：

```
[Huawei]interface interface-type interface-number
```

（3）在枚举参数中选一个，用"{xxxxx|yyyy|zzzz}"表示。例如：

```
[Huawei]authentication-mode { aaa | password | none }
```

（4）可选参数，用"[ ]"表示。

2）关闭系统日志信息显示

这不是一个重要的命令，却是一个配置路由器时首先需要配置的命令。因为华为设备中的系统日志信息总会及时地显示在终端窗口中。每配置一项内容后，系统配置发生改变后系统记录的日志信息就会显示在终端窗口中，使得在配置过程中界面非常混乱，所以一般在配置时第一条命令往往都是关闭系统日志信息显示。该配置命令如下：

```
<Huawei>undo terminal monitor
```

【注意】 这个配置命令是在实际配置华为设备时为了配置窗口显示整洁使用的，在课内配置举例时，为了简洁一般不配置该命令。

如果希望恢复显示系统日志信息可以使用：

```
<Huawei>terminal monitor
```

3）undo

undo 命令行，一般用于关闭某功能或者删除一条配置命令。

4）配置设备名称

命令行界面中的尖括号"<>"或者方括号"[ ]"中包含有设备的名称，也称为设备的主机名。默认情况下，设备名称为"Huawei"。但在实际网络中，由于网络设备数量较多，因此必须要给不同的设备配置不同的主机名来进行区分。配置主机名的命令如下：

```
[Huawei]sysname host-name
```

例如，要将设备主机名设置为"L2-SW1"，配置命令如下：

```
[Huawei]sysname L2-SW1
[L2-SW1]
```

配置完成后，可以看到设备的主机名变为"L2-SW1"。

5）配置设备系统时钟

华为网络设备在出厂时默认采用了协调世界时（UTC），但没有配置时区，所以在配置设备系统时钟前，需要了解设备所在的时区。

设置时区的命令如下：

```
<Huawei>clock timezone time-zone-name {add|minus} offset
```

其中，*time-zone-name* 是用户定义的时区名，用于标识配置的时区；根据偏移方向选择 add 和 minus，正向偏移（UTC 时间加上偏移量为当地时间）选择 add，负向偏移（UTC 时间减去偏移量为当地时间）选择 minus；*offset* 为偏移时间。例如设备位于石家庄，属于北京时区，即东八区，则相应的配置如下：

```
<Huawei>clock timezone SJZ add 08:00
```

设置完时区以后，就可以设置设备当前的日期和时间了。华为网络设备只支持 24 小时制，具体的配置命令如下：

```
<Huawei>clock datetime HH:MM:SS YYYY-MM-DD
```

其中，*HH:MM:SS* 为设置的时间，*YYYY-MM-DD* 为设置的日期。例如，当前日期为 2024 年 1 月 27 日，时间是中午 13:30，则相应的配置如下：

```
<Huawei>clock datetime 12:31:00 2024-01-27
```

需要注意的是，设备系统时钟的配置命令必须在用户视图下执行。

6）修改系统登录密码

```
[Huawei]aaa
[Huawei-aaa]local-user admin password {cipher|irreversible-cipher}
password-string
```

其中，*cipher* 是指密码在配置文件中以密文的方式进行存储，但该密文由可逆算法进行加密，非法用户可以通过对应的解密算法解密密文后得到明文密码，安全性较低；*irreversible-cipher* 则是采用不可逆算法对密码进行加密，可以提供更好的安全性；对于 Console 登录认证使用的用户只允许使用 irreversible-cipher 形式加密的密码。*password-string* 参数为配置的密码，要求长度至少 8 位，且应为数字、符号、大写字母和小写字母任意两种的组合。

例如，将 admin 用户的密码修改为 admin@123456，具体配置如下：

```
[Huawei]aaa
[Huawei-aaa]local-user admin password irreversible-cipher admin@123456
Please enter old password:
```

输入密码修改命令后，系统会要求输入旧密码，旧密码验证正确后，系统会提示密码修改成功（The password is changed successfully.），新密码会对修改后上线的用户生效。此时重新使用 Console 连接，则需要使用新设置的密码进行登录。

【注意】 admin 用户名是不可修改的，只能修改系统登录密码。修改了系统登录密码后，一定要妥善保管系统登录密码。一旦丢失了系统登录密码会造成很大麻烦。

7）查看当前设备配置

华为路由器启动后会执行一个默认的配置文件为当前配置文件。华为网络设备查看当前配置文件的命令为 display current-configuration，该命令可在任何视图下运行。在此以路由器 AR1220C 为例，查看其默认配置文件显示结果如下：

```
[Huawei]display current-configuration
[V200R009C00SPC500]
#
 board add 0/1 2SA
#
 drop illegal-mac alarm
#
authentication-profile name default_authen_profile
authentication-profile name dot1x_authen_profile
authentication-profile name mac_authen_profile
authentication-profile name portal_authen_profile
authentication-profile name dot1xmac_authen_profile
authentication-profile name multi_authen_profile
#
dhcp enable
#
radius-server template default
#
pki realm default
#
ssl policy default_policy type server
 pki-realm default
 version tls1.0 tls1.1
 ciphersuite rsa_aes_128_cbc_sha
#
 ike proposal default
 encryption-algorithm aes-256
 dh group14
 authentication-algorithm sha2-256
 authentication-method pre-share
 integrity-algorithm hmac-sha2-256
 prf hmac-sha2-256
#
free-rule-template name default_free_rule
#
portal-access-profile name portal_access_profile
#
aaa
 authentication-scheme default
 authentication-scheme radius
  authentication-mode radius
```

```
authorization-scheme default
accounting-scheme default
domain default
 authentication-scheme default
domain default_admin
 authentication-scheme default
local-user admin password irreversible-cipher
$1a$B2DN#@};"E$9,/;-D&<~@ETSSL8Bu>6%t:BH4*&:8!Gx>.|YUfT$
local-user admin privilege level 15
local-user admin service-type terminal http
#
firewall zone Local
#
interface Serial1/0/0
 link-protocol ppp
#
interface Serial1/0/1
 link-protocol ppp
#
interface GigabitEthernet0/0/0
#
interface GigabitEthernet0/0/1
#
interface GigabitEthernet0/0/2
#
interface GigabitEthernet0/0/3
#
interface GigabitEthernet0/0/4
#
interface GigabitEthernet0/0/5
#
interface GigabitEthernet0/0/6
#
interface GigabitEthernet0/0/7
#
interface GigabitEthernet0/0/8
#
interface GigabitEthernet0/0/9
 ip address 192.168.1.1 255.255.255.0
 dhcp select interface
#
interface GigabitEthernet0/0/10
#
interface GigabitEthernet0/0/11
#
interface GigabitEthernet0/0/12
```

```
#
interface GigabitEthernet0/0/13
 description VirtualPort
#
interface Cellular0/0/0
#
interface Cellular0/0/1
#
interface NULL0
#
 snmp-agent local-engineid 800007DB03F063F9913E3D
 http secure-server ssl-policy default_policy
 http server enable
 http secure-server enable
 http server permit interface GigabitEthernet0/0/9
#
fib regularly-refresh disable
#
user-interface con 0
 authentication-mode aaa
user-interface vty 0
 authentication-mode aaa
 user privilege level 15
user-interface vty 1 4
#
wlan ac
 traffic-profile name default
 security-profile name default
 security-profile name default-wds
 security wpa2 psk
 pass-phrase %^%#48zlK5,V[Vp2)jAcl0A1Qcq6%}@N`#RM0TN8gKS!%^%# aes
 ssid-profile name default
 vap-profile name default
 wds-profile name default
 regulatory-domain-profile name default
 air-scan-profile name default
 rrm-profile name default
 radio-2g-profile name default
 radio-5g-profile name default
 wids-spoof-profile name default
 wids-profile name default
 ap-system-profile name default
 port-link-profile name default
 wired-port-profile name default
 ap-group name default
#
```

```
dot1x-access-profile name dot1x_access_profile
#
mac-access-profile name mac_access_profile
#
ops
#
autostart
#
secelog
#
return
```

从上面的显示结果可以看出，路由器 AR1220C 的默认配置文件包含了服务配置、接口配置、用户配置、认证配置等所有设备配置内容。目前很多配置内容我们还不能理解，但我们可以看到该路由器上有两个串行接口 Serial 1/0/0、Serial 1/0/1，它们已经配置了 PPP 协议；有 13 个千兆以太网接口 GigabitEthernet 0/0/0 到 GigabitEthernet 0/0/12，这些接口名称在以后对该路由配置时需要使用。其中我们还能看到系统默认为接口 GigabitEthernet 0/0/9 配置 IP 地址 192.168.1.1/24 并提供 DHCP 服务；接口 GigabitEthernet 0/0/13 为虚拟接口；Cellular 接口为 USB modem 对应的移动接口，主要用于通过 SIM 卡来连接运营商网络；NULL 接口是系统自动配置的一个虚拟接口，它一直处于 UP 状态，任何被转发到该接口的数据包都会被丢弃掉，因此 NULL 接口主要用来作为静态路由的下一跳来配置黑洞路由，从而实现对特定数据包的过滤功能。

值得注意的是，华为路由的以太网接口不是只工作在网络层，每个以太网接口可以工作在网络层（3 层，WAN 口，路由接口），也可以工作在数据链路层（2 层，LAN 口，交换接口）。对于路由接口（WAN 口）可以分配 IP 地址，但交换接口是不能分配 IP 地址的。在使用前可以通过显示接口状态命令 display interface 来查看该接口是哪种工作方式，例如：

```
[Huawei]display interface GigabitEthernet 0/0/0
GigabitEthernet0/0/0 current state : UP
Line protocol current state : UP
Description:HUAWEI, AR Series, GigabitEthernet0/0/0 Interface
Switch Port, PVID :    1, TPID : 8100(Hex), The Maximum Frame Length is 2044
IP Sending Frames' Format is PKTFMT_ETHNT_2, Hardware address is f063-f991-3e3d
--------output omitted--------


[Huawei]display interface GigabitEthernet 0/0/9
GigabitEthernet0/0/9 current state : UP
Line protocol current state : UP
Last line protocol up time : 2021-10-23 19:39:00
Description:HUAWEI, AR Series, GigabitEthernet0/0/9 Interface
Route Port,The Maximum Transmit Unit is 1500
Internet Address is 192.168.1.1/24
IP Sending Frames' Format is PKTFMT_ETHNT_2, Hardware address is f063-f991-3e3f
--------output omitted--------
```

从显示结果可以看出，接口 G 0/0/0 为交换接口（Switch Port，LAN 口），接口 G 0/0/9 为路由接口（Route Port，WAN 口）。接口在交换接口和路由接口之间的切换可以使用（undo）portswitch 命令来实现。当使用的以太网接口作为路由接口使用时，为了确保接口为路由接口，可以在配置 IP 地址前加入命令：

```
[Huawei]interface interface-type interface-number
[Huawei-interface-number]undo portswitch
[Huawei-interface-number]ip address ...
```

本书以下的路由器配置中，一般认为路由器端口是 WAN 端口。读者实际配置时需要根据情况处置。

8）保存当前配置

```
<Huawei>save
The current configuration will be written to the device.
Are you sure to continue?[Y/N]
```

对路由器的配置就是对当前配置文件的修改。save 命令就是保存修改后的配置。当确认（回答"Y"）保存后，下次启动的默认配置文件就是修改后的配置。

实际上网络设备的常用基本配置命令还有很多，不过因为课程内容讲解顺序的原因，我们会在后续章节中根据所学知识分别介绍涉及的配置命令，这里就不再对其一一进行介绍，感兴趣的读者可以参考表 4-13。

表 4-13　VRP 基础配置常用命令

命 令 格 式	简 要 说 明
authentication-mode { aaa | password | none }	设置登录用户界面的验证方式
autosave interval { *value* | *time* | configuration *time* }	设置周期性自动保存当前配置
autosave time { *value* | *time-value* }	设置定时自动保存当前配置
cd *directory*	修改用户当前的工作路径
clock datetime *HH:MM:SS YYYY-MM-DD*	设置当前日期和时钟
clock timezone *time-zone-name* { add | minus } *offset*	设置本地时区信息
compare configuration [*configuration-file*] [*current-line-number save-line-number*]	比较当前配置与下次启动的配置文件内容
copy *source-filename destination-filename*	复制文件
delete [/unreserved] [/force] { filename | devicename }	删除文件
dir [/all] [*filename* | *directory*]	显示文件和目录
display current-configuration	查看当前生效的配置信息
display this	查看当前视图的运行配置
display startup	查看启动文件信息
display user-interface [*ui-type ui-number* | *ui-number*] [summary]	查看用户界面信息

续表

命　令　格　式	简　要　说　明
ftp *host-ip* [*port-number*]	与 FTP 服务器建立连接
get *source-filename* [*destination-filename*]	从服务器下载文件到客户端
local-user *user-name* password cipher *password*	创建本地用户，并设置密码
local-user *user-name* service-type telnet	配置本地用户的接入类型
mkdir *directory*	创建新的目录
move *source-filename destination-file*	将源文件从指定目录移动到目标目录中
put *source-filename* [*destination-filename*]	从客户端上传文件到服务器
quit	从当前视图退回到上一层视图。如果当前视图为用户视图，则退出系统
Reboot	重新启动设备
reset recycle-bin	彻底删除当前目录下回收站中的内容
save	保存当前配置信息
schedule reboot { at *time* | delay *interval* }	配置设备的定时重启功能
startup saved-configuration *configuration-file*	设置系统下次启动时使用的配置文件
sysname *host-name*	设置设备的主机名
system-view	该命令用来使用户从用户视图进入系统视图
telnet *host-name* [*port-number*]	从当前设备使用 Telnt 协议登录到其他设备
tftp *tftp-server* { get | put } *source-filename* [*destination-filename*]	上传文件到 TFTP 服务器，或从 TFTP 服务器下载文件
user-interface [*ui-type*] *first-ui-number* [*last-ui-number*]	进入一个用户界面视图或多个用户界面视图
undo 命令行	删除 / 关闭该命令
user-interface maximum-vty *number*	设置登录用户的最大数目
user privilege level *level*	设置用户级别

4.5.4　接口配置命令

路由器上用来连接网络的接口可以分为以太网接口和同步串行口（Serial 接口）两种，其配置命令上会有一些差别。

1. 以太网接口配置

```
[Huawei]interface interface-type interface-number
[Huawei-interface-number]undo portswitch
[Huawei-interface-number]ip address ip-address {subnet-mask | prefix-length }
```

微课 4-4：华为路由器

其中，interface-type interface-number 是路由器上可用的以太网接口名称和编号；subnet-mask 为 IP 地址的子网掩码；prefix-length 为子网掩码长度。

例如，要将路由器的以太网接口 GigabitEthernet 0/0/0 的 IP 地址配置为 192.168.1.1/24，则其配置命令如下：

```
[Huawei]interface GigabitEthernet0/0/0
[Huawei-GigabitEthernet 0/0/0]undo portswitch
[Huawei-GigabitEthernet 0/0/0]ip address 192.168.1.1 255.255.255.0
```

IP 地址配置命令也可以是

```
[Huawei-GigabitEthernet 0/0/0]ip address 192.168.1.1 24
```

2. Serial 接口配置

```
[Huawei]interface Serial interface-number
[Huawei-Seria linterface-number]link-protocol link-rotocol
[Huawei-Serial interface-number]ip address ip-address  [ subnet-mask |
prefix-length ]
```

其中，*link-protocol* 用来配置串口的封装协议，可以配置的协议有 PPP、HDLC、FR、ATM 以及 TDM 等，默认封装协议为 PPP 协议。一般情况不需要配置，即使用默认 PPP 协议。

例如，要将路由器的串口 Serial 0/0/0 的 IP 地址配置为 192.168.2.1/24，则其配置命令如下：

```
[Huawei]interface Serial 0/0/0
[Huawei-Serial 0/0/0]ip address 192.168.2.1 255.255.255.0
```

与以太网接口的配置相似，IP 地址配置也可以是

```
[Huawei-Serial0/0/0]ip address 192.168.2.1 24
```

4.5.5　基本路由配置

1. 直连网络配置

假设存在如图 4-23 所示的网络，其中路由器的 GigabitEthernet 0/0/0 接口连接着 192.168.1.0/24 网络；GigabitEthernet 0/0/1 接口连接着 192.168.2.0/24 网络。路由器接口以及 PC 机的 IP 地址如图 4-23 所示。

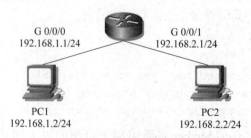

G 0/0/0　　　　　　　　　　　G 0/0/1
192.168.1.1/24　　　　　　　　192.168.2.1/24

PC1　　　　　　　　　　　　　PC2
192.168.1.2/24　　　　　　　　192.168.2.2/24

图 4-23　直连网络拓扑图

PC1 的 TCP/IP 属性配置如下。

IP 地址：192.168.1.2；子网掩码：255.255.255.0；默认网关：192.168.1.1。

PC2 的 TCP/IP 属性配置如下。

IP 地址：192.168.2.2；子网掩码：255.255.255.0；默认网关：192.168.2.1。

路由器的配置如下：

```
[Huawei]interface GigabitEthernet 0/0/0
[Huawei-GigabitEthernet 0/0/0]undo portswitch
[Huawei-GigabitEthernet 0/0/0]ip address 192.168.1.1 24
[Huawei-GigabitEthernet 0/0/0]quit
[Huawei]interface GigabitEthernet 0/0/1
[Huawei-GigabitEthernet 0/0/1]undo portswitch
[Huawei-GigabitEthernet 0/0/1]ip address 192.168.2.1 24
[Huawei-GigabitEthernet 0/0/1]quit
```

问题：此时路由器上只配置了 GigabitEthernet 0/0/0 和 GigabitEthernet 0/0/1 两个接口的 IP 地址，并没有进行任何路由相关的配置，那么 PC1 和 PC2 之间是否能够通信？

在 PC1 上使用 ping 命令测试与 PC2 之间的连通性，结果如下：

```
PC1> ping 192.168.2.2
Ping 192.168.2.2 : 32 data bytes, Press Ctrl_C to break
From 192.168.2.2 : bytes=32 seq=1 ttl=127 time=78 ms
From 192.168.2.2 : bytes=32 seq=2 tt l=127 time < 1 ms
From 192.168.2.2: bytes=32 seq=3 ttl=127 time=46 ms
From 192.168.2.2: bytes=32 seq=4 tt l=127 time=15 ms
--- 192.168.2.2 ping statistics ---
  4 packet ( s ) transmitted
  4 packet ( s ) received
  0.00 % packet loss
  round-trip min / avg / max=0 / 31 / 78 ms
```

很明显，PC1 和 PC2 之间可以进行通信。那么连接在路由器两侧两个不同网络中的计算机，在没有配置任何路由的情况下为什么能够通信呢？

在路由器上输入命令 display ip routing-table 查看路由表，显示结果如下：

```
[Huawei] display ip routing-table
Route Flags : R - relay , D - download to fib
-------------------------------------------------------------------------
Routing Tables : Public
        Destinations : 6        Routes : 6
```

Destination/Mask	Proto	Pre	Cost	Flags	NextHop	Interface
127.0.0.0/8	Direct	0	0	D	127.0.0.1	InLoopBack 0
127.0.0.1/32	Direct	0	0	D	127.0.0.1	InLoopBack 0
192.168.1.0/24	Direct	0	0	D	192.168.1.1	GigabitEthernet 0/0/0
192.168.1.1/32	Direct	0	0	D	127.0.0.1	GigabitEthernet 0/0/0

```
192.168.2.0/24    Direct   0    0    D    192.168.2.1  GigabitEthernet 0/0/1
192.168.2.1/32    Direct   0    0    D    127.0.0.1    GigabitEthernet 0/0/1
```

从上面显示的路由表中可以看到，路由表中存在去往 192.168.1.0/24 和 192.168.2.0/24 两个网络的路由，且均为直连（Direct）路由。当 PC1 发送给 PC2 的数据报文到达路由器后，路由器通过查找路由表可以找到去往 PC2 的网络 192.168.2.0/24 的路由，反之亦然，因此 PC1 和 PC2 之间可以进行通信。

2. 静态路由配置

假设存在如图 4-24 所示的网络，其中路由器 RTA 的 GigabitEthernet 0/0/0 接口连接 192.168.1.0/24 网络；GigabitEthernet 0/0/1 接口连接 192.168.2.0/24 网络。路由器 RTB 的 GigabitEthernet 0/0/1 接口连接 192.168.2.0/24 网络；GigabitEthernet 0/0/1 接口连接 192.168.3.0/24 网络。路由器接口以及 PC 机的 IP 地址如图 4-24 所示。

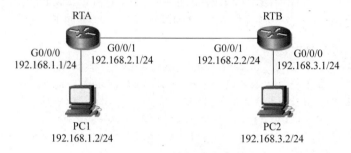

图 4-24　静态路由网络拓扑图

PC1 的 TCP/IP 属性配置如下。

IP 地址：192.168.1.2；子网掩码：255.255.255.0；默认网关：192.168.1.1。

PC2 的 TCP/IP 属性配置如下。

IP 地址：192.168.3.2；子网掩码：255.255.255.0；默认网关：192.168.3.1。

路由器的配置如下：

```
[RTA]interface GigabitEthernet 0/0/0
[RTA-GigabitEthernet 0/0/0]undo portswitch
[RTA-GigabitEthernet 0/0/0]ip address 192.168.1.1 24
[RTA-GigabitEthernet 0/0/0]quit
[RTA]interface GigabitEthernet 0/0/1
[RTA-GigabitEthernet 0/0/1]undo portswitch
[RTA-GigabitEthernet 0/0/1]ip address 192.168.2.1 24
[RTA-GigabitEthernet 0/0/1]quit

[RTB]interface GigabitEthernet 0/0/1
[RTB-GigabitEthernet 0/0/1]undo portswitch
[RTB-GigabitEthernet 0/0/1]ip address 192.168.2.2 24
[RTB-GigabitEthernet 0/0/1]quit
[RTB]interface GigabitEthernet 0/0/0
[RTB-GigabitEthernet 0/0/0]undo portswitch
```

```
[RTB-GigabitEthernet0/0/0]ip address 192.168.3.1 24
[RTB-GigabitEthernet0/0/0]quit
```

配置完成后,在 PC1 上使用 ping 命令测试与 PC2 之间的连通性,结果显示为无法连通。在路由器 RTA 和 RTB 上分别查看路由表,显示结果如下:

```
[RTA]display ip routing-table
Route Flags : R - relay , D - download to fib
--------------------------------------------------------------------------
Routing Tables : Public
         Destinations : 6       Routes : 6
Destination/Mask Proto  Pre Cost Flags NextHop       Interface
    127.0.0.0/8    Direct 0   0    D     127.0.0.1     InLoopBack 0
    127.0.0.1/32   Direct 0   0    D     127.0.0.1     InLoopBack 0
  192.168.1.0/24   Direct 0   0    D     192.168.1.1   GigabitEthernet 0/0/0
  192.168.1.1/32   Direct 0   0    D     127.0.0.1     GigabitEthernet 0/0/0
  192.168.2.0/24   Direct 0   0    D     192.168.2.1   GigabitEthernet 0/0/1
  192.168.2.1/32   Direct 0   0    D     127.0.0.1     GigabitEthernet 0/0/1
[RTB]display ip routing-table
Route Flags : R - relay , D - download to fib
--------------------------------------------------------------------------
Routing Tables : Public
         Destinations : 6       Routes : 6
Destination/Mask Proto  Pre Cost Flags  NextHop       Interface
    127.0.0.0/8    Direct 0   0    D     127.0.0.1     InLoopBack 0
    127.0.0.1/32   Direct 0   0    D     127.0.0.1     InLoopBack 0
  192.168.1.0/24   Direct 0   0    D     192.168.2.2   GigabitEthernet 0/0/1
  192.168.1.1/32   Direct 0   0    D     127.0.0.1     GigabitEthernet 0/0/1
  192.168.2.0/24   Direct 0   0    D     192.168.3.1   GigabitEthernet 0/0/0
  192.168.2.1/32   Direct 0   0    D     127.0.0.1     GigabitEthernet 0/0/0
```

从上面显示的结果可以看出,路由器 RTA 的路由表中存在去往 192.168.1.0/24 和 192.168.2.0/24 两个网络的路由,但是没有去往网络 192.168.3.0/24 的路由;路由器 RTB 的路由表中存在去往 192.168.2.0/24 和 192.168.3.0/24 两个网络的路由,但是没有去往网络 192.168.1.0/24 的路由。当 PC1 发送给 PC2 的数据报文到达路由器 RTA 后,路由器通过查找路由表发现无法找到去往 PC2 的网络 192.168.3.0/24 的路由,因此会将 IP 数据报文丢弃。因此,PC1 和 PC2 之间无法进行通信。

在这种情况下,就需要在路由器上配置去往相关网络的静态路由,使网络通信可达。在华为路由器上配置静态路由的命令如下:

```
[Huawei]ip route-static destination-network-ip-address  { subnet-mask |
prefix-length }
{ next-hop-address | interface interface-number }[ preference
preference-value]
```

其中，

destination-network-ip-address：目的网络的网络地址。

subnet-mask | prefix-length：目的网络的子网掩码或网络前缀的长度。

next-hop-address | interface interface-number：下一跳的 IP 地址或出接口。在点对点网络中由于下一跳唯一，因此可以通过指定接口来配置路由，但是在诸如以太网等广播型多路访问网络中，某一接口可能连接多个设备，因此不能通过指定接口来配置路由，而必须要通过指定下一跳的 IP 地址来实现。

preference-valu：优先级的值，在华为网络设备中，静态路由的默认优先级为 60，可以通过 preference-value 参数设置其优先级的值，取值范围为 1~255。

在路由器 RTA 和 RTB 上分别配置静态路由，具体命令如下：

```
[RTA]ip route-static 192.168.3.0 24 192.168.2.2
[RTB]ip route-static 192.168.1.0 24 192.168.2.1
```

配置完成后，在路由器 RTA 上查看路由表，显示结果如下：

```
[RTA]display ip routing-table
Route Flags : R - relay , D - download to fib
...
Routing Tables : Public
          Destinations : 7        Routes : 7
Destination/Mask  Proto  Pre Cost Flags  NextHop       Interface
    127.0.0.0/8    Direct  0   0    D    127.0.0.1     InLoopBack 0
    127.0.0.1/32   Direct  0   0    D    127.0.0.1     InLoopBack 0
  192.168.1.0/24   Direct  0   0    D    192.168.1.1   GigabitEthernet 0/0/0
  192.168.1.1/32   Direct  0   0    D    127.0.0.1     GigabitEthernet 0/0/0
  192.168.2.0/24   Direct  0   0    D    192.168.2.1   GigabitEthernet 0/0/1
  192.168.2.1/32   Direct  0   0    D    127.0.0.1     GigabitEthernet 0/0/1
  192.168.3.0.24   Direct 60   0    RD   192.168.2.2   GigabitEthernet 0/0/1
```

从上面的显示结果可以看出，在路由器 RTA 上存在一条去往网络 192.168.3.0/24 的静态路由，其下一跳为 192.168.2.2。在路由器 RTB 上查看会发现存在一条去往网络 192.168.1.0/24 的静态路由，其下一跳为 192.168.2.1。

此时，在 PC1 上再次使用 ping 命令测试与 PC2 之间的连通性，结果显示为 From 192.168.3.2 : bytes=32 seq=2 ttl=126 time=62 ms，即 PC1 和 PC2 之间可以进行通信。

【注意】 在上面显示的路由表中，Flags 是指路由标记；R 为 relay 的简写，意味着该路由为迭代路由，在配置静态路由时如果只指定了下一跳 IP 地址，而不指定出接口，那么就是迭代路由，路由器会根据下一跳的 IP 地址来获取出接口。D 是"download to fib"的简写，表示该路由下发到了 FIB（Forward Information dataBase）表。FIB 是转发信息库，它维护着一个 IP 路由表中包含的转发信息的镜像。当网络中路由或拓扑结构发生了变化时，IP 路由表就被更新，而这些变化也反映在 FIB 中。FIB 基于 IP 路由表中信息，维护着下一网络段的地址信息。当然在不加详细区分的情况下，也可以简单地将其理解为路由表。

3. 默认路由配置

假设存在如图 4-25 所示的网络，为了能够让 PC1 访问 Internet，在路由器 RTA 上应该如何配置路由？

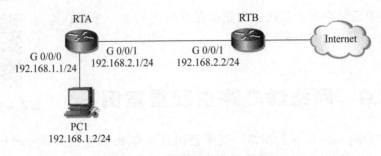

图 4-25　默认路由网络拓扑图

显然，在 Internet 中存在无数个逻辑网络，因此无论 RTA 中配置多少条静态路由，都不可能使 PC1 能够访问 Internet 中的所有的网络。解决这种问题的方法就是配置默认路由。

所谓的默认路由实际上是为没有找到合适路由的报文提供的最终路由解决方案。当一个 IP 数据报文在路由表内查找不到到达目的网络的路由时，如果路由表中有默认路由，那么该报文将使用默认路由来投递。默认路由的设置极大地减少了路由表中路由的条数。

默认路由实际上就是一种特殊的静态路由，其配置命令与静态路由的配置命令相同，只不过 *destination-network-ip-address* 字段和 [*subnet-mask* | *prefix-length*] 的取值均为 0.0.0.0。原理非常简单：任何一个 IP 地址与子网掩码 0.0.0.0 进行"逻辑与"运算的结果均为 0.0.0.0，因此默认路由可以匹配任何目的网络地址。

需要注意的是，在为 IP 数据报文查找路由时，需要遵循最长匹配原则，即使用与 IP 数据报文中的目的 IP 地址匹配位数最多的路由条目进行路由选择，因此默认路由是最终的路由解决方案。

在图 4-25 中，对于路由器 RTA，只需要配置一条默认路由即可，具体的配置命令如下：

```
[RTA]ip route-static 0.0.0.0 0 192.168.2.2
```

配置完成后，在路由器 RTA 上查看路由表，显示结果如下：

```
[RTA]display ip routing-table
Route Flags : R - relay , D - download to fib
------------------------------------------------------------------------
Routing Tables : Public
         Destinations : 7          Routes : 7
Destination/Mask  Proto   Pre  Cost  Flags    NextHop      Interface
       0.0.0.0/0  Static  60    0     RD    192.168.2.2 GigabitEthernet 0/0/1
     127.0.0.0/8  Direct  0     0     D     127.0.0.1    InLoopBack 0
    127.0.0.1/32  Direct  0     0     D     127.0.0.1    InLoopBack 0
  192.168.1.0/24  Direct  0     0     D     192.168.1.1 GigabitEthernet 0/0/0
  192.168.1.1/32  Direct  0     0     D     127.0.0.1   GigabitEthernet 0/0/0
```

```
192.168.2.0/24    Direct   0    0      D    192.168.2.1  GigabitEthernet 0/0/1
192.168.2.1/32    Direct   0    0      D    127.0.0.1    GigabitEthernet 0/0/1
192.168.3.0.24    Direct   60   0      RD   192.168.2.2  GigabitEthernet 0/0/1
```

从上面的显示结果可以看出，在路由器 RTA 上存在一条默认路由 0.0.0.0/0，其下一跳为 192.168.2.2。

微课 4-5：静态路由与
默认路由

4.6 网络静态路由配置案例

假设存在如图 4-26 所示的网络，其中公司总部有 40 台主机，分公司有 30 台主机，公司总部和分公司各使用一台交换机将主机连接到各自的路由器上，分公司的路由器与公司总部的路由器相连，公司总部的路由器连接 Internet。其中公司总部的路由器与 Internet 连接使用的网段为 202.207.120.0/30。公司内部使用一个 C 类网段 192.168.1.0/24。

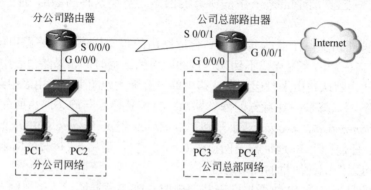

图 4-26   网络静态路由配置案例拓扑图

4.6.1   IP 地址规划

由图 4-26 可知，该公司网络有三个逻辑网段，分别是公司总部网络、分公司网络和两台路由器之间相连的网络。因此需要将 C 类网络 192.168.1.0/24 进行子网划分。

在此将 192.168.1.0/24 借用两位主机位划分子网，划分出 4 个子网，分别是 192.168.1.0/26、192.168.1.64/26、192.168.1.128/26 和 192.168.1.192/26。每个子网中的可用 IP 地址数量为 $2^6-2=62$（个），能够满足各逻辑网段对 IP 地址数量的要求。具体的 IP 地址分配情况如下。

1. 公司总部网络

公司总部路由器接口 G 0/0/0 的 IP 地址：192.168.1.1/26。
公司总部网络内部主机 IP 地址：192.168.1.2/26~192.168.1.62/26。

2. 路由器之间相连的网络

公司总部路由器接口 S 0/0/1 的 IP 地址：192.168.1.65/26。

分公司路由器接口 S 0/0/0 的 IP 地址：192.168.1.66/26。

3. 分公司网络

分公司路由器接口 G 0/0/0 的 IP 地址：192.168.1.129/26。

分公司网络内部主机 IP 地址：192.168.1.130/26~192.168.1.190/26。

另外，公司总部路由器的 G 0/0/1 接口的 IP 地址为 202.207.120.2/30，其上游设备 IP 地址为 202.207.120.1/30。

4.6.2　路由规划

1. 分公司路由规划

由图 4-26 可以看出，在分公司路由器上需要配置到达公司总部网络 192.168.1.0/26 的路由和到达 Internet 的路由。看上去好像要配置两条路由，但实际上无论是去往公司总部网络还是去往 Internet，下一跳都是公司总部路由器的 Serial 0/0/1 接口，即 192.168.1.65/26。因此实际上在分公司路由器上只需要配置一条默认路由，其下一跳为 192.168.1.65/26。具体配置命令如下：

```
[FGS-R]ip route-static 0.0.0.0 0 192.168.1.65
```

2. 公司总部路由规划

在公司总部路由器上，需要配置到达分公司网络 192.168.1.128/26 的路由以及到达 Internet 的路由。由图 4-26 可以看出，这两条路由的方向是不同的。去往分公司网络 192.168.1.128/26 路由的下一跳是分公司路由器的 Serial 0/0/0 接口，即 192.168.1.66/26；而去往 Internet 路由的下一跳是上游设备的 IP 地址，即 202.207.120.1/30。因此，在公司总部路由器上需要配置两条路由，一条是去往分公司网络 192.168.1.128/26 的静态路由；另一条是去往 Internet 的默认路由。具体的配置命令如下：

```
[ZB-R]ip route-static 192.168.1.128 26 192.168.1.66
[ZB-R]ip route-static 0.0.0.0 0 202.207.120.1
```

需要注意的是，在配置两条路由时，建议先配置静态路由，再配置默认路由。当然，由于路由器在查找路由时总是采用最长匹配原则，因此无论使用什么样的配置顺序，对于最终的路由实现都没有任何影响。但考虑到对网络的路由规划和配置的规范，依然要求在进行路由配置时按照匹配的包含顺序进行配置，以避免在相对复杂的网络中进行路由规划时产生错误。

4.6.3　路由器及主机配置和测试

1. 路由器接口配置

```
<Huawei>undo terminal monitor
<Huawei>system-view
```

```
[Huawei]sysname ZB-R
[ZB-R]interface GigabitEthernet 0/0/0
[ZB-R-GigabitEthernet0/0/0]undo portswitch
[ZB-R-GigabitEthernet0/0/0]ip address 192.168.1.1 26
[ZB-R-GigabitEthernet0/0/0]quit
[ZB-R]interface Serial 0/0/1
[ZB-R-Serial0/0/1]ip address 192.168.1.65 26
[ZB-R-Serial0/0/1]quit
[ZB-R]interface GigabitEthernet 0/0/1
[ZB-R-GigabitEthernet0/0/1]undo portswitch
[ZB-R-GigabitEthernet0/0/1]ip address 202.207.120.2 30
[ZB-R-GigabitEthernet0/0/1]quit

<Huawei>undo terminal monitor
<Huawei>system-view
[Huawei]sysname FGS-R
[FGS-R]interface GigabitEthernet 0/0/0
[FGS-R-GigabitEthernet0/0/0]undo portswitch
[FGS-R-GigabitEthernet0/0/0]ip address 192.168.1.129 26
[FGS-R-GigabitEthernet0/0/0]quit
[FGS-R]interface Serial 0/0/0
[FGS-R-Serial0/0/0]ip address 192.168.1.66 26
[FGS-R-Serial0/0/0]quit
```

接口配置完成后，可以通过 display ip interface brief 命令来查看配置结果。在公司总部路由器上执行该命令，显示结果如下：

```
[ZB-R]display ip interface brief
*down : administratively down
!down : FIB overload down
^down : standby
( l ) : loopback
( s ) : spoofing
( d ) : Dampening Suppressed
The number of interface that is UP in Physical is 4
The number of interface that is DOWN in Physical is 7
The number of interface that is UP in Protocol is 4
The number of interface that is DOWN in Protocol is 7

Interface                 IP Address/Mask       Physical    Protocol
Ethernet 0/0/0            unassigned            down        down
Ethernet 0/0/1            unassigned            down        down
GigabitEthernet 0/0/0     192.168.1.1/26        up          up
GigabitEthernet 0/0/1     202.207.120.2/30      up          up
GigabitEthernet 0/0/2     unassigned            down        down
GigabitEthernet 0/0/3     unassigned            down        down
NULL 0                    unassigned            up          up(s)
Serial 0/0/0             unassigned            down        down
```

```
Serial 0/0/1                192.168.1.65/26        up        up
Serial 0/0/2                unassigned             down      down
Serial 0/0/3                unassigned             down      down
```

从显示的结果可以看出，接口 GigabitEthernet 0/0/0、GigabitEthernet 0/0/1 和 Serial 0/0/1 分别配置了相应的 IP 地址，且接口在物理（Physical）上和协议（Protocol）上均处于 up 状态。

分公司路由器上查看接口配置情况略。

2. 路由配置

```
[ZB-R]ip route-static 192.168.1.128 26 192.168.1.66
[ZB-R]ip route-static 0.0.0.0 0 202.207.120.1
[FGS-R]ip route-static 0.0.0.0 0 192.168.1.65
```

配置完成后，分别在公司总部路由器和分公司路由器上执行 display ip routing-table 命令，显示结果如下：

```
[ZB-R]display ip routing-table
Route Flags : R - relay, D - download to fib
--------------------------------------------------------------------------
Routing Tables : Public
          Destinations : 11       Routes : 11

Destination/Mask    Proto   Pre  Cost  Flags  NextHop        Interface

0.0.0.0/0           Static  60   0     RD     202.207.120.1  GigabitEthernet 0/0/1
127.0.0.0/8         Direct  0    0     D      127.0.0.1      InLoopBack 0
127.0.0.1/32        Direct  0    0     D      127.0.0.1      InLoopBack 0
192.168.1.0/26      Direct  0    0     D      192.168.1.1    GigabitEthernet 0/0/0
192.168.1.1/32      Direct  0    0     D      127.0.0.1      GigabitEthernet 0/0/0
192.168.1.64/26     Direct  0    0     D      192.168.1.65   Serial 0/0/1
192.168.1.65/32     Direct  0    0     D      127.0.0.1      Serial 0/0/1
192.168.1.66/32     Direct  0    0     D      192.168.1.66   Serial 0/0/1
192.168.1.128/26    Static  60   0     RD     192.168.1.66   Serial 0/0/1
202.207.120.0/30    Direct  0    0     D      202.207.120.2  GigabitEthernet 0/0/1
202.207.120.2/32    Direct  0    0     D      127.0.0.1      GigabitEthernet 0/0/1
[FGS-R]display ip routing-table
Route Flag s: R - relay, D - download to fib
--------------------------------------------------------------------------
Routing Tables : Public
          Destinations : 8        Routes : 8

Destination/Mask Proto   Pre  Cost  Flags  NextHop        Interface

0.0.0.0/0        Static  60   0     RD     192.168.1.65   Serial 0/0/0

127.0.0.0/8      Direct  0    0     D      127.0.0.1      InLoopBack 0

127.0.0.1/32     Direct  0    0     D      127.0.0.1      InLoopBack 0
```

```
192.168.1.64/26    Direct   0   0    D    192.168.1.66    Serial 0/0/0
192.168.1.65/32    Direct   0   0    D    192.168.1.65    Serial 0/0/0
192.168.1.66/32    Direct   0   0    D    127.0.0.1       Serial 0/0/0
192.168.1.128/26   Direct   0   0    D    192.168.1.129   GigabitEthernet 0/0/1
192.168.1.129/32   Direct   0   0    D    127.0.0.1       GigabitEthernet 0/0/1
```

从上面的两个路由表可以看到，在总部路由器的路由表中存在一条去往 192.168.1.128/26 的静态路由和一条默认路由；在分公司路由器上存在一条默认路由。

此时，为各 PC 配置 IP 地址、子网掩码和默认网关，配置完成后，在 4 台 PC 上通过 ping 命令进行测试，可以发现四台 PC 之间可以互相通信，并且可以与 Internet 进行通信。

3. 配置注意事项

1）命名设备

网络中存在多台路由器或交换机时，为对其进行区分，尽量避免所有设备都使用默认的主机名 Huawei，而是在配置开始时首先为每一个设备配置一个有意义的名字。例如，在本例中将公司总部路由器命名为 ZB-R，将分公司路由器命名为 FGS-R。

2）配置顺序

在配置设备时，一般应该按照协议顺序，而非设备顺序进行配置。在本例中，首先要在两台路由器上对接口进行配置；接口配置完成并测试结果正确后，再分别在两台路由器上配置静态路由和默认路由。尽量避免将一台路由器全部配置完成后，再去配置第二台路由器。

3）配置结果测试

在对网络进行配置的过程中，应严格遵循"配置一步、测试一步"的原则，即每完成一个步骤或协议的配置后，都应对该步骤进行测试，在测试结果正确的情况下再开始下一个步骤或协议的配置。这样就可以保证在配置过程中网络出现故障时，我们可以准确地定位故障出现在哪一个步骤，进而进行排障。

配置结果测试要求和配置顺序要求之间是相关的，只有按照协议顺序进行配置，才能够保障对每一步骤的配置结果进行测试。如果按照设备顺序进行配置，则只能在全部配置完成后统一进行测试，此时如果网络存在故障，将很难定位故障点。

4.7 小 结

本章对网络层的基本概念以及典型的网络层技术、协议以及路由等进行了介绍。重点介绍了 IP 地址的概念以及子网的划分、IP 协议、ARP 协议和 ICMP 协议。本章介绍了华为路由器的基本操作和基本配置命令，并对静态路由的规划和配置进行了详细的介绍，最后给出了一个典型的静态路由配置的案例。

4.8　习　　题

1. IPv4 地址由多少位二进制数组成，如何表示？

2. IPv4 的地址被分成了哪几类，每一类地址的取值范围和特点是什么？

3. 简述常见的特殊 IP 地址及其作用。

4. IP 地址的基本分配规则是什么？

5. 简述子网掩码的概念。

6. 如何根据 IP 地址和子网掩码计算出该 IP 地址所在网络的网络地址？

7. IP 协议的主要特点有哪些？

8. IP 报头的长度是多少？

9. IP 报文的最大长度是多少？

10. 一个 IP 数据报长度为 4000 字节（包括 20 字节首部长度），需要经过以太网传输，应该切分为 3 个分片，列出这 3 个分片的 IP 数据报长度、片位移字段和 MF 标志的值。

11. 针对网络层的接口参数有哪些？

12. 在以太网中，主机发送 ARP 请求分为哪几种不同的情况？

13. 常用的 ICMP 报文类型有哪些？

14. 在对网络进行路由配置时，有哪些注意事项？

4.9　静态路由配置实训

实训学时：2 学时；每实训组学生人数：5 人。

1. 实训目的

（1）掌握华为路由器接口配置命令和方法。

（2）掌握华为路由器静态路由和默认路由的配置命令和方法。

（3）掌握网络连通性的基本测试方法。

2. 实训环境

（1）安装有 TCP/IP 通信协议的 Windows 系统 PC 机：4 台。

（2）华为路由器：2 台。

（3）华为二层交换机：2 台。

（4）超 5 类 UTP 电缆：7 条。

（5）背对背电缆：1 条。

（6）Console 电缆：2 条。

保持路由器和交换机均为出厂配置。

3. 实训内容

（1）配置路由器和 PC 机的接口地址。

（2）配置静态路由和默认路由。

（3）测试网络的连通性。

4. 实训准备（教师）

（1）完成图 4-27 中与外网连接的配置，为每个分组分配一条连接外网的以太网线路；公布每个分组上联网关地址为 10.0.x.1/24，其中 x 为分组编号。

（2）公布 DNS 服务器地址，使学生能够使用"http:// 域名地址"访问 Internet。

（3）根据 PC 机的操作系统类型、版本，介绍 TCP/IP 属性配置方法。

5. 实训指导

（1）按照图 4-27 所示的网络拓扑结构搭建网络，完成网络连接。

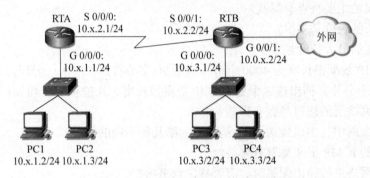

图 4-27 静态路由配置实训拓扑结构

（2）按照图 4-27 所示为 PC 机和路由器配置 IP 地址，其中"x"为实训分组号。路由器上的参考配置如下：

```
<Huawei>undo terminal monitor
<Huawei>system-view
[Huawei]sysname RTA
[RTA]interface GigabitEthernet 0/0/0
[RTA-GigabitEthernet0/0/0]undo portswitch
[RTA-GigabitEthernet0/0/0]ip address 10.x.1.1 24
[RTA-GigabitEthernet0/0/0]quit
[RTA]interface Serial 0/0/0
[RTA-Serial0/0/0]ip address 10.x.2.1 24
[RTA-Serial0/0/0]quit

<Huawei>undo terminal monitor
<Huawei>system-view
[Huawei]sysname RTB
[RTB]interface GigabitEthernet 0/0/0
[RTB-GigabitEthernet0/0/0]undo portswitch
[RTB-GigabitEthernet0/0/0]ip address 10.x.3.1 24
[RTB-GigabitEthernet0/0/0]quit
[RTB]interface GigabitEthernet 0/0/1
```

```
[RTB-GigabitEthernet0/0/1]undo portswitch
[RTB-GigabitEthernet0/0/1]ip address 10.0.x.2 24
[RTB-GigabitEthernet0/0/1]quit
[RTB]interface Serial 0/0/1
[RTB-Serial0/0/1]ip address 10.x.2.2 24
[RTB-Serial0/0/1]quit
```

一定要注意在进行设备配置时，首先要对设备进行命名，以避免将两台路由器混淆。

配置完成后，在两台路由器上分别执行 display ip interface brief 命令查看接口信息，在配置正常的情况下，应该可以看到相应的接口均已配置 IP 地址，且物理（Physical）上和协议（Protocol）上均已 up。

PC 机 IP 地址配置过程略。

（3）在路由器 RTA 上配置默认路由。参考命令如下：

```
[RTA]ip route-static 0.0.0.0 0 10.x.2.2
```

配置完成后，在路由器 RTA 上执行 display ip routing-table 命令来查看路由表，应该可以看到一条默认路由信息 0.0.0.0/0 Static 60 0 RD 10.x.2.2 Serial 0/0/0。

（4）在路由器 RTB 上配置静态路由和默认路由。参考命令如下：

```
[RTB]ip route-static 10.x.1.0 24 10.x.2.1
[RTB]ip route-static 0.0.0.0 0 10.0.x.1
```

配置完成后，在路由器 RTB 上执行 display ip routing-table 命令来查看路由表，应该可以看到一条静态路由信息 10.x.1.0/24 Static 60 0 RD 10.x.2.1 Serial 0/0/1 和一条默认路由信息 0.0.0.0/0 Static 60 0 RD 10.0.x.1 GigabitEthernet 0/0/1。

（5）网络连通性测试。在 PC 机的"命令提示符"窗口下用 ping 命令测试 4 台 PC 之间的连通性，4 台 PC 之间应该均可以进行通信；在 4 台 PC 上分别测试与百度网站 www.baidu.com 之间的连通性，应该均可以连接到百度网站。

6. 实训报告

	主　机	IP 地址	子网掩码	默认网关
PC 机 TCP/IP 属性配置	PC1			
	PC2			
	PC3			
	PC4			
路由器 RTA	IP 地址	G 0/0/0		
		S 0/0/0		
	默认路由配置			
	display ip routing-table 相关结果			

续表

		G 0/0/0	
路由器 RTB	IP 地址	G 0/0/1	
		S 0/0/1	
	静态路由配置		
	默认路由配置		
	display ip routing-table 相关结果		
网络连通性测试	4 台 PC 之间互相 ping		
	与百度的连通性	PC1	
		PC2	
		PC3	
		PC4	

第5章 路由信息协议

路由信息协议（Routing Information Protocol，RIP）是一种简单的动态路由选择协议，它通过路由器之间自己交互路由信息，动态地生成路由表项，主要应用场景是中小型的企业网络。本章主要对路由信息协议的实现原理、配置命令以及具体的应用案例进行介绍。

5.1 路由信息协议的引入

5.1.1 静态路由存在的问题

第 4 章对静态路由进行了简单的介绍，当网络中存在多个网段时，我们可以在路由器上配置去往相应网段的静态路由来实现不同网段之间的通信。但静态路由一般只适用于结构比较简单的网络，一旦网络规模变大，使用静态路由就会产生一些问题。

（1）在网络中逻辑网段较多的情况下，静态路由的配置工作量比较大，配置比较麻烦。

（2）网络可用性无法得到保证。当网络相对比较复杂时，从某一台路由器到达一个目的网络可能会有多条路径存在，如果只配置了一条静态路由，则一旦静态路由指向的链路出现故障，即使依然有其他的物理链路可以到达目的网络，但逻辑上依然无法进行通信，使网络的可用性变差。

（3）不易实现负载均衡，难以保障网络的通信效率。当从某一台路由器到达一个目的网络有多条等价路径时，一般建议配置两条路由来实现负载的均衡；另外，当存在多条非等价路径时，在有些情况下也会要求实现非等价的负载均衡。采用静态路由的配置方式，需要网络管理员对网络进行分析，并给出负载均衡方案。当网络结构比较复杂的情况下，无论是基于网络结构的路由分析还是配置，实现起来都相对会比较困难。

5.1.2 动态路由与路由选择协议

1. Internet 网络结构

Internet 是连接了世界上所有国家和无数个网络的互联网络。在 Internet 中的逻辑网络个数不可计数，显然如此之多的路由不可能都保存在每个路由器内。路由器中的路由数量越多，数据报文查找路由所需要的时间就越长，从而影响网络的转发性能。因此，在 Internet 中采用了主干网络和自治系统的结构。Internet 网络结构示意图如图 5-1 所示。

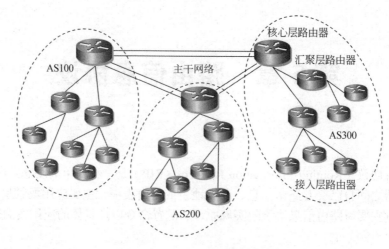

图 5-1　Internet 网络结构示意图

　　自治系统（Autonomous System, AS）是一组路由器的集合，它们在一个管理域中运行，共享域内的路由信息。图 5-1 表示出了 3 个自治系统 AS100、AS200 和 AS300。一个管理域表示这些路由器同属一个网络管理组织，可能是一个单位或一个部门，例如中国教育网（CERNET）是一个自治系统，中国 Internet 主干网 CHINANET 也是一个自治系统。在一个自治系统内，路由器之间可以相互传递路由信息。

　　自治系统是由一个 16 位二进制数的自治系统编号标识的，其中 1~64511 由 Internet 编号分配机构（Internet Assigned Numbers Authority, IANA）来管理。64512~65535 为私有 AS 号。使用私有 AS 号可以在一个 AS 内部再划分自治系统。私有 AS 号类似于私有 IP 地址。

　　一个自治系统中可能有几百台路由器，其最底层的路由器一般称为接入层路由器，用于网络的连接和接入。接入层路由器一般 RAM 较小，CPU 处理能力较差，价格较便宜。例如华为 AR1200、AR2200 系列路由器。

　　在一个自治系统中可能存在多个地区性网络，例如，在中国教育网内有很多分布在全国各地的大学校园网，每个大学校园网内又使用路由器连接了若干网络，但一般每个校园网只使用一个路由器和上一级网络连接，显然这个路由器上转发报文的数量最大，而且路由条数较多，要求路由器的处理能力更强。这种路由器称为汇聚层路由器（也称为区域边界路由器），例如，华为 NE20E、NE40E 系列路由器就是汇聚层路由器。这类路由器的网络接口一般有自己的处理器，转发报文时一般不需要 CPU 的干预。

　　Internet 是由多个自治系统互联起来的网络，自治系统之间的连接也是通过路由器连接的。连接自治系统之间的路由器上需要转发的报文更多，这种路由器上存在的路由应该更多，即路由器的性能要求更高。这种连接自治系统的路由器称为核心（主干）路由器（也称为自治系统边界路由器，表示处于自治系统网络边界），例如，华为 NE5000E 系列路由器就是核心路由器。核心路由器除了具有更强大的处理功能之外，还具有更多的广域网接口，一般两点之间都要使用两条线路连接。各个自治系统的核心路由器连接起来构成了 Internet 的主干（核心）网络，在主干网络中，核心路由器之间的连接都采用具有冗余线路的网状连接。

2. 动态路由

在一个小的网络中可以配置静态路由，也可以使用默认路由弥补静态路由的缺陷。但是在一个大网络中，静态路由的配置将非常麻烦，而且默认路由可能会导致许多弯路。静态路由最大的问题是，当物理连接发生变化时，静态路由的维护工作是非常困难的。为了在一个大型网络中能够自动生成和自动维护路由器中的路由表，需要使用动态路由。动态路由是由路由选择协议自动生成和维护的路由。

Internet 中路由选择协议分为两类：内部网关协议（Interior Gateway Protocol，IGP）和外部网关协议（External Gateway Protocol，EGP）。内部网关协议是在一个自治系统内部使用的路由选择协议，目前网络中使用较多的有路由信息协议（Routing Information Protocol，RIP）、开放式最短路径优先协议（Open Shortest Path First，OSPF）以及中间系统到中间系统协议（Intermediate System to Intermediate System，IS-IS）等。一个自治系统内部可以自主地选用路由选择协议。外部网关协议是自治系统之间交换路由信息的协议，例如图 5-1 中的不同自治系统间的核心路由器之间交换路由信息需要使用外部网关协议。目前最常用的外部网关协议是第 4 版边界网关协议（Border Gateway Protocol，BGP）。

本书只对简单的 RIPv1 进行介绍，关于 RIPv2、OSPF 等协议请参考本系列丛书中的《高级路由交换技术》（ISBN：9787302659297）一书。

5.2　路由信息协议的原理与实现

RIP 是最早应用于网络内生成和维护动态路由的协议，早在 20 世纪 70 年代就已经盛行。从现在的网络技术发展看，RIP 是一种简单的、过时的协议。进入 21 世纪后出现了 RIP 的第 2 版，称为 RIPv2，那么最初的版本就是 RIPv1（一般说 RIP 就是指 RIPv1）。尽管 RIP 存在着诸多缺点，但 RIP 的简单特性使它一直被延续下来，而且没有因为 RIPv2 的使用而被淘汰，RIP 一直和 RIPv2 共同存在，还可能继续延续下去。特别是在小型网络中，RIP 一直有它的生命力。RIP 只能在 IPv4 网络中使用，在 IPv6 网络中使用的是 RIPng（RIP next generation，下一代 RIP）。

5.2.1　RIP 的工作原理

RIP 是一种有类别的、距离 – 矢量（Distance-Vector）路由选择协议。执行 RIP 协议的路由器之间定时地交换由 RIP 协议生成的路由信息，但在交换的路由信息中不携带子网掩码，所以说是有类别的路由选择协议。在华为路由器中 RIP 的默认优先级是 100，说明由 RIP 生成的路由可信度较差。一般情况下，如果到达同一目的地址有其他类型路由存在，就不会使用 RIP 生成的路由。RIP 使用跳数（hop count）作为路由开销（Metric）的度量值，而不考虑线路的带宽、费用等因素。

在如图 5-2 所示的网络连接中，路由器 RTA 有两条路由到达路由器 RTC。一条是通过传输速率为 100Mbps 的局域网线路经过路由器 RTB 到达路由器 RTC；另一条是通过租用的传输速率为 56kbps 的电话线路直接到达路由器 RTC。当图 5-2 中的两台计算机之间通信时，RIP 认为电话线路最好，因为该路由跳数为 1，距离最近。但实际上这条路由并不是最好的。因此，RIP 路由的可信度较差。

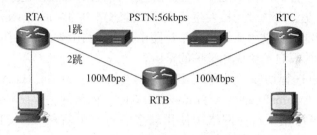

图 5-2　RIP 路径选择示意图

RIP 把跳数作为路由的距离，RIP 把路由的最远距离定义为 15 跳，如果跳数等于 16，则认为这是一条不可到达的路由。RIP 的跳数限制使 RIP 不能适应大型网络，但在 20 世纪 70 年代超过 15 跳的网络认为是不可能存在的。在大型网络中只能使用其他的路由选择协议。

RIP 的简单工作原理如下。

（1）路由器中的初始路由表中只有直连网络。图 5-3 是一个网络连接和路由器 B 中的初始路由表。0 跳数表示是一个直连网络。

路由器RTB初始路由表

目的网络	跳数	来源
192.168.1.0	0	
192.168.5.0	0	

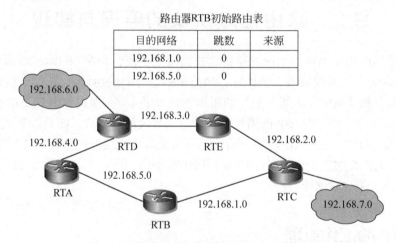

图 5-3　网络连接和路由器 RTB 的初始路由表

（2）路由器默认每隔 30s 向相邻路由器广播一次自己的路由表。路由器收到路由广播报文后，把报文中的每条路由信息和自己路由表中的内容进行比较。如果是一条新路由，则将该路由添加到自己的路由表中，并将跳数 +1；如果路由表内存在该条路由，再比较一下两条路由的跳数，如果表内的路由跳数大于收到路由的"跳数 +1"，则使用新路由替换表内路由，并把路由跳数 +1；如果表内的路由跳数等于收到路由的"跳数 +1"，则增加一条新的路由，并把路由跳数 +1，形成等价路由；如果表内的路由跳数小于收到路由的"跳数 +1"，则丢弃收到的该条路由信息。

例如，在第 1 次广播路由信息后，路由器 RTB 中的路由表如下。

目的网络	跳数	来源
192.168.1.0	0	
192.168.5.0	0	
192.168.2.0	1	C
192.168.7.0	1	C
192.168.4.0	1	A

在第 2 次广播路由信息后，路由器 RTB 中的路由表如下。

目的网络	跳数	来源
192.168.1.0	0	
192.168.5.0	0	
192.168.2.0	1	C
192.168.7.0	1	C
192.168.4.0	1	A
192.168.3.0	2	A
192.168.3.0	2	C
192.168.6.0	2	A

在第 3 次广播路由信息后，路由器 RTB 虽然能够收到路由器 RTC 广播报文中到达 192.168.6.0 网络的路由信息，但是路由中的跳数是 3 跳，大于存在路由的跳数，所以丢弃该路由信息。由于到达 192.168.3.0 网络经过路由器 RTA 和路由器 RTC 都是 2 跳，所以有两条路由。

在图 5-3 所示的网络中，经过 2 次路由信息广播后，每台路由器中都已经存在了到达所有网络的路由。在 RIP 中每建立一条路由后，同时启动该路由的定时信息（初始定时器 =0s），每次收到路由广播报文后，对于和路由表内路由信息相同的路由重新启动定时。如果某条路由的定时器计数达到了 180s，表示该路由已经有 180s 没有消息，说明该条路由已经失效（如路由器关机、线路故障等），这时 RIP 将该路由的跳数设置为 16，表示该路由已经不可到达。

（3）RIP 的路由信息报文禁止向路由来源方向广播，该技术称为"水平分割"，目的是杜绝路由广播环路的形成，避免造成路由判断的错误。

例如在图 5-3 中，假如 192.168.7.0 网段的网线被拔掉，路由器 RTC 的路由表中该条路由将不存在。但是如果路由器 RTB 向路由器 RTC 广播从路由器 RTC 中得到的路由，则路由器 RTC 中将会产生一条到达 192.168.7.0 网络的路由，该路由的下一跳是路由器 RTB，跳数为 2，显然这是错误的。

5.2.2　RIP 协议配置

1. RIP 配置命令

在华为路由器上，RIP 协议的配置命令如下：

```
[Huawei]rip [process-id]
[Huawei-rip-1]network classful-network-address
```

其中，process-id 是配置 RIP 协议的进程 ID，可以不配置该参数，默认进程 ID 为 1。
network 命令后使用的参数 *classful-network-address* 是路由器直连的主类网络的网络地址。

在图 5-3 所示的网络中，路由器 RTB 上 RIP 协议的具体配置命令如下：

```
[RTB]rip
[RTB-rip-1]network 192.168.1.0
[RTB-rip-1]network 192.168.5.0
```

在 5 台路由器上均配置 RIP 后，等待 1min 左右的时间（为什么要等待？大家考虑一下），
然后使用 display ip routing-table 命令查看路由表，可以看到每一台路由器的路由表中均含
有去往 192.168.1.0~192.168.7.0 七个网段的路由。例如，在路由器 RTB 上查看路由表显示
的结果如下：

```
[RTB]display ip routing-table
Route Flags : R - relay, D - download to fib
------------------------------------------------------------------------
Routing Tables : Public
          Destinations : 11      Routes : 12

Destination/Mask   Proto   Pre  Cost  Flags  NextHop     Interface

    127.0.0.0/8    Direct  0    0     D      127.0.0.1   InLoopBack 0

   127.0.0.1/32    Direct  0    0     D      127.0.0.1   InLoopBack 0

 192.168.1.0/24    Direct  0    0     D      192.168.1.1 GigabitEthernet 0/0/0

 192.168.1.1/32    Direct  0    0     D      127.0.0.1   GigabitEthernet 0/0/0

 192.168.2.0/24    RIP     100  1     D      192.168.1.2 GigabitEthernet 0/0/0

 192.168.3.0/24    RIP     100  2     D      192.168.1.2 GigabitEthernet 0/0/0

                   RIP     100  2     D      192.168.5.1 GigabitEthernet 0/0/1

 192.168.4.0/24    RIP     100  1     D      192.168.5.1 GigabitEthernet 0/0/1

 192.168.5.0/24    Direct  0    0     D      192.168.5.2 GigabitEthernet 0/0/1

 192.168.5.2/32    Direct  0    0     D      127.0.0.1   GigabitEthernet 0/0/1

 192.168.6.0/24    RIP     100  2     D      192.168.5.1 GigabitEthernet 0/0/1

 192.168.7.0/24    RIP     100  1     D      192.168.1.2 GigabitEthernet 0/0/0
```

从上面显示的结果可以得出以下几点。

（1）RIP 的路由优先级为 100。当网络中运行了多种不同的路由选择协议时，路由器
会优先选择哪一个路由协议产生的路由呢？这就需要由路由优先级的值来决定，路由器会
为每一种路由类型分配一个优先级的值，优先级的值越小路由的优先级越高。华为定义的
不同路由的默认优先级如表 5-1 所示。

表 5-1　华为定义的各协议路由优先级

路 由 类 型	默认优先级	路 由 类 型	默认优先级
直连路由	0	OSPF 内部路由	10
IS-IS	15	静态路由	50
RIP	100	OSPF 外部路由	150
IBGP	255	EBGP	255
未知路由	256		

从表 5-1 可以看出，在华为路由器中，RIP 的路由优先级比直连路由、OSPF 内部路由、IS-IS 路由以及静态路由的优先级都要低。

当然，不同公司对于路由优先级的定义会有所区别。例如，Cisco 定义的相关概念称为管理距离，在此不对其进行具体的介绍。

（2）去往目的网络 192.168.3.0/24 存在两条等价路由，其跳数均为 2，下一跳分别是路由器 RTA 和路由器 RTC。

在 RIP 中，如果去往某个目的网络的多条路由的跳数相同，则会将这些路由都放入路由表中形成等价路由。当有去往该目的网络的数据流时，数据会同时使用多条路由进行数据的传输，实现负载的均衡。

2. RIP 传递子网路由的限制

在配置 RIP 协议的 network 命令中，地址参数只能是主类 IP 网络地址，即使在 network 命令中配置了带有子网的网络地址，RIP 也只识别其所在的主类网络地址。例如，将图 5-3 中的 IP 地址修改为如图 5-4 所示中的 IP 地址。

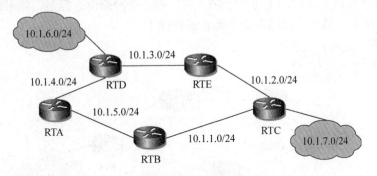

图 5-4　存在子网情况的 RIP 路由

此时，路由器 RTB 的 RIP 协议配置命令如下：

```
[RTB]rip
[RTB-rip-1]network 10.0.0.0
```

RIP 协议是有类别路由选择协议，但不意味着在 RIP 协议中不能使用子网路由。在图 5-4 的网络连接中，各个路由器上都正确配置了 RIP 协议和各个接口的 IP 地址之后（注意各个接口地址的子网掩码都是 24 位），在路由器 RTB 上查看路由表显示的结果如下：

```
[RTB]display ip routing-table
Route Flags : R - relay, D - download to fib
```

```
------------------------------------------------------------------------
Routing Tables : Public
         Destinations : 11      Routes : 12
Destination/Mask  Proto    Pre  Cost  Flags  NextHop    Interface
10.1.1.0/24       Direct   0    0     D      10.1.1.1   GigabitEthernet 0/0/0
10.1.1.1/32       Direct   0    0     D      127.0.0.1  GigabitEthernet 0/0/0
10.1.2.0/24       RIP      100  1     D      10.1.1.2   GigabitEthernet 0/0/0
10.1.3.0/24       RIP      100  2     D      10.1.1.2   GigabitEthernet 0/0/0
                  RIP      100  2     D      10.1.5.1   GigabitEthernet 0/0/1
10.1.4.0/24       RIP      100  1     D      10.1.5.1   GigabitEthernet 0/0/1
10.1.5.0/24       Direct   0    0     D      10.1.5.2   GigabitEthernet 0/0/1
10.1.5.2/32       Direct   0    0     D      127.0.0.1  GigabitEthernet 0/0/1
10.1.6.0/24       RIP      100  2     D      10.1.5.1   GigabitEthernet 0/0/1
10.1.7.0/24       RIP      100  1     D      10.1.1.2   GigabitEthernet 0/0/0
127.0.0.0/8       Direct   0    0     D      127.0.0.1  InLoopBack 0
127.0.0.1/32      Direct   0    0     D      127.0.0.1  InLoopBack 0
```

从上面的显示结果可以看出，RIP 正确识别了所有的子网。这是因为 RIP 在核实路由时，首先根据主类网络，然后根据直连接口在主网络上的子网掩码判断子网路由。图 5-4 中，所有 IP 地址都使用了 10.0.0.0 主类网络，所有直连接口的子网掩码都使用了 24 位的子网掩码，因此 RIP 可以正确识别出所有子网，并广播了子网路由。但是，如果网络中的地址分配如图 5-5 所示，那么子网路由就不能正确传递了。

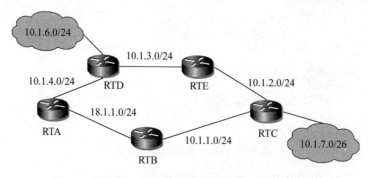

图 5-5　不连续子网及不同规模子网情况的 RIP 路由

在如图 5-5 的所示的网络中，由于在路由器 RTA 和路由器 RTB 之间的主类网络是 18.0.0.0，路由器 RTD 上的子网路由到达路由器 B 需要跨越主类网络的边界（通过另一个主类网络），由于在 RIP 的路由信息中没有子网掩码，在路由器 RTA 上一边是 10.0.0.0 网络，一边是 18.0.0.0 网络，所以路由器 RTA 只能转发主类网络的路由，即 10.0.0.0，不会转发子网 10.1.3.0/24 和 10.1.6.0/24 的路由。

对于路由器 RTC 来说，一边的子网掩码是 24 位，一边的子网掩码是 26 位，这时 RIP 就不知道使用哪个接口的子网掩码了，所以路由器 RTC 就不广播路由信息了。

RIP 只适用于简单的小型局域网络，网络中主类网络号应该一致（对于上游路由器来说，RIP 路由广播报文跨越主类网络的边界会自动进行路由的汇总，以减少路由条目的数量）；各个路由器上的子网掩码要相同。这就是所说的 RIP 协议不支持变长子网掩码。如果在网络中存在变长子网掩码，则需要使用 RIPv2 或其他的路由选择协议。

5.2.3　RIP 交换的路由信息

RIP 协议是在配置了 RIP 协议的路由器之间相互交换路由信息而形成动态路由表。一般把 RIP 交换路由信息称为定时广播自己的路由表。其实这种说法不是严格的，RIP 在有些情况下并不是广播路由器中路由表的全部内容。RIP 广播的路由信息有以下几个方面的约定：

（1）只广播由 RIP 协议生成的路由信息。其主要包括以下两点。

① 由 network 命令发布的直连网络。

虽然路由器能够自己发现直连网络，并且能够将直连网络填写在路由表中。但是，如果没有在 RIP 协议配置中使用 network 发布直连路由，那么 RIP 就不能发布它的直连网络。

② 由 RIP 生成的路由信息。

（2）RIP 不向路由来源方向广播路由信息（水平分割）。

（3）RIP 不广播路由表中的其他路由信息。路由表中的静态路由、默认路由和其他路由选择协议生成的路由，RIP 都不会向外广播。

5.3　路由信息协议配置案例

假设存在如图 5-6 所示的网络。每台路由器连接一个以太网，4 个以太网分别是 192.168.1.0/24、192.168.2.0/24、192.168.3.0/24 和 192.168.4.0/24。4 台路由器之间分别使用串行链路或以太网链路进行连接，产生 4 个连接网段。路由器 RTA 通过串行链路连接到 Internet。

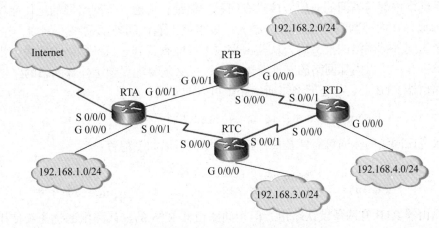

图 5-6　路由信息协议配置案例网络拓扑图

路由器各接口 IP 地址如表 5-2 所示。其中 RTA 连接到 Internet 的网关地址为 202.207.120.1/30。

表 5-2　路由器各接口 IP 地址配置情况表

接口	IP 地址	接口	IP 地址
RTA：G 0/0/0	192.168.1.1/24	RTA：G 0/0/1	192.168.5.1/24
RTA：S 0/0/0	202.207.120.2/30	RTA：S 0/0/1	192.168.6.2/24
RTB：G 0/0/0	192.168.2.1/24	RTB：G 0/0/1	192.168.5.2/24
RTB：S 0/0/0	192.168.7.1/24	RTC：G 0/0/0	192.168.3.1/24
RTC：S 0/0/0	192.168.6.1/24	RTC：S 0/0/1	192.168.8.2/24
RTD：G 0/0/0	192.168.4.1/24	RTD：S 0/0/0	192.168.8.1/24
RTD：S 0/0/1	192.168.7.2/24	上游网络	202.207.120.1/24

5.3.1　网络路由规划

1. 网络内部路由

为了减少路由配置工作量和对路由进行动态维护，在网络内部的 4 个路由器上配置 RIP 协议，即可实现内部网络的畅通。

2. 外部网络路由

外部网络一般不会与内部网络交换路由信息。要保证内部网络能够访问外部网络，必须配置通往外部网络的路由。

在路由器 RTA 上，通往外网的路由应该配置一条默认路由，配置命令为

```
[RTA]ip route-static 0.0.0.0 0 202.207.120.1
```

在路由器 RTA 上配置了通往外网的默认路由之后，其他路由器上还需要配置通往外网的路由吗？既然路由器 RTA 上有通往外网的路由，其他路由器有通往路由器 RTA 的路由，似乎网络内部与外网的通信应该没有问题。但是，考虑一下网络层的工作原理就可以清楚地知道，在内部网络的其他路由器上，根本就不能访问外部网络。例如，在 RTB 上收到一个访问外部网络的报文后，从路由表内不可能查到到达目的网络的路由，当然该报文就要被丢弃。所以内部网络的其他路由器上，也必须要配置到达外部网络的路由。

在路由器 RTB 上，与外部网络通信路由可以配置成：

```
[RTB]ip route-static 0.0.0.0 0 192.168.5.1
```

如果考虑网络的连通可靠性及最佳路由选择，可以如下配置：

```
[RTB]ip route-static 0.0.0.0 0 192.168.5.1
[RTB]ip route-static 0.0.0.0 0 192.168.7.2 preference 80
```

在路由器 RTB 有两条默认路由，但指向路由器 RTA 的默认路由的优先级使用默认值 60，指向路由器 RTD 的默认路由配置其优先级为 80。正常情况下会选择指向路由器 RTA 的默认路由，指向 RTD 的默认路由作为备份路由，一旦从路由器 RTB 通往路由器 RTA 的

链路出现故障，则通过路由器 RTD 依然可以实现与 Internet 之间的通信。

同理，在路由器 RTC 上配置的默认路由为

```
[RTC]ip route-static 0.0.0.0 0 192.168.6.2
[RTC]ip route-static 0.0.0.0 0 192.168.8.1 preference 80
```

在路由器 RTD 上配置的默认路由为

```
[RTD]ip route-static 0.0.0.0 0 192.168.7.1
[RTD]ip route-static 0.0.0.0 0 192.168.8.2
```

路由器 RTD 上配置两条默认路由时不需要配置不同的优先级路由。在网络无故障情况下两条路由优先级相同的默认路由可以起到负载均衡的作用。

5.3.2 路由器及主机配置和测试

1. 路由器接口配置

```
[RTA]interface GigabitEthernet 0/0/0
[RTA-GigabitEthernet0/0/0]undo portswitch
[RTA-GigabitEthernet0/0/0]ip address 192.168.1.1 24
[RTA-GigabitEthernet0/0/0]quit
[RTA]interface GigabitEthernet 0/0/1
[RTA-GigabitEthernet0/0/1]undo portswitch
[RTA-GigabitEthernet0/0/1]ip address 192.168.5.1 24
[RTA-GigabitEthernet0/0/1]quit
[RTA]interface Serial 0/0/0
[RTA-Serial0/0/0]ip address 202.207.120.2 30
[RTA-Serial0/0/0]quit
[RTA]interface Serial 0/0/1
[RTA-Serial0/0/1]ip address 192.168.6.2 24
[RTA-Serial0/0/1]quit

[RTB]interface GigabitEthernet 0/0/0
[RTB-GigabitEthernet0/0/0]undo portswitch
[RTB-GigabitEthernet0/0/0]ip address 192.168.2.1 24
[RTB-GigabitEthernet0/0/0]quit
[RTB]interface GigabitEthernet 0/0/1
[RTB-GigabitEthernet0/0/1]undo portswitch
[RTB-GigabitEthernet0/0/1]ip address 192.168.5.2 24
[RTB-GigabitEthernet0/0/1]quit
[RTB]interface Serial 0/0/0
[RTB-Serial0/0/0]ip address 192.168.7.1 24
[RTB-Serial0/0/0]quit

[RTC]interface GigabitEthernet 0/0/0
```

```
[RTC-GigabitEthernet 0/0/0]undo portswitch
[RTC-GigabitEthernet 0/0/0]ip address 192.168.3.1 24
[RTC-GigabitEthernet 0/0/0]quit
[RTC]interface Serial 0/0/0
[RTC-Serial 0/0/0]ip address 192.168.6.1 24
[RTC-Serial 0/0/0]quit
[RTC]interface Serial 0/0/1
[RTC-Serial 0/0/1]ip address 192.168.8.2 24
[RTC-Serial 0/0/1]quit

[RTD]interface GigabitEthernet 0/0/0
[RTD-GigabitEthernet 0/0/0]undo portswitch
[RTD-GigabitEthernet 0/0/0]ip address 192.168.4.1 24
[RTD-GigabitEthernet 0/0/0]quit
[RTD]interface Serial 0/0/0
[RTD-Serial 0/0/0]ip address 192.168.8.1 24
[RTD-Serial 0/0/0]quit
[RTD]interface Serial 0/0/1
[RTD-Serial 0/0/1]ip address 192.168.7.2 24
[RTD-Serial 0/0/1]quit
```

接口配置完成后，可以通过 display ip interface brief 命令查看配置结果。在路由器 RTA 上执行该命令，显示结果如下：

```
[RTA]display ip interface brief
*down:administratively down
!down:FIB overload down
^down:standby
(l):loopback
(s):spoofing
(d):Dampening Suppressed
The number of interface that is UP in Physical is 5
The number of interface that is DOWN in Physical is 6
The number of interface that is UP in Protocol is 5
The number of interface that is DOWN in Protocol is 6
```

Interface	IP Address/Mask	Physical	Protocol
Ethernet 0/0/0	unassigned	down	down
Ethernet 0/0/1	unassigned	down	down
GigabitEthernet 0/0/0	192.168.1.1/24	up	up
GigabitEthernet 0/0/1	192.168.5.1/24	up	up
GigabitEthernet 0/0/2	unassigned	down	down
GigabitEthernet 0/0/3	unassigned	down	down
NULL 0	unassigned	up	up(s)
Serial 0/0/0	202.207.120.2/30	up	up
Serial 0/0/1	192.168.6.2/24	up	up

```
Serial 0/0/2                    unassigned          down        down
Serial 0/0/3                    unassigned          down        down
```

从显示的结果可以看出，接口 GigabitEthernet 0/0/0、GigabitEthernet 0/0/1、Serial 0/0/0 和 Serial 0/0/1 分别配置了相应的 IP 地址，且接口在物理（Physical）上和协议（Protocol）上均处于 up 状态。

其他 3 台路由器上查看接口配置情况略。

2. 路由配置

1）RIP 路由配置

```
[RTA]rip
[RTA-rip-1]network 192.168.1.0
[RTA-rip-1]network 192.168.5.0
[RTA-rip-1]network 192.168.6.0
[RTA-rip-1]network 202.207.120.0    ;该行可以不配置

[RTB]rip
[RTB-rip-1]network 192.168.2.0
[RTB-rip-1]network 192.168.5.0
[RTB-rip-1]network 192.168.7.0

[RTC]rip
[RTC-rip-1]network 192.168.3.0
[RTC-rip-1]network 192.168.6.0
[RTC-rip-1]network 192.168.8.0

[RTD]rip
[RTD-rip-1]network 192.168.4.0
[RTD-rip-1]network 192.168.7.0
[RTD-rip-1]network 192.168.8.0
```

配置完成后，在路由器 RTD 上执行 display ip routing-table 命令，显示结果如下：

```
[RTD]display ip routing-table
Route Flags : R - relay , D - download to fib
------------------------------------------------------------------------
Routing Tables: Public
        Destinations : 16      Routes : 18
  Destination/Mask  Proto   Pre Cost Flags  NextHop      Interface
    127.0.0.0/8     Direct  0   0     D      127.0.0.1    InLoopBack 0
    127.0.0.1/32    Direct  0   0     D      127.0.0.1    InLoopBack 0
  192.168.1.0/24    RIP     100 2     D      192.168.7.1  Serial 0/0/1
                    RIP     100 2     D      192.168.8.2  Serial 0/0/0
  192.168.2.0/24    RIP     100 1     D      192.168.7.1  Serial 0/0/1
  192.168.3.0/24    RIP     100 1     D      192.168.8.2  Serial 0/0/0
```

```
192.168.4.0/24    Direct 0    0    D    192.168.4.1 GigabitEthernet 0/0/0
192.168.4.1/32    Direct 0    0    D    127.0.0.1   GigabitEthernet 0/0/0
192.168.5.0/24    RIP    100  1    D    192.168.7.1 Serial 0/0/1
192.168.6.0/24    RIP    100  1    D    192.168.8.2 Serial 0/0/0
192.168.7.0/24    Direct 0    0    D    192.168.7.2 Serial 0/0/1
192.168.7.1/32    Direct 0    0    D    192.168.7.1 Serial 0/0/1
192.168.7.2/32    Direct 0    0    D    127.0.0.1   Serial 0/0/1
192.168.8.0/24    Direct 0    0    D    192.168.8.1 Serial 0/0/0
192.168.8.1/32    Direct 0    0    D    127.0.0.1   Serial 0/0/0
192.168.8.2/32    Direct 0    0    D    192.168.8.2 Serial 0/0/0
202.207.120.0/30  RIP    100  2    D    192.168.7.1 Serial 0/0/1
                  RIP    100  2    D    192.168.8.2 Serial 0/0/0
```

从上面的路由表可以看到，在路由器 RTD 上存在 192.168.1.0/24~192.168.8.0/24 八个网段的路由以及去往 202.207.120.0/30 的路由。

其他 3 台路由器上查看路由表情况略。

此时，为各以太网中的 PC 配置 IP 地址、子网掩码和默认网关完成后，在各以太网的 PC 上通过 ping 命令进行测试，可以发现 4 个以太网之间可以互相通信，但此时依然无法和 Internet 进行通信。

2）默认路由配置

```
[RTA]ip route-static 0.0.0.0 0 202.207.120.1

[RTB]ip route-static 0.0.0.0 0 192.168.5.1
[RTB]ip route-static 0.0.0.0 0 192.168.7.2 preference 80

[RTC]ip route-static 0.0.0.0 0 192.168.6.2
[RTC]ip route-static 0.0.0.0 0 192.168.8.1 preference 80

[RTD]ip route-static 0.0.0.0 0 192.168.7.1
[RTD]ip route-static 0.0.0.0 0 192.168.8.2
```

配置完成后，依然在路由器 RTD 上执行 display ip routing-table 命令，显示结果如下：

```
[RTD]display ip routing-table
Route Flags : R - relay, D - download to fib
------------------------------------------------------------------------
Routing Tables : Public
Destinations : 17      Routes : 20
Destination/Mask Proto  Pre Cost Flags NextHop     Interface

0.0.0.0/0        Static 60  0    RD    192.168.7.1 Serial 0/0/1
                 Static 60  0    RD    192.168.8.2 Serial 0/0/0
```

127.0.0.0/8	Direct	0	0	D	127.0.0.1	InLoopBack 0
127.0.0.1/32	Direct	0	0	D	127.0.0.1	InLoopBack 0
192.168.1.0/24	RIP	100	2	D	192.168.7.1	Serial 0/0/1
	RIP	100	2	D	192.168.8.2	Serial 0/0/0
192.168.2.0/24	RIP	100	1	D	192.168.7.1	Serial 0/0/1
192.168.3.0/24	RIP	100	1	D	192.168.8.2	Serial 0/0/0
192.168.4.0/24	Direct	0	0	D	192.168.4.1	GigabitEthernet 0/0/0
192.168.4.1/32	Direct	0	0	D	127.0.0.1	GigabitEthernet 0/0/0
192.168.5.0/24	RIP	100	1	D	192.168.7.1	Serial 0/0/1
192.168.6.0/24	RIP	100	1	D	192.168.8.2	Serial 0/0/0
192.168.7.0/24	Direct	0	0	D	192.168.7.2	Serial 0/0/1
192.168.7.1/32	Direct	0	0	D	192.168.7.1	Serial 0/0/1
192.168.7.2/32	Direct	0	0	D	127.0.0.1	Serial 0/0/1
192.168.8.0/24	Direct	0	0	D	192.168.8.1	Serial 0/0/0
192.168.8.1/32	Direct	0	0	D	127.0.0.1	Serial 0/0/0
192.168.8.2/32	Direct	0	0	D	192.168.8.2	Serial 0/0/0
202.207.120.0/30	RIP	100	2	D	192.168.7.1	Serial 0/0/1
	RIP	100	2	D	192.168.8.2	Serial 0/0/0

从显示结果可以看到，在路由器 RTD 上存在两条等价默认路由，下一跳分别是192.168.7.1 和 192.168.8.2。

其他 3 台路由器上查看路由表情况略。

此时，在各以太网的 PC 上通过 ping 命令进行测试，可以发现 4 个以太网均能够和Internet 进行通信。

附路由器 RTA 的配置文件如下：

```
[RTA]display current-configuration
#
sysname RTA
#
aaa
authentication-scheme default
authorization-scheme default
accounting-scheme default
domain default
domain default_admin
local-user admin password cipher OOCM4m($F4ajUn1vMEIBNUw#
local-user admin service-type http
#
firewall zone Local
priority 16
#
interface Ethernet 0/0/0
```

```
#
interface Ethernet 0/0/1
#
interface Serial 0/0/0
link-protocol ppp
ip address 202.207.120.2 255.255.255.252
#
interface Serial 0/0/1
link-protocol ppp
ip address 192.168.6.2 255.255.255.0
#
interface Serial 0/0/2
link-protocol ppp
#
interface Serial 0/0/3
link-protocol ppp
#
interface GigabitEthernet 0/0/0
ip address 192.168.1.1 255.255.255.0
#
interface GigabitEthernet 0/0/1
ip address 192.168.5.1 255.255.255.0
#
interface GigabitEthernet 0/0/2
#
interface GigabitEthernet 0/0/3
#
wlan
#
interface NULL 0
#
rip 1
network 192.168.1.0
network 192.168.5.0
network 192.168.6.0
network 202.207.120.0
#
ip route-static 0.0.0.0 0.0.0.0 202.207.120.1
#
user-interface con 0
user-interface vty 0 4
user-interface vty 16 20
#
Return
```

5.3.3 路由注入

在图 5-6 的例子中，RTB、RTC、RTD 上都设置了两条默认路由，用于应对当某条链路断开之后的网络可用性问题。

解决这一问题另一种方法是让 RIP 广播默认路由，这样就可以动态地更新默认路由。但是我们知道，RIP 只广播自己的直连网络和由 RIP 生成的路由。如果希望 RIP 广播默认路由，就需要将默认路由加入 RIP 的路由表，这种技术称为路由注入。

在图 5-6 的例子中，在 RTA 中将默认路由注入 RIP 协议的路由表内，让 RIP 将默认路由广播出去，从而实现默认路由的动态更新。

华为路由器向 RIP 协议注入默认路由的命令如下：

```
[Huawei] rip
[Huawei-rip-1]default-route originate
```

在图 5-6 的例子中，各个路由器上配置了 RIP 后，路由器上不再配置默认路由。当然这时内网与外网是不通的。只在 RTA 上配置一条默认路由：

```
[RTA]Ip route 0.0.0.0 0.0.0.0 202.207.120.1
```

将默认路由注入 RIP 中：

```
[RTA] rip
[RTA -rip-1]default-route originate
```

在 RTA 上将默认路由注入 RIP 后，通过路由信息交换，其他路由器就会生成默认路由。经过一段时间后，在 RTC 上显示路由表：

```
[RTC]display ip routing-table
Route Flags: R - relay, D - download to fib
------------------------------------------------------------------------
Routing Tables: Public
        Destinations : 13        Routes : 13

Destination/Mask    Proto    Pre   Cost  Flags  NextHop       Interface
0.0.0.0/0           RIP      100   3     D      192.168.8.1   Serial 0/0/1
127.0.0.0/8         Direct   0     0     D      127.0.0.1     InLoopBack0
127.0.0.1/32        Direct   0     0     D      127.0.0.1     InLoopBack0
192.168.1.0/24      RIP      100   3     D      192.168.8.1   Seria 10/0/1
192.168.2.0/24      RIP      100   2     D      192.168.8.1   Seria 10/0/1
192.168.3.0/24      Direct   0     0     D      192.168.3.1   G 0/0/0
192.168.3.1/32      Direct   0     0     D      127.0.0.1     G 0/0/0
192.168.4.0/24      RIP      100   1     D      192.168.8.1   Seria 10/0/1
192.168.5.0/24      RIP      100   2     D      192.168.8.1   Seria 10/0/1
192.168.7.0/24      RIP      100   1     D      192.168.8.1   Seria 10/0/1
```

192.168.8.0/24	Direct	0	0	D	192.168.8.2	Seria 10/0/1
192.168.8.1/32	Direct	0	0	D	192.168.8.1	Seria 10/0/1
192.168.8.2/32	Direct	0	0	D	127.0.0.1	Seria 10/0/1

[RTC]

0.0.0.0/0　RIP　100　3　D　192.168.8.1　Serial 0/0/1 就 是 由 RIP 生成的默认路由，该路由的输出端口为 Serial 0/0/1。同样，在其他路由器上显示路由表也能看到由 RIP 生成的默认路由。当某条链路故障时，默认路由也会动态地改变。通过路由注入方式，可以简化路由的配置，而且有较好的可靠性。

微课 5-1：RIP

5.3.4　超网与无类域间路由

上面介绍了 RIP 协议，了解了 RIP 协议功能之后大家就会想到，在一个比较复杂的网络中，需要配置多条路由时就可以使用 RIP 协议来简化路由配置。

现在需要考虑这样一个问题，在图 5-6 的例子中，RTA 路由器上配置了一条指向外网网关（上游路由器的一个端口）的默认路由，就可以实现到外网的通信，内部网络路由是由 RIP 协议生成的，内网通信也没有问题。但是，上游路由器上的路由怎样配置才能实现外网与内网的通信呢？

我们很快就能想到，如果在上游路由器上配置静态路由太麻烦了，最好是在上游网关路由器上也配置 RIP。其实上游路由器不会配置 RIP 和内网交换路由信息的。如果上游路由器配置了 RIP 和内网交换路由信息，那我们不就都是属于一个内部网络了？我们还需要配置默认路由吗？

上游路由器不使用 RIP 协议和下游网络交换路由信息不是不通情达理，更不是不懂这样做大家都省事，而是不能这样做，因为配置了 RIP 协议后在上游路由器上会生成大量动态路由。

网络中路由器是阻碍网络信息传输的瓶颈，网络迟延基本上都是在路由器中产生的，就像一道道关隘一样在网络中存在。而产生迟延的原因就是路由查寻，每一个网络分组都需要先查路由，再进行转发。显然路由表越大，产生的网络迟延越大。为了解决路由器的瓶颈问题，就产生了三层交换，尽量减少路由查寻。

但是，在图 5-6 的例子中，上游网关是路由器，那么怎样解决这个问题呢？其实很简单，只需要在上游路由器（假设为 RTO）上配置一条静态路由：

[RTO]Ip route 192.168.0.0 255.255.0.0 202.207.120.2

试想一下，目的地址是例子中内部网络的报文是否都会转发到内部网络？

但是，我们知道 192 网络是 C 类网络，C 类网络的网络地址应该是 24 位，这样的网络地址好像不正确。其实就像使用子网来解决主机地址的浪费问题一样，使用这样的方式可以大量减少路由器中路由条数，这样的表达方式就叫作超网或无类域间路由（Classless Inter Domain Routing，CIDR），即把若干小网络地址组成一个大的网络地址，或者说不再考虑网络地址的类别，按照一个地址块配置路由。也可以认为是把若干路由汇总成了一条路由。在上游网关路由器上，都需要用这样的方式配置对下游网络的路由。

5.4 小 结

本章对路由信息协议（Routing Information Protocol，RIP）的引入、工作原理以及配置方法进行了简单的介绍，并给出了具体的配置案例。RIP 是所有动态路由协议中最简单的一个协议，也是后续学习动态路由协议的基础，是必须要掌握的路由基础知识。

5.5 习 题

1. 在网络规模较大的情况下，使用静态路由就会产生哪些问题？
2. Internet 中路由选择协议分为哪两类，各自特点和典型协议有哪些？
3. 简述 RIP 的工作原理。
4. RIP 传递子网路由受到哪些限制？
5. RIP 广播路由信息有哪几个方面的约定？
6. 网络运营商路由器上配置了到达某企业网络的路由：

```
Ip route 202.207.120.0 255.255.248.0 202.207.128.2
```

请问：该企业有哪些 C 类网络可用？

5.6 RIP 配置实训

实训学时：2 学时；每实验组学生人数：5 人。

1. 实训目的

（1）掌握 RIP 的配置和验证方法。

（2）掌握 RIP 简单的验证和故障排除方法。

2. 实训环境

（1）安装有 TCP/IP 通信协议的 Windows 系统 PC：5 台。

（2）华为路由器：3 台。

（3）背对背线缆：3 条。

（4）超 5 类 UTP 电缆：4 条。

（5）Console 电缆：3 条。

保持所有的路由器均为出厂配置。

3. 实训内容

（1）配置 RIP 协议，实现各网段之间的路由。

（2）验证 RIP 的配置，查看 RIP 的路由信息。

4. 实训准备（教师）

（1）完成图 5-7 中与外网连接的配置，为每个分组分配一条连接外网的以太网线路；公布每个分组上联网关地址为 10.0.x.1/24，其中 x 为分组编号。

（2）公布 DNS 服务器地址，使学生能够使用 "http:// 域名地址" 访问 Internet。

5. 实训指导

（1）按照图 5-7 所示的网络拓扑结构搭建网络，完成网络连接。

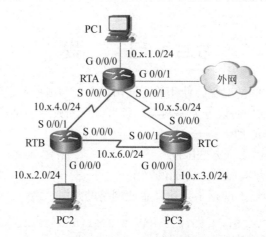

图 5-7 RIP 配置和验证实训网络拓扑结构图

（2）按照图 5-7 所示为 PC、路由器的以太口和串口配置 IP 地址。其中对于 10.x.1.0/24、10.x.2.0/24 和 10.x.3.0/24 三个网段而言，路由器的 G 0/0/0 接口使用相关网段的第一个 IP 地址，PC 使用相关网段的第二个 IP 地址。对于三个串行链路网段而言，相连的两个串口分别使用相应网段的前两个可用 IP 地址。路由器 RTA 的接口 G 0/0/1 用来连接外部网络，IP 地址固定为 10.0.x.2，上游 IP 地址固定为 10.0.x.1。

路由器上的参考配置如下：

```
[RTA]interface GigabitEthernet 0/0/0
[RTA-GigabitEthernet 0/0/0]undo portswitch
[RTA-GigabitEthernet 0/0/0]ip address 10.x.1.1 24
[RTA-GigabitEthernet 0/0/0]quit
[RTA]interface GigabitEthernet 0/0/1
[RTA-GigabitEthernet 0/0/1]undo portswitch
[RTA-GigabitEthernet 0/0/1]ip address 10.0.x.2 24
[RTA-GigabitEthernet 0/0/1]quit
[RTA]interface Serial 0/0/0
[RTA-Serial 0/0/0]ip address 10.x.4.1 24
[RTA-Serial 0/0/0]quit
[RTA]interface Serial 0/0/1
[RTA-Serial 0/0/1]ip address 10.x.5.2 24
[RTA-Serial 0/0/1]quit
```

```
[RTB]interface GigabitEthernet 0/0/0
[RTB-GigabitEthernet 0/0/0]undo portswitch
[RTB-GigabitEthernet 0/0/0]ip address 10.x.2.1 24
[RTB-GigabitEthernet 0/0/0]quit
[RTB]interface Serial 0/0/0
[RTB-Serial 0/0/0]ip address 10.x.6.1 24
[RTB-Serial 0/0/0]quit
[RTB]interface Serial 0/0/1
[RTB-Serial 0/0/1]ip address 10.x.4.2 24

[RTC]interface GigabitEthernet 0/0/0
[RTC-GigabitEthernet 0/0/0]undo portswitch
[RTC-GigabitEthernet 0/0/0]ip address 10.x.3.1 24
[RTC-GigabitEthernet 0/0/0]quit
[RTC]interface Serial 0/0/0
[RTC-Serial 0/0/0]ip address 10.x.5.1 24
[RTC-Serial 0/0/0]quit
[RTC]interface Serial 0/0/1
[RTC-Serial 0/0/1]ip address 10.x.6.2 24
```

配置完成后，在三台路由器上分别执行 display ip interface brief 命令查看接口信息，在配置正常的情况下，应该可以看到相应的接口均已配置 IP 地址，且物理（Physical）上和协议（Protocol）上均已 up。

PC 的 IP 地址配置过程略。

（3）在三台路由器上配置 RIP 协议。

路由器 RTA 的参考配置如下：

```
[RTA]rip
[RTA-rip-1]network 10.0.0.0
```

路由器 RTB 和 RTC 上的配置与路由器 RTA 上的配置完全相同。

配置完成后，在三台路由器上分别执行 display ip routing-table 命令查看路由表，应该均可以看到 10.x.1.0/24~10.x.6.0/24 六个网段的路由以及网段 10.0.x.0/24 的路由。

此时，在三台 PC 上分别通过 ping 命令进行网络连通性的测试，可以发现三台 PC 之间可以互相通信，但此时依然无法和 Internet 进行通信。

（4）配置默认路由。

在三台路由器上分别配置默认路由，参考配置如下：

```
[RTA]ip route-static 0.0.0.0 0 10.0.x.1
```

```
[RTB]ip route-static 0.0.0.0 0 10.x.4.1
```

```
[RTC]ip route-static 0.0.0.0 0 10.x.5.2
```

配置完成后，在三台路由器上分别执行 display ip routing-table 命令查看路由表，应该均可以看到有默认路由存在。

此时，在三台 PC 上分别通过 ping 命令测试与百度网站之间的连通性，应该均可以连接到百度网站。

6. 实训报告

	主机	IP 地址	子网掩码	默认网关
PC 机 TCP/IP 属性配置	PC1			
	PC2			
	PC3			
路由器 RTA	IP 地址	G 0/0/0		
		G 0/0/1		
		S 0/0/0		
		S 0/0/1		
	RIP 配置			
	默认路由配置			
	display ip routing-table 相关结果			
路由器 RTB	IP 地址	G 0/0/0		
		S 0/0/0		
		S 0/0/1		
	RIP 配置			
	默认路由配置			
	display ip routing-table 相关结果			
路由器 RTC	IP 地址	G 0/0/0		
		S 0/0/0		
		S 0/0/1		
	RIP 配置			
	默认路由配置			
	display ip routing-table 相关结果			
网络连通性测试	三台 PC 之间互相 ping			
	与百度的连通性		PC1	
			PC2	
			PC3	

第6章　虚拟局域网

在一个以太网中会存在多个逻辑网段，而逻辑网段一般都是基于部门来进行划分的，即一个部门是一个独立的网段。问题是，同一个部门未必在物理上就在同一楼层，甚至同一栋楼宇。要将物理上处于不同位置的主机划分到同一个逻辑网段，把物理上处于同一位置的主机划分到不同的逻辑网段，就需要用到虚拟局域网技术。

6.1　问题的引入

6.1.1　模拟网络规划要求

假设某公司需要组建公司内部网络，通过租用的数据专线连接到 Internet。该公司已经申请到了一个 C 类网络 IP 地址：202.207.120.0/24。企业内部网络外连端口地址为 200.8.100.242/30，上连地址为 200.8.100.241/30。上游路由器已经设置好了到达本企业网络的路由。DNS 使用 202.99.160.68。该公司占用了写字楼的两个楼层。两个楼层的部门及计算机数量如下。

一楼：财务部，计算机 6 台；办公室，计算机 8 台；市场部，计算机 8 台。

二楼：总经理，计算机 4 台；开发部，计算机 8 台；市场部，计算机 10 台。

为了便于公司内部管理，公司要求总经理和财务部为一个逻辑网络；办公室、开发部、市场部分别为一个逻辑网络。项目招标技术要求为公司内部网络提供解决方案；配置网络设备，使公司内部网络连通及访问 Internet。

6.1.2　项目分析

为承揽该项目工程，需要弄清和解决的问题主要是网络结构问题。

根据用户网络划分需求，该公司网络连接拓扑结构可以简单地设计成如图 6-1 所示的网络连接结构。

按照图 6-1 设计，网络连接需要一个带 4 个以太网端口的路由器（或三层交换机）；需要 4 台以太网交换机。

该设计表面能够满足用户需求，但是该设计不符合实际网络工程施工规范。这里不仅有网线的最大传输距离问题（在以太网中，使用 UTP 双绞线电缆两点之间最大的传输距离是 100m），而且在实际工程施工中，不可能将不同楼层的计算机连接到一个交换机上。

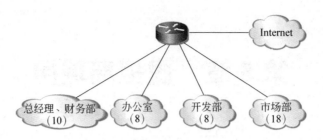

图 6-1　简单的网络连接设计

在综合布线系统中，同一个楼层的连接称为水平子系统（配线子系统），用于楼层交换机设备到工作间信息插座的连接；楼层之间的连接称为垂直子系统（干线子系统），用于网络设备之间的连接。

按照项目的用户需求和综合布线理论，考虑各个楼层的部门分布，网络连接拓扑结构需要设计成如图 6-2 所示。

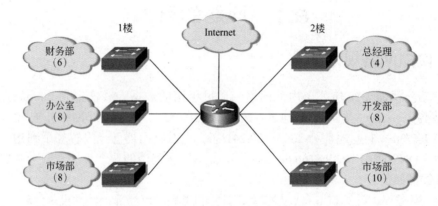

图 6-2　考虑综合布线的网络连接设计

图 6-2 的设计虽然符合网络工程综合布线规范，但是需要 6 台以太网交换机。这样不但提高了工程造价，最关键的问题是难以达到该项目用户需求。

按照用户需求，总经理和财务部要划分到一个逻辑网络；办公室、开发部、市场部要单独一个网络。对于办公室和开发部都没有问题，各自连接到路由器的一个端口。但是，对于市场部和总经理与财务部的网络如何解决呢？在图 6-2 中，总经理连接到了 2 楼一个交换机上，并且通过垂直子系统连接到路由器的一个端口，财务部自己在 1 楼的一个交换机上，财务部的交换机也通过垂直子系统连接到路由器的一个端口，显然它们已经不属于一个逻辑网络。市场部的情况也是一样。所以，该设计是失败的。

能不能把 2 楼的交换机连线级联到一楼网络的交换机上呢？想想看，这符合综合布线规范吗？如果可以，更加复杂的情况应该如何解决呢？

如何解决该项目的网络连接问题，靠传统的技术已经无法实现，需要使用一种新的网络连接技术——虚拟局域网技术。

6.2　虚拟局域网概述

6.2.1　交换机上划分逻辑网络的需求

交换机是根据 MAC 地址转发数据报的数据链路层（第 2 层）设备，是多端口的网桥。从前面的内容中可以知道，交换机是网络内部连接设备，无论交换机连接了多少计算机，无论有多少交换机级联在一起，只要没有跨越路由器，它们都是在一个逻辑网络中。

在使用交换机组成的交换式以太网中，利用交换机分割了共享式以太网中的冲突域，实现了网段内信道带宽独占和全双工通信方式，改善了以太网的性能。但是在交换式以太网中，仍然存在着以下两个方面的问题。

1. 在一个交换式以太网中需要连接多个逻辑网络

在该项目中，逻辑网络是按照部门划分的，但是这些部门分散在不同的楼层，而网络连接是按照楼层连接的。如果多个部门连接到同一楼层的一台交换机上，显然在交换机上应该能够实现连接多个逻辑网络的功能。

2. 广播域的分割

使用交换机连接的局域网是一个逻辑网络（具有唯一的网络地址）。在网络层中有很多广播报文，例如 ARP 广播、RIP 广播，网络层的广播报文都是针对一个逻辑网络的（组播除外）。在一个逻辑网络内，网络层的广播报文会发送到网段内的每台主机。一个广播报文能够传送到的主机范围称为一个广播域。

在以太网内，以太网帧封装一个广播报文时，目的 MAC 地址字段使用 ff:ff:ff:ff:ff:ff，即目的 MAC 地址是广播地址，该网络内的所有主机都要接收该数据帧。在交换式以太网中，交换机会将广播帧转发到所有的端口。如果交换机又级联了交换机，广播帧会转发到其他交换机上，IP 网络内的所有主机都会收到广播帧。

网络内的广播会占用信道带宽，影响网络性能。如果广播报文太多，可能会造成网络瘫痪。解决这一问题的方法就是减少逻辑网络内的主机数量，分割广播域，减少逻辑网络内的广播报文数量，提高网络性能。

一个广播域是具有同一 IP 网络地址的网络。分割广播域的方法就是将一个大的逻辑网络分割成若干小的逻辑网络，减少网络内的主机数量。路由器是连接不同网络的设备，使用路由器就可以将一个大的广播域分割成小的广播域，即将大的逻辑网络分割成多个小的逻辑网络。图 6-3 就是利用路由器分割广播域的例子。

在图 6-3 中，左边两个交换机上的计算机属于同一个逻辑网络，网络地址都是10.1.1.0/24，所以是一个广播域；右边将两个交换机分别连接在路由器的两个不同的以太口上，各自为一个逻辑网络，网络地址分别是 10.1.1.0/24 和 10.1.2.0/24，所以各自为一个广播域。

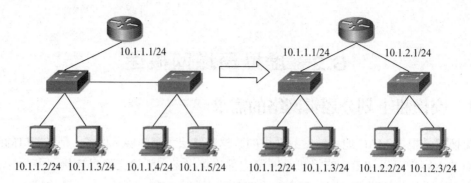

图 6-3　利用路由器分割广播域

6.2.2　虚拟局域网技术

使用路由器分割广播域比较容易实现，但是这种方法可能需要增加很多网络设备。例如在该项目中，一个楼层中有三个部门，它们分别属于三个逻辑网络，在一个楼层中只布置一台交换机是无法实现的。为了解决这样的问题，出现了在二层交换机上划分逻辑网络的虚拟局域网（Virtual LAN，VLAN）技术。

虚拟局域网是用虚拟技术在一个用交换机连接的物理局域网内划分出来的逻辑网络。由于交换机属于二层设备，使用交换机连接的局域网都属于一个逻辑网络。虚拟局域网就是使用软件虚拟的方法，通过对交换机端口的配置，将部分主机划分在一个逻辑网络中，这些主机可以连接在不同的交换机上。通过虚拟方式划分出来的局域网各自构成一个广播域，VLAN 之间在没有路由支持时不能进行通信。

例如，某公司有财务部和市场部两个部门，两个部门各自属于一个逻辑网络，所以两个部门各自连接在一台交换机上，财务部的网络地址是 5.1.1.0/24，市场部的网络地址是5.1.2.0/24。两个网络各自连接到路由器上。该公司网络连接如图 6-4 所示。

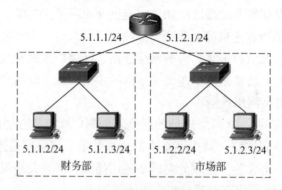

图 6-4　某公司网络连接

假如该公司的办公场所占用着两层楼房，在每一层都有财务部和市场部的办公室，如果在每一层设置了一台交换机，每台交换机上既连接了财务部的计算机，又连接了市场部的计算机，这时就可以使用 VLAN 实现将两个部门划分在两个不同的网络中，计算机连接和 VLAN 划分如图 6-5 所示。

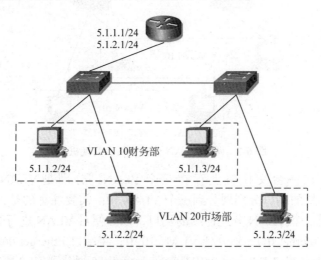

图 6-5 计算机连接和 VLAN 划分

通过 VLAN 技术，连接在一台交换机上的计算机可以属于不同的逻辑网络，连接在不同交换机上的计算机可以属于同一个逻辑网络。所以有人把 VLAN 定义为一组不被物理网络分段或传统的 LAN 限制的逻辑上的设备或用户。

VLAN 和传统的局域网没有什么区别，一个 VLAN 属于一个逻辑网络，每个 VLAN 是一个广播域。对于一个 VLAN 的广播帧不会转发到不属于该 VLAN 的交换机端口上，VLAN 之间没有路由时也不能进行通信。

6.2.3 VLAN 的种类

1. 静态 VLAN

静态 VLAN 是基于交换机的端口进行划分的 VLAN，即将交换机上的若干端口划分到一个 VLAN 中。静态 VLAN 是最简单也是最常用的 VLAN 划分方法。使用交换机端口划分 VLAN 时，一台交换机上可以划分多个 VLAN；一个 VLAN 下的端口也可以分布在多个交换机上。例如，图 6-6 是一台交换机上划分了 3 个 VLAN 的例子；图 6-7 是两个 VLAN 的端口分布在两台级联连接的交换机上的例子。

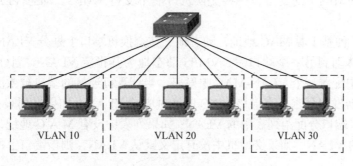

图 6-6 一台交换机上划分 3 个 VLAN

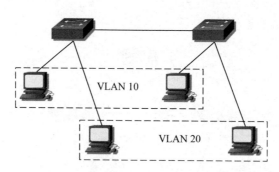

图 6-7　两个 VLAN 分布在两台交换机上

在图 6-6 中，在一台交换机上存在三个 VLAN，分别是 VLAN 10、VLAN 20 和 VLAN 30，将交换机的端口分别划分到三个 VLAN 中。需要注意的是，在为 VLAN 分配端口时，尽量为同一个 VLAN 分配连续的端口，以方便对 VLAN 进行管理。例如，将端口 Ethernet 0/0/1~Ethernet 0/0/5 划分到 VLAN 10 中，将端口 Ethernet 0/0/6~Ethernet 0/0/10 划分到 VLAN 20 中，端口 Ethernet 0/0/11~Ethernet 0/0/15 划分到 VLAN 30 中。

在图 6-7 中，存在两个 VLAN，分别是 VLAN 10 和 VLAN 20，两个 VLAN 的端口分散在两台交换机上。同样，在为 VLAN 划分端口时，要求为同一个 VLAN 分配连续的端口，并且在两台交换机上为同一个 VLAN 分配的端口的端口号应尽可能一致。例如，将两台交换机上的端口 Ethernet 0/0/1~Ethernet 0/0/5 划分到 VLAN 10 中，将两台交换机上的端口 Ethernet 0/0/6~Ethernet 0/0/10 划分到 VLAN 20 中。另外，交换机之间级联一般从最大的端口开始使用，例如，将两台交换机的端口 Ethernet 0/0/24 进行级联。

静态 VLAN 配置简单，且容易进行管理，是目前网络中常用的 VLAN 方式。

2. 动态 VLAN

动态 VLAN 是根据计算机 MAC 地址或 IP 地址定义的 VLAN。在动态 VLAN 中，无论用户转移到什么位置，例如从公司的办公室到会议室，只要连接到公司的局域网交换机上，就能够和自己 VLAN 中的计算机进行通信。动态 VLAN 适合用户流动性较强的环境。

根据 IP 地址定义动态 VLAN 时，如果系统中使用动态地址分配协议 DHCP，就会造成动态 VLAN 定义错误，所以一般不使用这种定义方式。

使用 MAC 地址定义 VLAN 时需要 VLAN 管理策略服务器（VLAN Management Policy Server，VMPS）的支持，一些交换机可能不支持 VMPS。动态 VLAN 一般适应于大型网络。

VMPS 是一种基于源 MAC 地址，动态地、在交换机端口上划分 VLAN 的方法。当某个端口的主机移动到另一个端口后，VMPS 动态地为其指定 VLAN。划分动态 VLAN 时需要在 VMPS 中配置一个 VLAN-MAC 映射表，当计算机连接的端口被激活后，交换机便向 VMPS 服务器发出请求，查寻该 MAC 地址对应的 VLAN。如果在列表中找到 MAC 地址，交换机就将端口分配给列表中的 VLAN；如果列表中没有 MAC 地址，交换机就将端口分配给默认的 VLAN。如果交换机中没有定义默认 VLAN，则该端口上的计算机就不能工作。

6.2.4 VLAN 的特点

1. 隔离广播

VLAN 的主要优点是隔离了物理网络中的广播。由于 VLAN 技术将连接在交换机上的物理网络划分成了多个 VLAN，IP 网络中的广播报文只能在某个 VLAN 中转发，不会影响其他 VLAN 成员的带宽，减少了网络内广播帧的影响范围，改善了网络性能，提高了服务质量。

2. 方便网络管理

使用 VLAN 比 LAN 更具网络管理上的方便性。在一个公司内部使用 VLAN 时，人员或办公地点的变动不需要重新进行网络布线，只需要改变 VLAN 的定义，这样既节省网络管理费用开销，又方便网络用户管理。

3. 解决局域网内的网络应用安全问题

如果网络应用仅局限于局域网内部，使用 VLAN 可以经济、方便地解决网络应用的安全问题。例如，在图 6-8 所示的公司内部网络中，为了安全起见，只允许财务部人员访问财务系统服务器；只允许人事部门访问人力资源服务器，其他人员只允许访问办公系统服务器，那么将公司人员和相应服务器划分在不同 VLAN 中。由于连接在同一个交换机上的设备不属于同一个逻辑网络，就容易通过网络之间的访问控制达到上述安全管理目的。

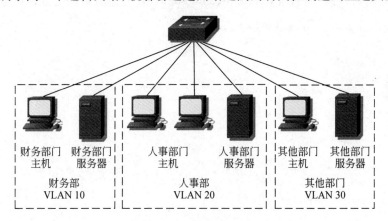

图 6-8 公司内部网络示例

6.3 VLAN 的配置

在支持 VLAN 的交换机上都可以进行 VLAN 的配置。以太网交换机的生产厂家很多，虽然基本原理都相同，但各自的配置命令存在很大的差异。下面将介绍在华为交换机上 VLAN 的基本配置。

6.3.1　华为交换机概述

1. 华为交换机结构

华为交换机的基本结构以及通过控制台连接进入 CLI 界面的方法与华为路由器基本相同。和路由器硬件不同的是，交换机一般会有很大带宽的背板和较多的 RJ-45 以太网接口（也称端口），用来进行以太网内部下游交换机或终端主机的接入。例如，在华为 S5700 交换机上有 24 个 1000Mbps 的 RJ-45 以太网接口：GigabitEthernet 0/0/1~GigabitEthernet 0/0/24。另外，由于以太网交换机只是用于进行以太网内部的连接，因此，以太网交换机只有以太网接口，而不会配置串行链路接口。华为 S5700 交换机的面板如图 6-9 所示。

图 6-9　华为 S5700 交换机面板

2. 华为交换机的初始配置

交换机在第一次启动时会加载一个默认配置文件 vrpcfg.zip，在没有进行任何配置的情况下，交换机的所有端口均处于默认 VLAN，即 VLAN 1 中。

交换机启动后，执行 display current-configuration 命令查看当前配置，显示结果如下：

```
[Huawei]display current-configuration
#
sysname Huawei
#
cluster enable
ntdp enable
ndp enable
#
drop illegal-mac alarm
#
diffserv domain default
#
drop-profile default
#
aaa
 authentication-scheme default
 authorization-scheme default
 accounting-scheme default
 domain default
 domain default_admin
 local-user admin password simple admin
 local-user admin service-type http
```

```
#
interface Vlanif 1
#
interface MEth 0/0/1
#
interface Ethernet 0/0/1
#
interface Ethernet 0/0/2
#
interface Ethernet 0/0/3
#
interface Ethernet 0/0/4
#
interface Ethernet 0/0/5
#
--------output omitted--------
interface Ethernet 0/0/22
#
interface GigabitEthernet 0/0/1
#
interface GigabitEthernet 0/0/2
#
interface NULL 0
#
user-interface con 0
user-interface vty 0 4
#
return
```

从显示结果可以看出，在初始状态下，交换机上的所有端口下均没有任何的配置。此时，执行 display vlan 命令查看 VLAN 配置情况，显示结果如下：

```
[Huawei]display vlan
The total number of vlans is : 1
--------------------------------------------------------------------
U:Up;           D:Down;          TG:Tagged;        UT:Untagged;
MP:Vlan-mapping;                 ST:Vlan-stacking;
#:ProtocolTransparent-vlan;  *:Management-vlan;
--------------------------------------------------------------------

VID      Type      Ports
--------------------------------------------------------------------
1    common  UT:Eth0/0/1(D)    Eth0/0/2(D)    Eth0/0/3(D)    Eth0/0/4(D)
                Eth0/0/5(D)    Eth0/0/6(D)    Eth0/0/7(D)    Eth0/0/8(D)
                Eth0/0/9(D)    Eth0/0/10(D)   Eth0/0/11(D)   Eth0/0/12(D)
                Eth0/0/13(D)   Eth0/0/14(D)   Eth0/0/15(D)   Eth0/0/16(D)
                Eth0/0/17(D)   Eth0/0/18(D)   Eth0/0/19(D)   Eth0/0/20(D)
                Eth0/0/21(D)   Eth0/0/22(D)   GE0/0/1(D)     GE0/0/2(D)
```

```
VID  Status  Property MAC-LRN  Statistics   Description
-------------------------------------------------------------------
1    enable  default  enable   disable      VLAN 0001
```

从上面显示的结果可以看出，在默认情况下，交换机上只有一个 VLAN，即 VLAN 1（默认 VLAN），所有的端口均处于 VLAN 1 中。由于当前交换机上没有连接任何的主机，因此所有的端口均处于 down 的状态。

在华为交换机中，VLAN 1 是系统默认的设置，既不能配置也不能删除，在初始状态所有的端口都属于 VLAN 1，所以各个端口之间都可以相互通信。当一个端口被划分到其他 VLAN 后，该端口就不再属于 VLAN 1，也就不能再和 VLAN 1 中的端口通信。当一个端口从其他 VLAN 中被删除后，该端口自动加入 VLAN 1；当一个 VLAN 定义被删除后，该 VLAN 中所有端口都自动加入 VLAN 1。

6.3.2　VLAN 配置命令

在华为交换机上涉及的常用 VLAN 配置命令如下。

1. 创建 VLAN

1）创建单个 VLAN

```
[Huawei]vlan vlan-id
```

其中，参数 *vlan-id* 用来指定所创建 VLAN 的 ID 编号。在 IEEE 802.1 的封装中，VID 字段的长度为 12bit，所以 *vlan-id* 的取值范围为 0~4095，其中 0 和 4095 是协议的保留取值，因此 *vlan-id* 的有效取值范围是 1~4094。由于 VLAN 1 是默认 VLAN，对于网络管理员来说，实际上可以创建的 *vlan-id* 的实际取值范围是 2~4094。

2）批量创建 VLAN

```
[Huawei]vlan batch start-vlan-id to end-vlan-id
```

使用 vlan batch 命令可以批量地创建多个 *vlan-id* 连续的 VLAN，或者多个 *vlan-id* 不连续的 VLAN。例如，批量创建 VLAN 11、VLAN 12、VLAN 13、VLAN 14 和 VLAN 15，配置命令如下：

```
[Huawei]vlan batch 11 to 15
```

配置完成后，使用 display vlan 命令查看 VLAN 配置情况，可以看到上述 5 个 VLAN 的存在。

创建 ID 不连续的多个 VLAN，例如，批量创建 VLAN 20、VLAN 30 和 VLAN 40，配置命令如下：

```
[Huawei]vlan batch 20 30 40
```

同样在配置完成后，使用 display vlan 命令查看 VLAN 配置情况，可以看到上述 3 个 VLAN 的存在。

2. 将端口划分到 VLAN 中

创建 VLAN 后，我们需要将特定的端口划分到相应的 VLAN 中，具体的配置命令如下：

```
[Huawei]interface interface-type interface-number
[Huawei-interface-number]port link-type access
[Huawei-interface-number]port default vlan vlan-id
```

首先进入端口的配置视图下，然后指定端口类型为 access，再将端口划分到相应的
VLAN 中。

交换机的端口有三种不同的类型，分别是 access、trunk 和 hybrid，华为交换机上的端
口默认情况下是 hybrid 类型（注意，不同厂商的交换机在对端口的初始类型定义上有所区
别，CISCO 交换机端口的初始类型为 dynamic auto，即动态自动；H3C 交换机端口的初始
类型为 access），因此在将其划分到 VLAN 中之前，首先需要将其类型指定为 access，否
则将无法将其划分到 VLAN 中。例如：

```
[Huawei]interface Ethernet 0/0/1
[Huawei-Ethernet 0/0/1]port default vlan 10
                      ^
Error: Unrecognized command found at '^' position.
```

从上面显示的结果可以看到，在没有将端口类型指定为 access 之前，系统根本不识别
将端口划分到 VLAN 中的命令。

正确的配置过程如下：

```
[Huawei]interface Ethernet 0/0/1
[Huawei-Ethernet 0/0/1]port link-type access
[Huawei-Ethernet 0/0/1]port default vlan 10
```

配置完成后，在交换机上使用 display vlan 命令查看 VLAN 配置情况，显示结果如下：

```
[Huawei]display vlan
The total number of vlans is : 2
--------------------------------------------------------------------------
U:Up;            D:Down;             TG:Tagged;           UT:Untagged;
MP:Vlan-mapping;                     ST:Vlan-stacking;
#:ProtocolTransparent-vlan;      *:Management-vlan;
--------------------------------------------------------------------------

VID   Type   Ports
--------------------------------------------------------------------------
1     common   UT:Eth 0/0/2(D)  Eth 0/0/3(D)   Eth 0/0/4(D)   Eth 0/0/5(D)
                 Eth 0/0/6(D)  Eth 0/0/7(D)   Eth 0/0/8(D)   Eth 0/0/9(D)
                 Eth 0/0/10(D) Eth 0/0/11(D)  Eth 0/0/12(D)  Eth 0/0/13(D)
                 Eth 0/0/14(D) Eth 0/0/15(D)  Eth 0/0/16(D)  Eth 0/0/17(D)
                 Eth 0/0/18(D) Eth 0/0/19(D)  Eth 0/0/20(D)  Eth 0/0/21(D)
                 Eth 0/0/22(D) GE 0/0/1(D)    GE 0/0/2(D)

10    common   UT:Eth 0/0/1(D)
```

```
VID Status  Property     MAC-LRN Statistics Description
--------------------------------------------------------------------
1   enable   default      enable   disable     VLAN 0001
10  enable   default      enable   disable     VLAN 0010
```

从上面的显示结果可以看到，当前交换机上存在一个创建的 VLAN 10，其中有一个端口 Eth 0/0/1。

还可以使用 display port vlan 命令来查看交换机当前各端口的类型以及加入的 VLAN。具体显示结果如下：

```
[Huawei]display port vlan
Port                      Link Type       PVID    Trunk VLAN List
--------------------------------------------------------------------
Ethernet 0/0/1            access          10      -
Ethernet 0/0/2            hybrid          1       -
Ethernet 0/0/3            hybrid          1       -
--------output omitted--------
```

从上面的显示结果可以看到，端口 Ethernet 0/0/1 类型为 access，在 VLAN 10 中。其他未配置的端口类型均为 hybrid。

3. VLAN 相关删除命令

在华为交换机中，删除命令一般是在正常的配置命令前面加上 undo 即可。例如，在将端口从 VLAN 中删除以及删除某个 VLAN 的命令分别如下：

```
[Huawei]interface interface-type interface-number
[Huawei-interface-number]undo port default vlan

[Huawei]undo vlan vlan-id
```

例如，将刚才划分到 VLAN 10 中的端口 Ethernet 0/0/1 从 VLAN 10 中删除，具体配置命令如下：

```
[Huawei]interface Ethernet 0/0/1
[Huawei-Ethernet 0/0/1]undo port default vlan
```

【注意】 在 undo port default vlan 命令中，不需要再给出 vlan-id。配置完成后，使用 display vlan 命令查看 VLAN 配置情况，可以发现端口 Ethernet 0/0/1 自动回到了 VLAN 1 中。

在实际配置中，一般不建议通过 undo 命令将某个端口从特定的 VLAN 中删除，而是通过将端口重新指定到另外一个 VLAN 中的方式来实现。

将 VLAN 10 删除，具体配置命令如下：

```
[Huawei]undo vlan 10
```

配置完成后，使用 display vlan 命令查看 VLAN 配置情况，可以看到 VLAN 10 已经被删除。如果 VLAN 10 在被删除前存在端口，则端口将自动回到 VLAN 1 中。当然，我们一般不建议在 VLAN 中依然存在端口的情况下将其删除，因为并不是所有品牌的交换机在删除 VLAN 后，其下的端口都会回到 VLAN 1 中。例如，Cisco 的交换机上，如果某个 VLAN 被删除，则其下的端口都将变为非激活端口，在 show vlan 时将无法找到这些端口。因此，当我们需要删除掉某个 VLAN 时，一定要确保该 VLAN 下已经没有端口存在，再去执行删除命令。

另外需要注意的是，作为默认 VLAN，VLAN 1 不能被删除。如果执行删除 VLAN 1 的命令，将出现下面的结果：

```
[Huawei]undo vlan 1
Error: VLAN 1 is system default VLAN, can not be deleted.
```

从上面显示的结果可以看到，系统提示出现错误，因为 VLAN 1 是系统默认 VLAN，不能被删除。

6.3.3　VLAN 配置案例

已知如图 6-10 所示的网络，PC1、PC2、PC3 和 PC4 分别连接到了交换机 SWA 的端口 Ethernet 0/0/1、Ethernet 0/0/2、Ethernet 0/0/11 和 Ethernet 0/0/12 上。要求创建两个 VLAN：VLAN 10 和 VLAN 20，将 PC1 和 PC2 划分到 VLAN 10 中，将 PC3 和 PC4 划分到 VLAN 20 中。

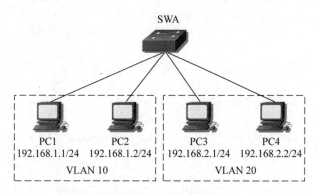

图 6-10　VLAN 配置案例拓扑图

具体的配置命令如下：

```
[SWA]vlan batch 10 20
[SWA]interface Ethernet 0/0/1
[SWA-Ethernet 0/0/1]port link-type access
[SWA-Ethernet 0/0/1]port default vlan 10
[SWA-Ethernet0/0/1]quit
[SWA]interface Ethernet 0/0/2
[SWA-Ethernet0/0/2]port link-type access
[SWA-Ethernet0/0/2]port default vlan 10
[SWA-Ethernet0/0/2]quit
[SWA]interface Ethernet 0/0/11
[SWA-Ethernet0/0/11]port link-type access
```

```
[SWA-Ethernet0/0/11]port default vlan 20
[SWA-Ethernet0/0/11]quit
[SWA]interface Ethernet 0/0/12
[SWA-Ethernet0/0/12]port link-type access
[SWA-Ethernet0/0/12]port default vlan 20
[SWA-Ethernet0/0/12]quit
```

配置完成后，在交换机上使用 display vlan 命令查看 VLAN 配置情况，显示结果如下：

```
[SWA]display vlan
The total number of vlans is : 3
--------------------------------------------------------------------------
U:Up;            D:Down;              TG:Tagged;          UT:Untagged;
MP:Vlan-mapping;                      ST:Vlan-stacking;
#:ProtocolTransparent-vlan;       *:Management-vlan;
--------------------------------------------------------------------------

VID    Type    Ports
--------------------------------------------------------------------------
1      common  UT:Eth 0/0/3(D)  Eth 0/0/4(D)   Eth 0/0/5(D)   Eth 0/0/6(D)
                  Eth 0/0/7(D)  Eth 0/0/8(D)   Eth 0/0/9(D)   Eth 0/0/10(D)
                  Eth 0/0/13(D) Eth 0/0/14(D)  Eth 0/0/15(D)  Eth 0/0/16(D)
                  Eth 0/0/17(D) Eth 0/0/18(D)  Eth /0/19(D)   Eth 0/0/20(D)
                  Eth 0/0/21(D) Eth 0/0/22(D)  GE 0/0/1(D)    GE 0/0/2(D)

10     common  UT:Eth 0/0/1(U)    Eth 0/0/2(U)

20     common  UT:Eth 0/0/11(U)   Eth 0/0/12(U)

VID Status Property  MAC-LRN  Statistics  Description
--------------------------------------------------------------------------

1   enable    default    enable     disable    VLAN 0001
10  enable    default    enable     disable    VLAN 0010
20  enable    default    enable     disable    VLAN 0020
```

从上面显示的结果可以看出，在交换机上创建了 VLAN 10 和 VLAN 20 两个 VLAN，其中 VLAN 10 中有端口 Eth 0/0/1 和 Eth 0/0/2；VLAN 20 中有端口 Eth 0/0/11 和 Eth 0/0/12，且 4 个端口都处于 up 状态。

为 4 台 PC 分别配置 IP 地址。在 6.2.2 小节已经讲过一个 VLAN 就是一个逻辑网络，也就是一个广播域，因此，PC1 和 PC2 的 IP 地址在一个逻辑网段，PC3 和 PC4 的 IP 地址在另一个逻辑网段。

配置完成后，通过测试可以发现：PC1 和 PC2 之间可以通信，PC3 和 PC4 之间可以通信；但 PC1、PC2 和 PC3、PC4 之间无法通信。这也符合 VLAN 的定义。

微课 6-1：华为交换机
VLAN 配置

6.4 VLAN 间路由

在大多数情况下，划分 VLAN 的主要目的是隔离广播，改善网络性能和逻辑网络之间的访问控制。为了使不同 VLAN 内的用户能够相互通信，必须提供 VLAN 间路由。提供 VLAN 间路由需要使用第三层设备，所以需要把交换机连接到路由器或者连接到具有路由功能的三层交换机。

在这里依然以图 6-10 所示的网络为例，要求在 6.3.3 小节的基础上通过配置实现 VLAN 10 和 VLAN 20 之间的路由。

6.4.1 传统路由器实现 VLAN 间路由

1. 网络连接方式

如果交换机上定义了两个 VLAN，为了实现 VLAN 间路由，交换机和路由器之间最直接的连接是使用交换机上的两个接口各自连接到路由的两个以太网接口上，连接方式如图 6-11 所示，该连接方式称为多臂路由。

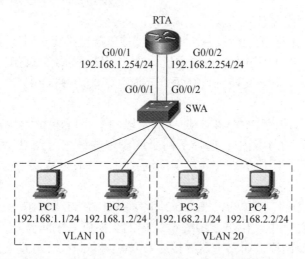

图 6-11 传统路由器实现 VLAN 间路由的连接方式

在图 6-11 中，将交换机 SWA 的端口 G 0/0/1 连接到了路由器 RTA 的接口 G 0/0/1 上，交换机 SWA 的端口 G 0/0/2 连接到了路由器 RTA 的接口 G 0/0/2 上。在交换机上分别将端口 G 0/0/1 和 G 0/0/2 分别划分到 VLAN 10 和 VLAN 20 中。在路由器 RTA 上为接口 G 0/0/1 配置 IP 地址 192.168.1.254/24，作为 VLAN 10 的网关，为接口 G 0/0/2 配置 IP 地址 192.168.2.254/24，作为 VLAN 20 的网关。

2. 路由配置

具体的配置命令如下：

```
[SWA]interface GigabitEthernet 0/0/1
[SWA-GigabitEthernet 0/0/1]port link-type access
[SWA-GigabitEthernet 0/0/1]port default vlan 10
[SWA-GigabitEthernet 0/0/1]quit
[SWA]interface GigabitEthernet 0/0/2
[SWA-GigabitEthernet 0/0/2]port link-type access
[SWA-GigabitEthernet 0/0/2]port default vlan 20
[SWA-GigabitEthernet 0/0/2]quit

[RTA]interface GigabitEthernet 0/0/1
[RTA-GigabitEthernet 0/0/1]undo portswitch
[RTA-GigabitEthernet 0/0/1]ip address 192.168.1.254 24
[RTA-GigabitEthernet 0/0/1]quit
[RTA]interface GigabitEthernet 0/0/2
[RTA-GigabitEthernet 0/0/2]undo portswitch
[RTA-GigabitEthernet 0/0/2]ip address 192.168.2.254 24
[RTA-GigabitEthernet 0/0/2]quit
```

配置完成后，在 PC1 和 PC2 上配置默认网关 192.168.1.254，在 PC3 和 PC4 上配置默认网关 192.168.2.254。配置完成后，测试可以发现 VLAN 10 和 VLAN 20 之间可以互相通信。

上述例子中需要注意以下三点。

（1）一般交换机在连接上游设备（如路由器或三层交换机）时，从最大的端口开始连接；在连接下游设备（如下游交换机或主机）时，从最小的端口开始连接。在本例中，由于上连使用了千兆口，而该交换机只有两个千兆口 G 0/0/1 和 G 0/0/2，因此使用了这两个端口上连路由器。

（2）在一个逻辑网段中，一般会选择该网段的最小可用 IP 地址或最大可用 IP 地址作为该网段的网关。在本例中，选择了两个网段中的最大可用 IP 地址 192.168.1.254 和 192.168.2.254 作为两个网段的网关。在实际网络中，一般也建议采用最大可用 IP 地址来作为网关。

（3）交换机上的端口 E 0/0/1、E 0/0/2 和 G 0/0/1 在 VLAN 10 中，E 0/0/11、E 0/0/12 和 G 0/0/2 在 VLAN 20 中，相当于将图 6-11 中的交换机从中间劈开，逻辑上是两台交换机分别连接一个逻辑网段，而路由器的接口 G 0/0/1 和 G 0/0/2 分别是这两个网段的网关。如图 6-12 所示。

6.4.2 单臂路由

图 6-11 所示的连接方式虽然简单，但并不实用。因为这种方式需要为每一个 VLAN 提供一个到路由器的物理连接。而一般路由器上的以太网接口较少，而且接口费用较高。在上面的例子中，只需要实现两个 VLAN 之间的路由，使用图 6-11 的网络连接方式还能完成，那如果需要为交换机上的 10 个 VLAN 提供路由怎么办呢？

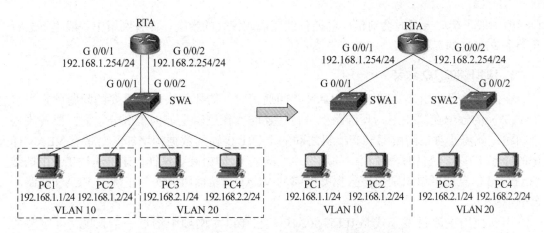

图 6-12　路由器实现 VLAN 间路由的基本原理示意图

1. 网络连接方式

在实际网络中，使用路由器为 VLAN 提供路由的连接方式如图 6-13 所示。在交换机和路由器之间只有一条物理链路，该条物理链路可以在逻辑上分为多个逻辑链路，每一条逻辑链路对应一个 VLAN。这样无论为多少个 VLAN 之间提供路由，都是在路由器与交换机之间使用一条干道（Trunk）链路进行连接，因此这种网络连接方式被称为单臂路由（Router-on-a-Stick）。

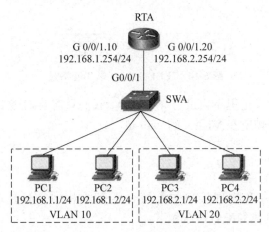

图 6-13　单臂路由

2. 路由器接口的子接口

路由器的接口数量虽然较少，但路由器的接口通过链路复用方式可以实现和多个通信对象的连接。路由器的链路复用方式一般为统计时分复用方式（STDM）。

在图 6-13 所示的单臂路由连接中，路由器需要和两个 VLAN 通信，所以需要使用两个逻辑子接口。如果每个子接口看作一个独立的接口，把交换机与路由器之间相连的干道 Trunk 链路看成两条复用的线路，那么图 6-13 和图 6-11 就完全一样了。

路由器接口的子接口表示方法是"接口号.子接口号"，例如 G 0/0/0.10。与 VLAN 的 ID 取值相对应，路由器规定子接口号的取值范围为 1~4096，理论上可以配置 4096 个子接口，但一般子接口太多时会对链路的通信性能造成较大的影响，而且网络中一般也不会有几千个 VLAN 的存在。

3. IEEE 802.1Q 封装

在使用单臂路由来实现不同 VLAN 之间通信时，需要解决的最重要的问题就是当多个 VLAN 的数据在同一条物理链路上进行传递时，在逻辑上如何来区分它们？要解决这个问题，就需要对在路由器和交换机之间的干道上传输的数据帧增加一个带有 VLAN 标记的标签（Tag，统计时分复用中的用户地址信息），即封装。这样一来，通过 Tag 中携带的 vlan-id 信息就可以识别出该数据帧所属的 VLAN，从而将其送到正确的 VLAN 或路由器的子接口。

当前使用主流封装方式是 IEEE 802.1Q，它在以太网帧中增加一个长度为 4 字节的 Tag 封装，其帧 Tag 格式如图 6-14 所示。

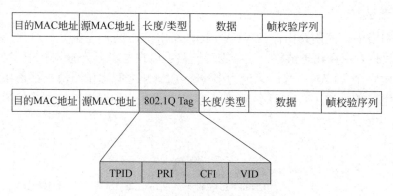

图 6-14　IEEE 802.1Q 帧 Tag 格式

每个字段的具体含义这里不再进行详细解释，我们只需要知道 12bit 的 VID 字段即可，该字段的值即为该数据帧所在 VLAN 的 vlan-id。

4. 相关配置命令

1）路由器子接口配置

子接口的配置命令和物理接口的配置命令基本相似，只是增加了一条配置 IEEE 802.1Q 封装的命令。具体的配置命令如下：

```
[Huawei]interface GigabitEthernet 0/0/0
[Huawei-GigabitEthernet0/0/0]undo portswitch
[Huawei-GigabitEthernet0/0/0]quit
[Huawei]interface GigabitEthernet 0/0/0.1
[Huawei-GigabitEthernet0/0/0.1]vlan-type dot1q vlan-id    ;或者dot1q termination
                                                                vid vlan-id
[Huawei-GigabitEthernet0/0/0.1]dot1q termination vid vlan-id
[Huawei-GigabitEthernet 0/0/0.1]ip address ip-address [subnet-mask|
prefix-length]
```

其中，vlan-type dot1q *vlan-id* 或者 dot1q termination vid *vlan-id*（不同型号设备有所不

同，可通过命令帮助来确定）用来配置子接口的封装为 IEEE 802.1Q，对应的 VLAN 是参数 *vlan-id* 所给出的 VLAN。

2）交换机上连接口配置

交换机上连路由器的接口需要配置其端口类型为 Trunk。具体的配置命令如下：

```
[Huawei]intefacer GigabitEthernet 0/0/1
[Huawei-GigabitEthernet0/0/1]port link-type trunk
[Huawei-GigabitEthernet0/0/1]port trunk allow-pass vlan [all|start-vlan-
id to end-vlan-id]
```

在华为交换机上，Trunk 端口默认只允许 VLAN 1（即默认 VLAN）的数据通过，因此还需要通过 port trunk allow-pass vlan [all | *start-vlan-id to end-vlan-id*] 命令来配置允许通过的 VLAN。在实验环境下，为简单起见，我们直接配置 port trunk allow-pass vlan all 即可；但是在实际网络环境中，出于网络安全的考虑，一般建议只允许需要的 VLAN 数据帧通过 Trunk 链路进行传递。

5. 案例配置

对照图 6-13 所示的网络，对单臂路由进行相关的配置。

1）交换机配置

```
[SWA]interface GigabitEthernet 0/0/1
[SWA-GigabitEthernet0/0/1]port link-type trunk
[SWA-GigabitEthernet0/0/1]port trunk allow-pass vlan all
```

配置完成后，在交换机上执行 display vlan 命令查看 VLAN 配置情况如下：

```
[SWA]display vlan
The total number of vlans is : 3
--------------------------------------------------------------------------
U:Up ;          D:Down;             TG:Tagged;           UT:Untagged;
MP:Vlan-mapping ;               ST:Vlan-stacking;
#:ProtocolTransparent-vlan;    *:Management-vlan ;
--------------------------------------------------------------------------
VID    Type    Ports
--------------------------------------------------------------------------
1      common   UT:Eth 0/0/3(D)  Eth 0/0/4(D)  Eth 0/0/5(D)   Eth 0/0/6(D)
                Eth 0/0/7(D)   Eth 0/0/8(D)   Eth 0/0/9(D)   Eth 0/0/10(D)
                Eth 0/0/13(D)  Eth 0/0/14(D)  Eth 0/0/15(D)  Eth 0/0/16(D)
                Eth 0/0/17(D)  Eth 0/0/18(D)  Eth 0/0/19(D)  Eth 0/0/20(D)
                Eth 0/0/21(D)  Eth 0/0/22(D)  GE 0/0/1(U)    GE 0/0/2(D)

10     common   UT:Eth 0/0/1(U)    Eth 0/0/2(U)
                TG:GE 0/0/1(U)
20     common   UT:Eth 0/0/11(U)    Eth 0/0/12(U)
                TG:GE 0/0/1(U)

VID Status  Property   MAC-LRN Statistics  Description
```

```
--------------------------------------------------------------------------
1    enable    default    enable    disable    VLAN 0001
10   enable    default    enable    disable    VLAN 0010
20   enable    default    enable    disable    VLAN 0020
```

从上面显示的结果可以看出，端口 G 0/0/1 在 VLAN 1、VLAN 10 和 VLAN 20 中均有出现，而且其在 VLAN 1 中是 Untagged 端口，在 VLAN 10 和 VLAN 20 是 Tagged 端口。这是因为在 Trunk 链路上，对于默认 VLAN 而言不需要进行封装，而对于其他 VLAN 则需要通过 IEEE 802.1Q 的 Tag 来标记其所在的 VLAN。

2）路由器配置

```
[RTA]interface GigabitEthernet 0/0/1.10
[RTA-GigabitEthernet0/0/1.10]vlan-type dot1q 10
[RTA-GigabitEthernet0/0/1.10]ip address 192.168.1.254 24
[RTA-GigabitEthernet0/0/1.10]quit
[RTA]interface GigabitEthernet 0/0/1.20
[RTA-GigabitEthernet0/0/1.20]vlan-type dot1q 20
[RTA-GigabitEthernet0/0/1.20]ip address 192.168.2.254 24
[RTA-GigabitEthernet0/0/1.20]quit
```

【注意】　在配置子接口时，一般要求子接口的 ID 与其对应的 VLAN 的 ID 相同，以方便网络的管理。

配置完成后，在路由器上执行 display ip routing-table 命令查看路由表，显示结果如下：

```
[RTA]display ip routing-table
Route Flags:R-relay,D-download to fib
--------------------------------------------------------------------------
Routing Tables:Public
        Destinations : 6        Routes : 6
Destination/Mask Proto    Pre Cost Flags NextHop        Interface

    127.0.0.0/8 Direct 0     0     D      127.0.0.1      InLoopBack
    127.0.0.1/32 Direct 0    0     D      127.0.0.1      InLoopBack
  192.168.1.0/24 w        0     0     D      192.168.1.254 GigabitEthernet 0/0/1.10
 192.168.1.254/32 Direct 0   0     D      127.0.0.1      GigabitEthernet 0/0/1.10
  192.168.2.0/24 Direct 0    0     D      192.168.1.254 GigabitEthernet 0/0/1.20
 192.168.2.254/32 Direct 0   0     D      127.0.0.1      GigabitEthernet 0/0/1.20
```

从上面显示的结果可以看出，在路由器 RTA 上存在通过子接口 GigabitEthernet 0/0/1.10 去往网络 192.168.1.0/24 的直连路由和通过子接口 GigabitEthernet 0/0/1.20 去往网络 192.168.2.0/24 的直连路由。

6. 案例测试

全部配置完成后，在 PC 上进行测试，可以发现 VLAN 10 和 VLAN 20 之间可以互相通信。此时，在 PC1 上通过 tracert 命令跟踪去往 PC3 的路径，显示结果如下：

```
PC1>tracert 192.168.2.1
traceroute to 192.168.2.1, 8 hops max
(ICMP),press Ctrl+C to stop
1   192.168.1.254    47 ms   16 ms   31 ms
2   192.168.2.1      31 ms   94 ms   31 ms
```

在 PC3 上通过 tracert 命令跟踪去往 PC1 的路径，显示结果如下：

```
PC3>tracert 192.168.1.1
traceroute to 192.168.1.1, 8 hops max
(ICMP),press Ctrl+C to stop
1   192.168.2.254    32 ms   46 ms   32 ms
2   192.168.1.1      62 ms   62 ms   63 ms
```

微课 6-2：单臂路由
配置

从显示的结果可以看出，VLAN 10 和 VLAN 20 之间的通信过程
在逻辑上与图 6-11 所示的网络的通信过程完全相同。

6.5 跨交换机 VLAN 及 VLAN 间路由

本节通过一个案例来讲解跨交换机 VLAN 以及 VLAN 间路由的配置。

假设如图 6-15 所示的网络，PC1、PC2 和 PC3 分别连接到交换机 SWA 的端口
Ethernet 0/0/1、Ethernet 0/0/6 和 Ethernet 0/0/11 上；PC4、PC5 和 PC6 分别连接到交换机
SWB 的端口 Ethernet 0/0/1、Ethernet 0/0/6 和 Ethernet 0/0/11 上。交换机 SWA 与 SWB 之
间使用各自的端口 GigabitEthernet 0/0/2 相连，交换机 SWA 的端口 GigabitEthernet 0/0/1 与
路由器 RTA 的接口 GigabitEthernet 0/0/1 相连。

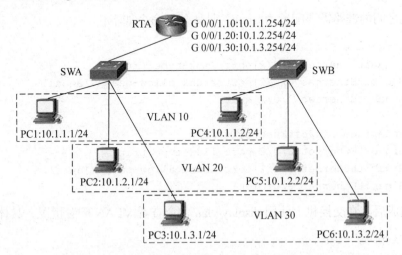

图 6-15 跨交换机 VLAN 及 VLAN 间路由配置案例

逻辑上，PC1 和 PC4 位于 VLAN 10 中，PC2 和 PC5 位于 VLAN 20 中，PC3 和 PC6
位于 VLAN 30 中。各 PC 和路由器子接口的 IP 地址如图 6-15 所示。要求通过配置单臂路

由，实现各 VLAN 之间的通信。

6.5.1 交换机上 VLAN 配置

首先，在交换机 SWA 和 SWB 上分别配置 VLAN 10、VLAN 20 和 VLAN 30，并把相应的端口划分到 VLAN 中。

具体的配置命令如下：

```
[SWA]vlan batch 10 20 30
[SWA]interface Ethernet 0/0/1
[SWA-Ethernet 0/0/1]port link-type access
[SWA-Ethernet 0/0/1]port default vlan 10
[SWA-Ethernet 0/0/1]quit
[SWA]interface Ethernet 0/0/6
[SWA-Ethernet 0/0/6]port link-type access
[SWA-Ethernet 0/0/6]port default vlan 20
[SWA-Ethernet 0/0/6]quit
[SWA]interface Ethernet 0/0/11
[SWA-Ethernet 0/0/11]port link-type access
[SWA-Ethernet 0/0/11]port default vlan 30
```

配置完成后，在交换机上使用 display vlan 命令可以查看 VLAN 配置情况。

交换机 SWB 的配置与交换机 SWA 完全相同，具体配置略。

6.5.2 交换机之间链路的配置

交换机之间的链路需要配置为 trunk，具体配置命令如下：

```
[SWA]interface GigabitEthernet 0/0/2
[SWA-GigabitEthernet 0/0/2]port link-type trunk
[SWA-GigabitEthernet 0/0/2]port trunk allow-pass vlan all
[SWA-GigabitEthernet 0/0/2]quit

[SWB]interface GigabitEthernet 0/0/2
[SWB-GigabitEthernet 0/0/2]port link-type trunk
[SWB-GigabitEthernet 0/0/2]port trunk allow-pass vlan all
[SWB-GigabitEthernet 0/0/2]quit
```

配置完成后，在交换机上使用 display vlan 命令查看 VLAN 配置情况，具体如下：

```
[SWA]display vlan
The total number of vlans is : 4
-------------------------------------------------------------------------
U:Up;           D:Down;          TG:Tagged;          UT:Untagged;
MP:Vlan-mapping;                 ST:Vlan-stacking;
#:ProtocolTransparent-vlan;  *:Management-vlan;
```

```
-------------------------------------------------------------------
VID  Type    Ports
-------------------------------------------------------------------
1  common  UT:Eth 0/0/2(D)   Eth 0/0/3(D)   Eth 0/0/4(D)   Eth 0/0/5(D)
              Eth 0/0/7(D)   Eth 0/0/8(D)   Eth 0/0/9(D)   Eth 0/0/10(D)
              Eth 0/0/12(D)  Eth 0/0/13(D)  Eth 0/0/14(D)  Eth 0/0/15(D)
              Eth 0/0/16(D)  Eth 0/0/17(D)  Eth 0/0/18(D)  Eth 0/0/19(D)
              Eth 0/0/20(D)  Eth 0/0/21(D)  Eth 0/0/22(D)  GE 0/0/1(U)
              GE 0/0/2(U)
10 common  UT:Eth 0/0/1(U)
           TG:GE  0/0/2(U)
20 common  UT:Eth 0/0/6(U)
           TG:GE  0/0/2(U)
30 common  UT:Eth 0/0/11(U)
           TG:GE  0/0/2(U

VID    Status    Property   MAC-LRN Statistics Description
-------------------------------------------------------------------
1   enable    default    enable    disable    VLAN 0001
10  enable    default    enable    disable    VLAN 0010
20  enable    default    enable    disable    VLAN 0020
30  enable    default    enable    disable    VLAN 0030
```

配置到这一步骤，跨交换机的同一 VLAN 下的主机之间（PC1 和 PC4 之间、PC2 和 PC5 之间、PC3 和 PC6 之间）已经可以通信。

6.5.3　单臂路由的配置

交换机上的配置命令如下：

```
[SWA]interface GigabitEthernet 0/0/1
[SWA-GigabitEthernet 0/0/1]port link-type trunk
[SWA-GigabitEthernet 0/0/1]port trunk allow-pass vlan all
[SWA-GigabitEthernet 0/0/1]quit
```

路由器上的配置命令如下：

```
RTA]interface GigabitEthernet 0/0/1
[Huawei-GigabitEthernet 0/0/1]undo portswitch
[Huawei-GigabitEthernet 0/0/1]quit
[RTA]interface GigabitEthernet 0/0/1.10
[RTA-GigabitEthernet 0/0/1.10]vlan-type dot1q 10
[RTA-GigabitEthernet 0/0/1.10]ip address 10.1.1.254 24
[RTA-GigabitEthernet 0/0/1.10]quit
[RTA]interface GigabitEthernet 0/0/1.20
[RTA-GigabitEthernet 0/0/1.20]vlan-type dot1q 20
[RTA-GigabitEthernet 0/0/1.20]ip address 10.1.2.254 24
```

```
[RTA-GigabitEthernet 0/0/1.20]quit
[RTA]interface GigabitEthernet 0/0/1.30
[RTA-GigabitEthernet 0/0/1.30]vlan-type dot1q 30
[RTA-GigabitEthernet 0/0/1.30]ip address 10.1.3.254 24
[RTA-GigabitEthernet 0/0/1.30]quit
```

配置完成后，在路由器上执行 display ip routing-table 命令查看路由表，显示结果如下：

```
[RTA]display ip routing-table
Route Flags:R-relay,D-download to fib
------------------------------------------------------------------------
Routing Tables : Public
          Destinations : 8        Routes : 8

Destination/Mask   Proto   Pre  Cost  Flags NextHop        Interface

    10.1.1.0/24 Direct  0    0     D     10.1.1.254 GigabitEthernet 0/0/1.10
  10.1.1.254/32 Direct  0    0     D     127.0.0.1  GigabitEthernet 0/0/1.10
    10.1.2.0/24 Direct  0    0     D     10.1.2.254 GigabitEthernet 0/0/1.20
  10.1.2.254/32 Direct  0    0     D     127.0.0.1  GigabitEthernet 0/0/1.20
    10.1.3.0/24 Direct  0    0     D     10.1.3.254 GigabitEthernet 0/0/1.30
  10.1.3.254/32 Direct  0    0     D     127.0.0.1  GigabitEthernet 0/0/1.30
   127.0.0.0/8 Direct  0    0     D     127.0.0.1  InLoopBack 0
  127.0.0.1/32 Direct  0    0     D     127.0.0.1  InLoopBack 0
```

从上面的显示结果可以看出，路由器上存在到达网络 10.1.1.0/24、10.1.2.0/24 和 10.1.3.0/24 的直连路由，分别通过子接口 GigabitEthernet 0/0/1.10、GigabitEthernet 0/0/1.20 和 GigabitEthernet 0/0/1.30 连接。

到此案例的全部配置完成，在六台 PC 上分别使用 ping 命令进行连通性测试，可以发现 VLAN 10、VLAN 20 和 VLAN 30 三个 VLAN 之间可以互相通信。单臂路由配置成功。

6.6　三层交换机实现 VLAN 之间路由

考虑到成本、通信效率等因素，在以太网中实际上很少通过使用路由器的单臂路由来实现不同 VLAN 之间的通信。更为普遍的应用是使用三层交换机来实现不同 VLAN 之间的路由。

6.6.1　三层交换的概念

1. 第三层交换

"第三层"意思是 OSI 参考模型的网络层，或者 TCP/IP 参考模型的互联网络层。网络层互联一般情况下都是使用路由器来实现。路由器可以用来连接不同的网络和提供网络之间的路由，但路由器在处理分组数据时花费的时间比较长。路由器的包转发速率大约只有同档次交换机的 1/10，所以路由器也是网络中的瓶颈。

一般交换机工作在数据链路层，称为二层交换机。虽然交换机的包转发率高，但其只能工作在以太网中，但对于不同类型的底层网络的数据报文交换机不能进行转发，必须依靠路由器进行路由。

路由器之所以成为网络中的瓶颈，主要是路由器对数据报文的处理过程比较复杂。图 6-16 是以太网帧经过路由器的一个简化处理过程。

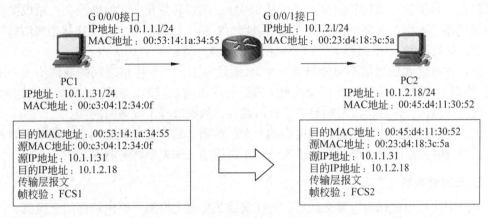

图 6-16　以太网帧经过路由器的处理过程

图 6-16 是一个非常简单的网络连接。当 PC1 给 PC2 发送一个数据报文时，数据报文经过路由器的简化处理过程如下。

（1）数据链路层根据目的 MAC 地址接收数据帧。正确接收后去除以太网帧的帧头部（目的 MAC 地址、源 MAC 地址等）和帧校验序列字段 FCS1，将 IP 地址分组交给网络层。

（2）网络层根据目的 IP 地址到路由表中查找路由，如果查找到了到达目的地址的路由，根据下一跳的 IP 地址从 ARP 地址映射表中找到下一跳的 MAC 地址，将下一跳的 MAC 地址和 IP 地址分组交给数据链路层。

（3）数据链路层根据网络层提供的接口参数重新封装以太网帧，由于以太网帧中的目的 MAC 地址和源 MAC 地址发生了变化，所以需要重新计算帧校验序列，生成 FCS2。而帧校验信息是由端口硬件生成的。

从图 6-16 中可以看到，以太网帧经过路由器之后，发生变化的部分有三个字段。

（1）目的 MAC 地址：由 G 0/0/0 口的 MAC 地址 00:53:14:1a:34:55 变成了 PC2 的 MAC 地址 00:45:d4:11:30:52。

（2）源 MAC 地址：由 PC1 的 MAC 地址 00:c3:04:12:34:0f 变成了 G 0/0/1 口的 MAC 地址 00:23:d4:18:3c:5a。

（3）帧校验序列由 FCS1 变成了 FCS2。

从以上可以总结出以太网帧经过路由器主要的处理有以下两点。

（1）为 IP 地址分组寻找路由。

（2）改写以太网帧的封装信息。

所以就产生了第三层交换的思想。第三层交换的主要原理是使用一个路由转发信息表存储以太网帧改写信息，路由转发信息表简化格式如表 6-1 所示。

表 6-1 路由转发信息表

源 IP 地址	目的 IP 地址	源 MAC 地址	下一跳 MAC 地址	计时器
10.1.1.31	10.1.2.18	00:23:d4:18:3c:5a	00:45:d4:11:30:52	120

当一个以太网帧到达三层交换机后，首先从路由转发信息表中查找有没有对应的表项。如果存在，直接改写帧封装信息，然后从源 MAC 端口转发出去；如果没有，则根据目的 IP 地址到路由表中查找路由，并将查找结果填写到路由转发信息表中。这就是所谓的"一次路由，随后转发"，也被称为"门票路由"的方式。

两台主机之间的通信不可能只有一个 IP 地址分组，两台主机之间的通信组成一个分组流，当第一个分组到达时，三层交换机为其进行路由，记录转发关系；随后的分组到达时，就不再进行路由，而直接改写帧封装信息后转发，从而节省了处理时间。

在一个转发关系建立之后，同时启动一个计时器，每次分组到达时重新启动计时器的计时，当计时器溢出时，说明该分组流已经不再活动，该表项将被删除。

2. 三层交换机

第三层交换机也称为三层交换机，是在交换机功能上增加了路由功能的交换机。

三层交换机并不是交换机和路由器功能的简单叠加，三层交换机主要用于以太网内的快速交换和逻辑网段之间的路由。三层交换机都是按照"一次路由，随后交换"的原理工作的，而且以太网帧封装改写都是由硬件完成的，比一般路由器具有更高的包转发速率。

三层交换机主要用于以太网的快速交换，路由器主要用于广域网和局域网连接。路由器比三层交换机具有更多的网络功能，两者应用场合有所不同。

三层交换机也有不少生产厂家，各厂家的三层交换机功能也略有不同，但基本功能基本相同。

6.6.2 三层交换机实现 VLAN 之间路由

假设存在如图 6-17 所示的网络，PC1、PC2、PC3 和 PC4 分别连接到三层交换机的端口 Ethernet 0/0/1、Ethernet 0/0/2、Ethernet 0/0/11 和 Ethernet 0/0/12 上。要求创建两个 VLAN：VLAN 10 和 VLAN 20，将 PC1 和 PC2 划分到 VLAN 10 中，将 PC3 和 PC4 划分到 VLAN 20 中。三层交换机上的三层虚接口 interface Vlanif 10 和 interface Vlanif 20 分别作为 VLAN 10 和 VLAN 20 的网关。

1）VLAN 基本配置

在三层交换机上配置 VLAN 以及将端口划分到 VLAN 中的命令与二层交换机上完全相同，具体配置命令如下：

```
[Huawei]vlan batch 10 20
[Huawei]interface Ethernet 0/0/1
```

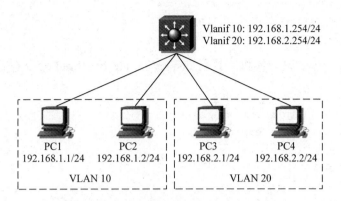

图 6-17　三层交换机上的 VLAN 之间路由

```
[Huawei-Ethernet 0/0/1]port link-type access
[Huawei-Ethernet 0/0/1]port default vlan 10
[Huawei-Ethernet 0/0/1]quit
[Huawei]interface Ethernet 0/0/2
[Huawei-Ethernet 0/0/2]port link-type access
[Huawei-Ethernet 0/0/2]port default vlan 10
[Huawei-Ethernet 0/0/2]quit
[Huawei]interface Ethernet 0/0/11
[Huawei-Ethernet 0/0/11]port link-type access
[Huawei-Ethernet 0/0/11]port default vlan 20
[Huawei-Ethernet 0/0/11]quit
[Huawei]interface Ethernet 0/0/12
[Huawei-Ethernet 0/0/12]port link-type access
[Huawei-Ethernet 0/0/12]port default vlan 20
[Huawei-Ethernet 0/0/12]quit
```

配置完成后，在三层交换机上使用 display vlan 命令查看 VLAN 配置情况，可以看到端口 Ethernet 0/0/1 和 Ethernet 0/0/2 在 VLAN 10 中，端口 Ethernet 0/0/11 和 Ethernet 0/0/12 在 VLAN 20 中。

2）三层虚接口配置

在三层交换机上配置 VLAN 之间路由需要使用 VLAN 虚接口。VLAN 虚接口是三层交换机内部的管理接口，它对应一个 VLAN，是一个可以配置 IP 地址的以太网端口。VLAN 虚接口的 IP 地址就是相应 VLAN 网络的网关地址，从交换机的任意物理接口都可以到达 VLAN 虚接口。

在三层交换机上配置 VLAN 间路由只需要为每个 VLAN 配置一个虚接口，为 VLAN 虚接口配置 IP 地址后，就相当于每个 VLAN 通过一个物理接口连接到了路由器，三层交换机中则可以生成直连网络路由，VLAN 之间就可以通信了。VLAN 虚接口配置如下：

```
[Huawei]interface Vlanif 10
[Huawei-Vlanif10]ip address 192.168.1.254 24
[Huawei-Vlanif10]quit
[Huawei]interface Vlanif 20
```

```
[Huawei-Vlanif20]ip address 192.168.2.254 24
[Huawei-Vlanif20]quit
```

配置完成后，在三层交换机上执行 display ip interface brief 命令查看接口配置情况，显示结果如下：

```
[Huawei]display ip interface brief
*down : administratively down
^down : standby
( l ) : loopback
( s ) : spoofing
The number of interface that is UP in Physical is 3
The number of interface that is DOWN in Physical is 2
The number of interface that is UP in Protocol is 3
The number of interface that is DOWN in Protocol is 2


Interface          IP Address/Mask          Physical          Protocol

MEth 0/0/1         unassigned               down              down

NULL 0             unassigned               up                up(s)

Vlanif 1           unassigned               down              down

Vlanif 10          192.168.1.254/24         up                up

Vlanif 20          192.168.2.254/2          up                up
```

从上面显示的结果可以看到，在三层交换机上配置了两个三层虚接口 Vlanif 10 和 Vlanif 20，其 IP 地址分别是 192.168.1.254/24 和 192.168.2.254/24。

在三层交换机上执行 display ip routing-table 命令查看路由表，可以看到去往网段 192.168.1.254/24 和 192.168.2.254/24 的两条直连路由。

为 PC1 和 PC2 配置网关 192.168.1.254，为 PC3 和 PC4 配置网关 192.168.2.254，配置完成后，测试可以发现 VLAN 10 与 VLAN 20 之间可以进行通信。

6.6.3　三层交换机为二层交换机实现 VLAN 之间路由

假设存在如图 6-18 所示的网络，PC1、PC2、PC3 和 PC4 分别连接到二层交换机 L2SW 的端口 Ethernet 0/0/1、Ethernet 0/0/2、Ethernet 0/0/11 和 Ethernet 0/0/12 上。二层交换机 L2SW 的端口 GigabitEthernet 0/0/1 上连到三层交换机 L3SW 的端口 GigabitEthernet 0/0/1 上。

要求在两台交换机上都要创建两个 VLAN：VLAN 10 和 VLAN 20。在二层交换机 L2SW 上将 PC1 和 PC2 划分到 VLAN 10 中，将 PC3 和 PC4 划分到 VLAN 20 中。在三层交换机上为三层虚接口 Vlanif 10 和 Vlanif 20 配置 IP 地址，使其分别作为 VLAN 10 和 VLAN 20 的网关。

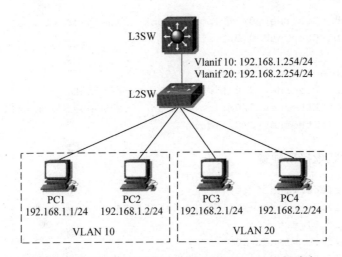

图 6-18 三层交换机为二层交换机实现 VLAN 之间路由

1. VLAN 基本配置

具体配置命令如下:

```
[L2SW]vlan batch 10 20
[L2SW]interface Ethernet 0/0/1
[L2SW-Ethernet 0/0/1]port link-type access
[L2SW-Ethernet 0/0/1]port default vlan 10
[L2SW-Ethernet 0/0/1]quit
[L2SW]interface Ethernet 0/0/2
[L2SW-Ethernet 0/0/2]port link-type access
[L2SW-Ethernet 0/0/2]port default vlan 10
[L2SW-Ethernet 0/0/2]quit
[L2SW]interface Ethernet 0/0/11
[L2SW-Ethernet 0/0/11]port link-type access
[L2SW-Ethernet 0/0/11]port default vlan 20
[L2SW-Ethernet 0/0/11]quit
[L2SW]interface Ethernet 0/0/12
[L2SW-Ethernet 0/0/12]port link-type access
[L2SW-Ethernet 0/0/12]port default vlan 20
[L2SW-Ethernet 0/0/12]quit
[L3SW]vlan batch 10 20
```

【注意】 在三层交换机 L3SW 上只需要创建 VLAN 10 和 VLAN 20 即可,不需要为 VLAN 分配端口。

2. 交换机之间链路配置

将二层交换机 L2SW 和三层交换机 L3SW 之间的链路配置为 Trunk 链路。具体的配置命令如下:

```
[L2SW]interface GigabitEthernet 0/0/1
[L2SW-GigabitEthernet 0/0/1]port link-type trunk
```

```
[L2SW-GigabitEthernet 0/0/1]port trunk allow-pass vlan all
[L2SW-GigabitEthernet 0/0/1]quit

[L3SW]interface GigabitEthernet 0/0/1
[L3SW-GigabitEthernet 0/0/1]port link-type trunk
[L3SW-GigabitEthernet 0/0/1]port trunk allow-pass vlan all
[L3SW-GigabitEthernet 0/0/1]quit
```

3. 三层交换机虚接口配置

```
[L3SW]interface Vlanif 10
[L3SW-Vlanif10]ip address 192.168.1.254 24
[L3SW-Vlanif10]quit
[L3SW]interface Vlanif 20
[L3SW-Vlanif20]ip address 192.168.2.254 24
[L3SW-Vlanif20]quit
```

配置完成后，为 PC1 和 PC2 配置网关 192.168.1.254，为 PC3 和 PC4 配置网关 192.168.2.254，然后进行测试，可以发现 VLAN 10 与 VLAN 20 之间可以进行通信。

三层交换机除了可以通过为三层虚接口 Vlanif 配置 IP 地址来实现 VLAN 间路由外，还可以通过将端口配置为三层口，然后为端口直接配置 IP 地址，来作为多端口的路由器使用。

微课 6-3：三层交换机实现的 VLAN 间路由

无论是二层交换机还是三层交换机，其端口默认均工作在数据链路层。将交换机端口配置为三层口的命令在华为交换机上是 undo portswich。

6.7　小　　结

本章对虚拟局域网的引入、基本原理、配置命令以及 VLAN 之间路由，包括单臂路由和通过三层交换机实现路由两种实现方式进行了简单的介绍。并对 VLAN 配置、单臂路由配置以及三层交换机实现 VLAN 之间路由的配置均给出了相应的配置案例。本章所涉及的知识在实际的生产网络中有着非常广泛的应用，是学习网络技术必须认真掌握的基本技能。

6.8　习　　题

1. VLAN 有哪些种类，其特点分别是什么？
2. 为 VLAN 划分端口时需要注意什么？
3. VLAN 有哪些特点？

4. 在 Trunk 链路上为什么要进行 IEEE 802.1Q 的封装？

5. 在单臂路由中配置子接口 ID 时有什么要求？

6. 简述三层交换的基本实现原理。

7. 什么是三层虚接口？

6.9　实　　训

6.9.1　单臂路由配置实训

实训学时：2 学时；每实训组学生人数：5 人。

1. 实训目的

（1）掌握交换机上 VLAN 的配置和验证方法。

（2）掌握 Trunk 链路的配置和验证方法。

（3）掌握路由器上子接口的配置和验证方法。

2. 实训环境

（1）安装有 TCP/IP 通信协议的 Windows 系统下的 PC：5 台。

（2）华为路由器：1 台。

（3）华为交换机：2 台。

（4）超 5 类 UTP 电缆：7 条。

（5）Console 电缆：3 条。

保持所有的路由器和交换机均为出厂配置。

3. 实训内容

（1）在交换机上配置 VLAN 并划分端口。

（2）在路由器上配置单臂路由，实现 VLAN 之间的通信。

4. 实训准备（教师）

（1）完成图 6-19 中与外网连接的配置，为每个分组分配一条连接外网的以太网线路；公布每个分组上联网关地址为 10.0.x.1/24，其中 x 为分组编号。

（2）公布 DNS 服务器地址，使学生能够使用"http:// 域名地址"访问 Internet。

5. 实训指导

（1）按照图 6-19 所示的网络拓扑结构搭建网络，完成网络连接。

（2）在交换机上配置 VLAN 并将相应的端口划分到 VLAN 中。

参考配置如下：

```
[SWA]vlan batch 10 20
[SWA]interface Ethernet 0/0/1
[SWA-Ethernet 0/0/1]port link-type access
```

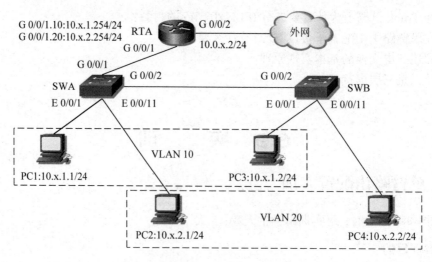

G 0/0/1.10:10.x.1.254/24
G 0/0/1.20:10.x.2.254/24

图 6-19　单臂路由配置实训拓扑图

```
[SWA-Ethernet 0/0/1]port default vlan 10
[SWA-Ethernet 0/0/1]quit
[SWA]interface Ethernet 0/0/11
[SWA-Ethernet 0/0/11]port link-type access
[SWA-Ethernet 0/0/11]port default vlan 20
[SWA-Ethernet 0/0/11]quit
```

参照交换机 SWA 上的配置完成交换机 SWB 的配置。

（3）配置交换机之间互连端口以及与路由器上连端口为 Trunk 端口。

参考配置如下：

```
[SWA]interface GigabitEthernet 0/0/1
[SWA-GigabitEthernet 0/0/1]port link-type trunk
[SWA-GigabitEthernet 0/0/1]port trunk allow-pass vlan all
[SWA-GigabitEthernet 0/0/1]quit
[SWA]interface GigabitEthernet 0/0/2
[SWA-GigabitEthernet 0/0/2]port link-type trunk
[SWA-GigabitEthernet 0/0/2]port trunk allow-pass vlan all
[SWA-GigabitEthernet 0/0/2]quit

[SWB]interface GigabitEthernet 0/0/2
[SWB-GigabitEthernet0/0/2]port link-type trunk
[SWB-GigabitEthernet0/0/2]port trunk allow-pass vlan all
[SWB-GigabitEthernet0/0/2]quit
```

（4）在路由器上配置子接口。

参考配置如下：

```
[RTA]interface GigabitEthernet 0/0/1
[RTA-GigabitEthernet 0/0/1]undo portswitch
```

```
[RTA-GigabitEthernet 0/0/1]quit
[RTA]interface GigabitEthernet 0/0/1.10
[RTA-GigabitEthernet 0/0/1.10]dot1q termination vid 10
[RTA-GigabitEthernet 0/0/1.10]ip address 10.x.1.254 24
[RTA-GigabitEthernet 0/0/1.10]quit
[RTA]interface GigabitEthernet 0/0/1.20
[RTA-GigabitEthernet 0/0/1.20]dot1q termination vid 20
[RTA-GigabitEthernet 0/0/1.20]ip address 10.x.2.254 24
[RTA-GigabitEthernet 0/0/1.20]quit
```

本步骤配置完成后，为 4 台 PC 配置 IP 地址、子网掩码和默认网关，然后使用 ping 命令进行测试，可以看到 VLAN 10 和 VLAN 20 之间可以互相通信。

（5）在路由器上配置连接外网的接口和路由。

参考配置如下：

```
[RTA]interface GigabitEthernet 0/0/2
[RTA-GigabitEthernet 0/0/2]undo portswitch
[RTA-GigabitEthernet 0/0/2]ip address 10.0.x.2 24
[RTA-GigabitEthernet 0/0/2]quit
[RTA]ip route-static 0.0.0.0 0 10.0.x.1
```

配置完成后，在 4 台 PC 上分别通过 ping 命令测试与百度网站 www.baidu.com 之间的连通性，应该均可以连接到百度网站。

6. 实训报告

	主机	IP 地址	子网掩码	默认网关
PC 的 TCP/IP 属性配置	PC1			
	PC2			
	PC3			
	PC4			
路由器 RTA	IP 地址	G 0/0/1.10		
		G 0/0/1.20		
		G 0/0/2		
	默认路由配置			
	display ip routing-table 相关结果			
交换机 SWA	VLAN 配置			
	端口划分			
	Trunk 链路配置			
交换机 SWB	VLAN 配置			
	端口划分			
	Trunk 链路配置			

续表

网络连通性测试	4 台 PC 之间互相 ping		
	与百度的连通性	PC1	
		PC2	
		PC3	
		PC4	

6.9.2　三层交换配置实训

实训学时：2 学时；每实训组学生人数：5 人。

1. 实训目的

（1）掌握交换机上 VLAN 的配置和验证方法。

（2）掌握 Trunk 链路的配置和验证方法。

（3）掌握三层虚接口的配置和验证方法。

2. 实训环境

（1）安装有 TCP/IP 通信协议的 Windows 系统下的 PC：5 台。

（2）华为三层交换机：1 台。

（3）华为二层交换机：2 台。

（4）超 5 类 UTP 电缆：7 条。

（5）Console 电缆：3 条。

保持所有的交换机均为出厂配置。

3. 实训内容

（1）在二层交换机上配置 VLAN 并划分端口。

（2）在三层交换机上配置虚接口，实现 VLAN 之间的通信。

（3）在三层交换机上配置连接外网的默认路由。

4. 实训准备（教师）

（1）完成图 6-20 中与外网连接的配置，为每个分组分配一条连接外网的以太网线路；公布每个分组上联网关地址为 10.0.x.1/24，其中 x 为分组编号。

（2）公布 DNS 服务器地址，使学生能够使用"http:// 域名地址"访问 Internet。

5. 实训指导

（1）按照图 6-20 所示的网络拓扑结构搭建网络，完成网络连接。

（2）在两台二层交换机上配置 VLAN 并将相应的端口划分到 VLAN 中。

参考配置如下：

```
[L3SW]vlan batch 10 20
[L2SW1]vlan batch 10 20
```

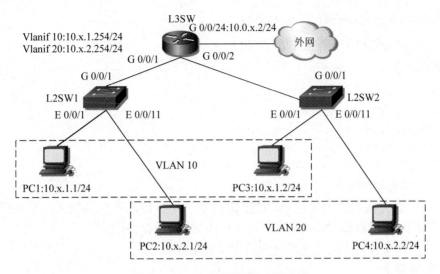

图 6-20　三层交换配置实训拓扑图

```
[L2SW1]interface Ethernet 0/0/1
[L2SW1-Ethernet 0/0/1]port link-type access
[L2SW1-Ethernet 0/0/1]port default vlan 10
[L2SW1-Ethernet 0/0/1]quit
[L2SW1]interface Ethernet 0/0/11
[L2SW1-Ethernet 0/0/11]port link-type access
[L2SW1-Ethernet 0/0/11]port default vlan 20
[L2SW1-Ethernet 0/0/11]quit
```

参照交换机 L2SW1 上的配置完成 L2SW2 的配置。

（3）配置交换机之间互连端口为 Trunk 端口

参考配置如下：

```
[L2SW1]interface GigabitEthernet 0/0/1
[L2SW1-GigabitEthernet 0/0/1]port link-type trunk
[L2SW1-GigabitEthernet 0/0/1]port trunk allow-pass vlan all
[L2SW1-GigabitEthernet 0/0/1]quit

[L2SW2]interface GigabitEthernet 0/0/1
[L2SW2-GigabitEthernet 0/0/1]port link-type trunk
[L2SW2-GigabitEthernet 0/0/1]port trunk allow-pass vlan all
[L2SW2-GigabitEthernet 0/0/1]quit

[L3SW]interface GigabitEthernet 0/0/1
[L3SW-GigabitEthernet 0/0/1]port link-type trunk
[L3SW-GigabitEthernet 0/0/1]port trunk allow-pass vlan all
[L3SW-GigabitEthernet 0/0/1]quit
[L3SW]interface GigabitEthernet 0/0/2
[L3SW-GigabitEthernet 0/0/2]port link-type trunk
[L3SW-GigabitEthernet 0/0/2]port trunk allow-pass vlan all
```

```
[L3SW-GigabitEthernet 0/0/2]quit
```

（4）在三层交换机上上配置三层虚接口

参考配置如下：

```
[L3SW]interface Vlanif 10
[L3SW-Vlanif10]ip address 10.x.1.254 24
[L3SW-Vlanif10]quit
[L3SW]interface Vlanif 20
[L3SW-Vlanif20]ip address 10.x.2.254 24
[L3SW-Vlanif20]quit
```

本步骤配置完成后，为 4 台 PC 配置 IP 地址、子网掩码和默认网关，然后使用 ping 命令进行测试，可以看到 VLAN 10 和 VLAN 20 之间可以互相通信。

（5）在三层交换机上配置连接外网的接口和路由

参考配置如下：

```
[L3SW]interface GigabitEthernet 0/0/24
[L3SW-GigabitEthernet 0/0/24]undo portswitch
[L3SW-GigabitEthernet 0/0/24]ip address 10.0.x.2 24
[L3SW-GigabitEthernet 0/0/24]quit
[L3SW]ip route-static 0.0.0.0 0 10.0.x.1
```

配置完成后，在 4 台 PC 上分别通过 ping 命令测试与百度网站之间的连通性，应该均可以连接到百度网站。

6. 实训报告

	主机	IP 地址	子网掩码	默认网关
PC 的 TCP/IP 属性配置	PC1			
	PC2			
	PC3			
	PC4			
交换机 L3SW	IP 地址	Vlanif 10		
		Vlanif 20		
		G 0/0/24		
交换机 L3SW	默认路由配置			
	display ip routing-table 相关结果			
交换机 L2SW1	VLAN 配置			
	端口划分			
	Trunk 链路配置			

续表

交换机 L2SW2	VLAN 配置		
	端口划分		
	Trunk 链路配置		
网络连通性测试	4 台 PC 之间互相 ping		
	与百度的连通性	PC1	
		PC2	
		PC3	
		PC4	

第 7 章　传输层协议

传输层主要为网络应用程序完成端到端的数据传输服务，即进程到进程的数据传输服务。传输层把应用程序交付的数据组成传输层数报，然后交给网络层去完成网络传输。传输层不关心报文是怎样通过网络传输的。本章从应用程序发起数据传输过程开始，介绍TCP/IP 网络中传输层的工作原理。

7.1　客户端／服务器交互模式

7.1.1　客户端／服务器交互模式的概念

网络通信的最终对象是网络应用程序进程。程序进程之间的通信和人们平时进行电话通信、书信通信的过程非常类似。程序进程在需要通信时，要通过某种方式和对方程序进程进行通信。但是，无论哪种通信方式，对方必须要有意识地去接收。例如，在电话通信中，如果通信对象没有在电话机旁守候，通信就不能正常进行。在书信通信中，如果对方从来不去邮箱查看是否有信件到达，通信也就不能完成。

在计算机网络中，为了使网络应用程序之间能够顺利地进行通信，通信的一方通常需要处于守候状态，等待另一方通信请求的到来。这种一个应用程序被动地等待，另一个应用程序通过请求启动通信过程的通信模式称为"客户端／服务器"交互模式。

在设计网络应用程序时，都是将应用程序设计成两部分，即客户端（Client）程序和服务器（Server）程序。安装有服务器程序的计算机称为服务器，安装有客户端程序的计算机称为客户机（或客户端），客户端／服务器交互模式一般简写为 C/S 模式。例如，银行的业务处理系统，服务器程序安装在中心服务器上，银行业务终端、营业点柜台终端、POS 机、ATM 柜员机等是安装了客户端程序的客户机。

应用程序工作时，服务器一般处于守候状态，监视客户端的请求；如果客户端发出服务请求，服务器收到请求后执行操作，并将结果回送到客户端。例如，在银行业务处理系统中，储户到银行营业柜台办理一笔取款业务，营业员通过柜台终端向中心服务器发送一个取款业务服务请求，包括业务种类、账号、密码、姓名、金额、操作员等信息；服务器收到服务请求后，从数据库中找出该账户信息，核对无误后，完成该用户账目的记账处理，并把处理结果数据回送到发送服务请求的柜台终端计算机上；柜台终端收到回送的处理结果数据后，就可以完成储蓄存折的打印和付款。对于 ATM 柜员机，收到服务器的回送结果后才能执行付款操作。

在 Internet 中，许多应用程序的客户端可以使用浏览器程序代替。如办公网站等，只需要将 Web 应用程序安装在服务器上，而客户端使用浏览器（Browser）就可以和服务器通信。这种以浏览器作为客户端的网络应用程序通信模式称为"浏览器 / 服务器"交互模式，简称为 B/S 模式。

7.1.2　传输层服务类型

根据数据传输服务的需求，TCP/IP 协议传输层提供两种不同类型的传输协议：面向连接的传输控制协议（Transport Control Protocol，TCP）和非连接的用户数据报协议（User Datagram Protocol，UDP）。两种传输协议分别提供连接型传输服务和非连接型传输服务。

1. 连接型传输服务

传输层的连接型传输服务类似于电话通信方式，需要通信双方在传输数据之前首先建立起连接，即交换握手信号，证明双方都在场。就像电话通信一样，问明对方身份后才正式通话。传输控制协议 TCP 是 TCP/IP 协议传输层中面向连接的传输服务协议。

连接型传输服务在传输数据之前需要建立起通信进程之间的连接。在 TCP 协议中，建立连接的过程是比较复杂的。客户端首先发出建立连接请求，服务器收到建立连接请求后回答同意建立连接的应答报文，客户端收到应答报文之后还要发送连接确认报文，双方才能建立通信连接。这样做的主要原因是传输层报文需要通过下层网络进行传输，而传输层对下层网络没有足够的信任，需要自己完成连接的差错控制。

在连接型传输服务中，由于通信双方建立了连接，能够保证数据正确有序地传输，应用程序可以利用建立的连接发送连续的数据流，即支持数据流的传输。在数据传输过程中可以进行差错控制、流量控制，可以提供端到端的可靠性数据传输服务。连接型传输服务适用于数据传输可靠性要求较高的应用程序。

2. 非连接型传输服务

连接型传输服务虽然可以提供可靠的传输层数据传输服务，但在传输少量信息时的通信效率却不尽如人意。例如，客户端只需要向服务器发送一个单词"OK"，而建立连接的过程比传递"OK"这个单词花费的时间还要多。从提高通信效率出发，TCP/IP 协议的传输层设计了面向非连接的用户数据报协议 UDP。

非连接型传输服务的通信过程类似于书信通信，通信发起方在发送数据时才占用网络资源，所以占用网络资源少。非连接型传输服务传输控制简单，通信效率高，适用于发送信息较少、对传输可靠性要求不高或为了节省网络资源的应用程序。例如，RIP 协议就是使用无连接的 UDP 协议向邻居路由器广播自己的路由表信息。

7.2 网络应用程序的通信过程

7.2.1 应用程序通信协议

网络应用程序需要分别设计客户端程序与服务器程序。在网络应用程序设计中，除了客户端程序与服务器端程序中需要处理的内容不同之外，两端之间的数据通信工作是必须考虑的。为了使系统能够协调地工作，客户端程序与服务器端程序之间必须进行必要的数据交换，必须对通信报文中的数据格式、字段含义进行严格定义，即定义应用程序的通信协议。客户端程序和服务器端程序必须按照通信协议去理解和处理数据报文内容。

网络应用程序通信协议的实际作用就是说明各个字段的含义以及表示方法，指示程序如何处理数据报文。不同网络应用程序的通信协议内容是不同的，但都是对数据字段结构的说明和对字段内容的约定。

有了网络应用程序通信协议之后，发送方应用程序按照协议规定组织数据报文内容，接收方按照协议规定读取报文中相应的数据字段内容。

7.2.2 传输层接口参数

在 TCP/IP 网络中，应用程序按照通信协议组织好数据报文后需要交给传输层去传递到对方，应用程序在把数据报文提交给传输层时还需要提交什么呢？

在 TCP/IP 网络中，应用程序把数据报文提交给传输层时还有三个方面的问题必须向传输层说明。

（1）采用哪种传输服务方式，是面向连接的 TCP 协议传输，还是无连接的 UDP 协议传输？

（2）接收方主机地址，即对方主机的 IP 地址。

（3）接收该数据报文的网络应用程序进程。

在网络中，不同的应用程序进程在传输层使用不同的端口号来表示，端口号长度为16bit。网络上的一些著名服务器程序使用众所周知的知名端口号（Well-Known Ports），知名端口在 1~255 范围内，由 IANA 管理。256~1023 为注册端口号，由一些系统软件使用。用户自己开发的应用服务器程序可以使用一个 1024~65535 的端口号，该端口号必须使事先规定好，而且是客户端程序知道的。表 7-1 就是 TCP 协议使用的部分知名端口。表 7-2是 UDP 协议使用的部分知名端口。

表 7-1 TCP 协议使用的部分知名端口

端 口 号	服 务	描 述
20	FTP-DATA	文件传输协议数据
21	FTP	文件传输协议控制
23	TELNET	远程登录协议

端 口 号	服 务	描 述
25	SMTP	简单邮件传输协议
53	DOMAIN	域名服务器
80	HTTP	超文本传输协议
110	POP3	邮局协议

表 7-2　UDP 协议使用的部分知名端口

端 口 号	服 务	描 述
53	DOMAIN	域名服务器
69	TFTP	简单文件传送
161	SNMP	简单网络管理协议

这三个需要说明的事项就是应用层调用传输层功能过程时需要提交的接口参数。在网络应用程序开发中，不同的系统可能有不同的编程界面。在 UNIX 操作系统中，为了解决网络系统中的通信问题，提出了一种编程界面 Socket。后来，其他系统中的编程界面也都叫 Socket，例如，Windows 操作系统中的网络编程控件称为 Winsock。

在 Socket 编程界面中，应用程序提供给传输层的接口参数称为套接字。套接字的完整描述为

{ 协议类型，本地地址，本地端口号，远端地址，远端端口号 }

各项说明如下。

协议类型：在 TCP/IP 协议中就是指 TCP 协议和 UDP 协议，表示该数据报文使用哪种协议进行传输。

- 本地地址：本计算机的 IP 地址。
- 本地端口号：该通信进程使用的端口号。
- 远端地址：对方主机的 IP 地址。
- 远端端口号：对方通信进程使用的端口号。

本地地址和本地端口号表示源地址和源端口号，就像信封上的寄信人地址和姓名一样，用于通告发送方的主机地址和通信进程端口号，以便在回送报文时作为远端地址和远端端口参数。

服务器通信进程的端口号是在编程之前就已经约定好的。客户端进程的端口号可以在编程时指定，也可以在进程启动后通过系统函数向系统申请。

7.2.3　C/S 模式通信过程

应用程序使用 Socket 编程界面调用传输层功能完成应用程序数据报文的传输。根据选用的传输层服务类型不同，其通信过程也不相同。

1. 面向连接的 C/S 模式通信过程

在面向连接的 C/S 模式通信过程中，服务器进程一般都处于守候状态。服务器进程启

动时，将指定的端口号绑定 [bind ( )] 到该进程，然后启动一个侦听 [listen ( )] 过程，进入守候状态。当侦听到一个连接请求后，启动一个接收 [accept ( )] 过程，接收请求报文内容，建立和客户端的连接。连接建立成功后进入数据报文传输状态，使用 [read ( )] 过程接收数据报文，使用 [write ( )] 过程发送数据报文。数据报文传送完毕后，关闭连接，再进入侦听 [listen ( )] 守候状态。

在面向连接的 C/S 模式通信过程中，客户进程是在需要进行数据通信时才和服务器进程发起一次通信过程。客户进程启动后，将指定的端口号（或从系统中申请获得的端口号）绑定 [bind ( )] 到本进程。客户端需要进行数据传输时调用通信过程完成一次数据报文传输。一次通信过程包括以下几点。

（1）向服务器进程发送连接请求。

（2）当连接建立成功后，进入数据传输状态。

（3）使用 [write ( )] 过程发送数据报文，使用 [read ( )] 过程等待接收应答报文。

（4）数据传送完毕后，关闭连接。

面向连接的 C/S 模式通信过程如图 7-1 所示。

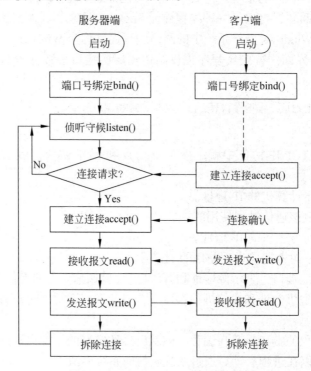

图 7-1　面向连接的 C/S 模式通信过程

2. 面向非连接的 C/S 模式通信过程

在面向非连接的 C/S 模式通信过程中，客户进程和服务器进程之间不需要建立连接，通信过程比较简单。服务器进程一般处于守候等待接收数据状态，客户端需要发送数据时，直接将报文发送给服务器。如果需要服务器返回应答报文，客户进程会等待接收应答报文。服务器收到数据报文后，对数据进行相应的处理，如果需要回送应答报文，直接将应答报文发送给客户端。面向非连接的 C/S 模式通信过程如图 7-2 所示。

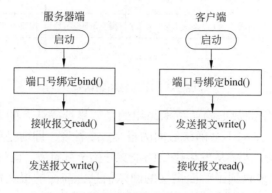

图 7-2　面向非连接的 C/S 模式通信过程

7.3　TCP　协　议

TCP 协议是一个著名的面向连接的传输控制协议，它主要为应用层提供端到端的高可靠性的数据传输服务。TCP 协议的工作原理就是完成进程到进程的可靠性数据传输服务。

7.3.1　TCP 协议中的差错控制

为了保证数据可靠地传输，TCP 协议中采用了两项差错控制技术：数据确认技术和超时重传技术。

1. TCP 协议中的数据确认技术

在 TCP 协议中设置了一个 32bit 的序列号字段用于对要传送的数据按照字节进行编号，序列号字段的内容就是发送数据报文的第一个字节的编号。例如，序列号字段内容=2101，表示发送报文的第 1 字节编号是 2101；如果该数据报有 700 字节，那么下一个数据报的第 1 字节的编号就是 2701。

TCP 协议中还设置了一个 32bit 的确认号字段用于向发送方发送已经正确接收的报文字节编号。确认号字段的内容有两层含义：第一，表示该编号之前的数据已经正确接收；第二，发送方需要从该编号开始发送下一个报文。其中包括对接收正确的数据的确认和对接收的差错报文的差错控制。

例如，在如图 7-3 所示的例子中，发送方从序号 201 开始发送报文。在发送完第 1 个报文后，如果收到的确认号是 501，说明该报文接收正确，接着发送第 2 个报文。如果连续发送了报文 2、报文 3 和报文 4 之后收到的确认号是 1201，这说明什么呢？第一，说明报文 4 传输错误，需要从 1201 编号重新传输；第二，说明报文 2 和报文 3 已经正确接收。但是，为什么没有收到 901 的确认号呢？如果以后再收到确认号 901，该怎么解释呢？

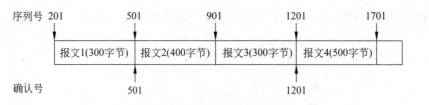

图 7-3　序列号和确认号

在 TCP 协议中使用的数据确认技术采用的是"累计确认"的方式。也就是说，如果前面的报文传输错误，绝对不会确认后面的报文；或者说，即使是后面的接收正确，只要前面有接收错误的报文，也要从发生错误的报文开始全部重发，也就是全部返回重发方式。"累计确认"就是指如果收到了后面报文的确认信息，前面的报文肯定已经接收正确，即使以后再收到前面报文的确认信息，也不需要处理了。

"累计确认"方式的优点就在于数据报文在 Internet 中传输时，不同报文所经过的路径可能不同，到达目的地的先后顺序可能出现差错，但是只要收到了某个报文的确认信息，就说明前面的报文已经正确接收，确认信息不会发生二义性。

2. TCP 协议中的超时重传技术

传输层虽然不考虑数据报文是如何穿越物理网络的，但是从数据传输的可靠性考虑，传输层要考虑到报文可能会在网络传输中被丢失，就像人们寄信一样，虽然一般情况下能够寄到收信人那里，但人们都有这样的常识，即信件可能会丢失。如果是重要的怕丢失的信件，就要寄挂号信。在计算机网络中没有类似"挂号信"的传输方式，所以 TCP 协议采用了"超时重传"的技术。

在 TCP 协议中，发送方每发送一定数量的数据报文后需要等待接收方的确认，只有收到了确认信息后，才能继续发送。发送方在发送了数据报文后会启动一个定时，如果超过了规定的时间还没有收到发送方的确认信息，发送方就认为该报文已经丢失了，需要重新发送，这就是超时重传。一般情况下，TCP 请求报文超时时间的初始值设定为 500ms，当接收方返回应答信息后，再通过报文的往返时延（Round-Trip Time，RTT）计算确定超时时间间隔。

7.3.2　TCP 协议中的流量与网络拥塞控制

1. TCP 协议中的流量控制

流量控制是两个通信对象之间的传输流量控制。TCP 协议中使用"窗口"技术实现传输层之间的通信流量控制。在 TCP 协议报头中设置了一个 16bit 的"滑动窗口"字段，用于向对方通告自己可以接收的报文长度（接收窗口尺寸），窗口尺寸的最大值是 64KB。

发送方只能发送通告窗口之内的字节编号。例如，接收到的确认号为 1201，通告窗口尺寸为 4000，那么发送方只能发送序列号为 1201~5200 的数据。如果发送了序列号不在此范围内的数据报文，接收方将不予接收。当再次收到确认号之后，发送窗口滑动到以确认号开始的位置，可以发送的字节序号从确认号开始到"确认号 + 通告窗口尺寸"结束。

接收方根据处理能力调整接收窗口的大小，并将接收窗口尺寸在发送的报文中通告给对方。接收方通过调整窗口的大小实现通信流量的控制。

2. TCP 协议的网络拥塞控制

通过调整接收窗口的尺寸可以实现两个通信对象之间的通信流量控制。接收窗口的大小主要取决于接收者的处理能力，例如可用数据缓冲区的大小等。但是在网络传输中，报文还需要中间节点（如路由器）的转发，由于路由器的处理能力不足，可能会导致报文的丢失或者延迟，这种现象称作网络拥塞。

发生网络拥塞时，不能仅靠超时重传解决问题。因为重传只能造成拥塞的加剧。控制拥塞需要靠网络中的所有报文发送者降低发送数据的速度，控制自己的通信流量来完成。

TCP 协议中的网络拥塞控制也采用"窗口"控制方法。在传输层实际上有如下三个窗口。

（1）通告窗口：对方的接收窗口的尺寸。

（2）拥塞控制窗口：初始值等于通告窗口尺寸，每当要进行一次超时重传（即发生了报文丢失）或者收到了路由器发出的"源站抑制"报文时，拥塞控制窗口尺寸减半，直到拥塞控制窗口尺寸减为 1 为止。

（3）发送窗口：取通告窗口和拥塞控制窗口中的较小尺寸。由于在发生网络拥塞时，拥塞窗口尺寸迅速减小，降低了网络通信流量，可以逐渐缓解网络拥塞。当拥塞窗口尺寸减小到 1 时，TCP 协议在多次重发的情况下仍然会坚持不懈地发送只携带一个字节数据的报文，只要收到确认信息，说明网络拥塞已经缓解，这时 TCP 协议采取一种称作慢启动的策略，即每成功发送一个报文后（被接收方确认后），拥塞控制窗口的尺寸 +1，逐步恢复通信流量。

7.3.3　TCP 协议中的连接控制

1. TCP 连接建立过程

在 TCP 协议中，为了建立可靠的连接，采用了三次握手的方式。三次握手的具体过程如图 7-4 所示。

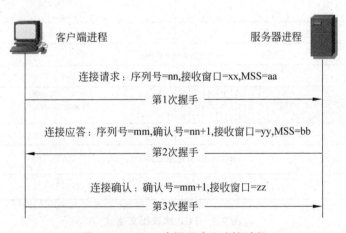

图 7-4　TCP 三次握手建立连接过程

客户进程首先发送一个连接请求报文，向服务器进程请求建立通信连接，并通告自己的发送数据序列号和接收窗口的尺寸，协商数据最大分段尺寸（Maximum Segment Size，MSS）。

服务器进程收到连接请求后，发回一个应答报文，通报自己的序列号，确认发送方的序列号，通报自己的接收窗口大小，协商数据最大分段尺寸 MSS。

客户进程收到连接应答报文后，再发回一个确认报文，确认对方的数据序列号，通报自己的接收窗口。

通过三次握手之后，双方的连接建立，开始为应用层传递数据报文。TCP 协议之所以使用三次握手建立连接，主要是为了建立可靠的连接。如果不采用三次握手的方式，当客户进程发出一个建立连接请求后，如果应答超时，客户进程会重发一个建立连接请求。当重发的连接请求被建立后，如果第一次发送的建立连接请求报文到达了服务器，可能造成连接错误。采用三次握手后，由于客户端重发了连接请求报文，对于第一次连接应答，报文就不会确认，避免了错误连接。

2. TCP 连接的拆除

当数据传输结束后，通信中的某一方发出结束通信连接的请求，对方回应一个应答报文，TCP 连接就被拆除了。服务器端进程在和客户端建立连接之后会启动一个活动计数器，表示该连接处于活动状态。如果客户端没有经过连接拆除过程就关机了，活动计数器在达到规定时间后没有收到客户端的报文，服务器端将拆除该连接。

7.3.4 TCP 协议报文格式

TCP 协议报文分为协议报头和报文数据两部分。TCP 协议内容就是报头部分，报文数据部分是为应用层传递的应用层报文。在 TCP 连接控制报文中只有报头部分。TCP 协议报文格式如图 7-5 所示。

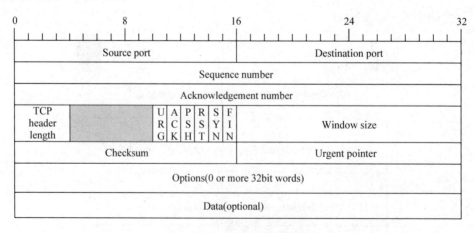

图 7-5　TCP 协议报文格式

图 7-5 中部分选项说明如下。

（1）Source port：源端口号字段，长度为 16bit。表示发送方的传输层进程端口号。

（2）Destination port：目的端口号字段，长度为 16bit。表示接收方的传输层进程端口号。

（3）Sequence number：序列号字段，长度为 32bit。表示发送报文数据的第 1 个字节的编号。

（4）Acknowledgement number：确认号字段，长度为 32bit。表示需要接收的下一个报文的字节编号。

（5）TCP header length：报头长度字段，长度为 4bit。表示 TCP 报头的长度，以 4 个字节为一个单位，即报头的实际长度 = 报头长度字段取值 ×4。TCP 报头的固定长度部分为 20 字节，即其最小长度为 20 字节。在报头长度字段后有 6bit 的保留字段未使用。

（6）Flag：标志字段，共有 6bit，每一位代表不同的含义。

① URG：紧急指针有效。

② ACK：应答位，应答报文中该位置位为 1。

③ PSH：是否缓存数据位，若 PSH 置位为 1，则接收方不缓存数据，而是直接将数据交给应用层处理。

④ RST：重置连接请求位，用于重置连接请求。

⑤ SYN：建立连接请求位，请求报文中该位置位为 1。

⑥ FIN：结束连接请求位，结束连接请求报文中该位置位为 1。

例如，在 TCP 的三次握手报文中，第一次握手报文的 SYN=1；第二次握手报文的 SYN=1，ACK=1；第三次握手报文的 ACK=1。

（7）Window size：接收窗口字段，长度为 16bit。表示向对方通告自己的接收窗口的尺寸。

（8）Checksum：头部校验和字段，长度为 16bit。表示用来对收到的 TCP 数据报文的头部进行校验，检测其是否正确。

（9）Urgent pointer：紧急指针字段，长度为 16bit。

（10）Options：选项字段，长度不定。在此不做具体介绍。

例 1： 本地 TCP 进程发送 4 个数据段，每个段的长度为 4 字节，其中第 1 个数据段的序列号为 7806002，那么接收进程为表明其已经正确接收到第 3 个数据段而返回的确认号是什么？

答案： 7806002+（3×4）=7806002+12 =7806014。

例 2： 一个携带 1024 字节应用层数据的 TCP 报文段的序列号值用十六进制表示为 3A470B7C，那么当收到对方发来的 TCP 报文段中的确认号是什么值时则表示这 1024 字节数据接收方已经正确接收到？

答案： 首先将 1024 转换为十六进制数，表示为 400，因此确认号的值是：3A470B7C+400=3A470F7C。

在网络中实际的 TCP 数据报文如图 7-6 所示。

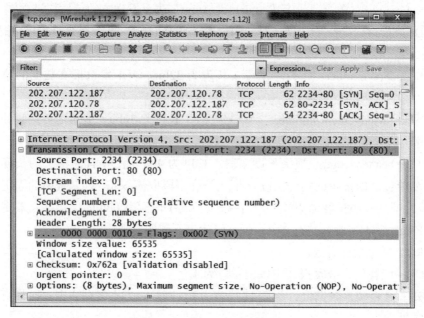

图 7-6　网络中 TCP 协议报文

7.4　UDP 协议

7.4.1　UDP 协议的特点

　　用户数据报协议 UDP 是一种面向无连接的传输层协议。UDP 协议不能提供可靠的数据传输服务，所以只适用于对数据传输可靠性要求不高的场合，或用于可靠性较高的网络环境（如局域网）中。UDP 协议是无连接的传输协议，所以不支持数据流的传输，需要传输的内容要组织在一个报文内。UDP 协议主要追求节省网络资源、提高传输效率，一般适用于较短报文的传输。UDP 协议没有差错控制机制，将把发生传输差错的报文直接丢弃，所以使用 UDP 协议时需要应用层进行差错控制。

7.4.2　UDP 协议报文格式

　　UDP 协议报文格式如图 7-7 所示。TCP/IP 协议要求 UDP 报文在交到传输层时需要携带源 IP 地址和目的 IP 地址等信息，目的是进行接收主机地址检查和取得发信人地址，以便返回信息时使用。其实，这些信息不是传输层协议的内容，所以称为伪报头。UDP 报文长度不包括伪报头部分。

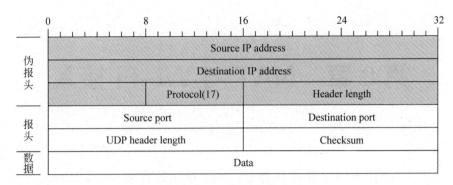

图 7-7　UTP 协议报文格式

7.5　小　　结

本章从网络应用程序调用传输层完成网络通信入手，介绍了客户端／服务器（C/S）交互模式的概念以及 C/S 模式通信过程，通过 TCP 协议的差错控制、流量控制和连接控制介绍了 TCP 协议的工作原理，并对 UDP 协议进行了简单的介绍。

7.6　习　　题

1. 什么是"客户端／服务器"交互模式？
2. 在传输层提供了哪两种类型的传输协议？
3. 在 TCP/IP 网络中，应用程序把数据报文提交给传输层时有哪些问题必须向传输层说明？
4. 在 C/S 通信模式中，一次通信过程包括哪些步骤？
5. 在 TCP 协议中，确认号字段有什么含义？
6. "累计确认"方式的优点有哪些？
7. 在 TCP 协议中有哪几个窗口？
8. 简述 TCP 三次握手的过程。
9. TCP 协议之所以使用三次握手建立连接，主要目的是什么？

第8章 NAT 与 Wi-Fi 接入

在第 4 章中我们已经知道私有 IP 地址，私有 IP 地址就是不能在 Internet 公共网络上使用的 IP 地址，因为在 Internet 上不会传送目的 IP 地址是私有 IP 地址的报文。但私有 IP 地址可以在自己企业内部网络中任意使用，而且不用考虑和其他地方有 IP 地址冲突问题。但如果想把内部网络连接到 Internet 时，就必须借助网络地址转换（Network Address Translation，NAT）服务，将私有 IP 地址转换成合法的公网 IP 地址才能进入 Internet。

网络地址转换能有效地解决 IPv4 地址短缺的问题，可以节省企业的 IP 地址租用费用，使得企业内部网络 IP 地址规划相当简单。另外，由于网络地址转换屏蔽了内部网络的真实地址，所以也提高了内部网络的安全性，对于从外部网络发起的黑客攻击有一定的屏蔽作用。例如 2017 年 5 月 12 日的 Wannacry（永恒之蓝）计算机勒索病毒对使用宽带路由器联网的家庭用户几乎没有造成攻击，因为使用宽带路由器（或无线路由器）联网的用户一般都使用的 192.168.x.0 网络的 IP 地址，病毒不能主动发起目的地址是私有 IP 地址的攻击报文，除非用户主动连接、打开病毒程序。

IPv6 有足够多的地址空间，不存在地址短缺问题，所以 NAT 只在 IPv4 中存在，本章的内容也只涉及 IPv4。本章介绍在路由器上配置 NAT 服务的基本方法。

8.1　网络地址转换基本概念

在企业内部网络中一般使用私有地址，因为租用 IP 地址不但需要费用而且不易租到。当需要连接外部网络时，会在网络的出口路由器上进行网络地址的转换，将私有 IP 地址转换为可以在公共网络上使用的合法 IP 地址（以下称为全局地址）。出口路由器是需要配置内网地址与外网地址进行地址转换的路由器。

一个典型的地址转换过程如图 8-1 所示。按照以前的知识我们可以知道，图 8-1 中的 PC1 和外网网云直连到路由器上，PC1 和外网网云之间应该有直连路由，应该是可以通信的。但是外网网云是由无数路由器和主机构成的。PC1 的 IP 地址是私有 IP 地址，即使发送的报文能够到达目的主机，那么返回报文的目的地址是

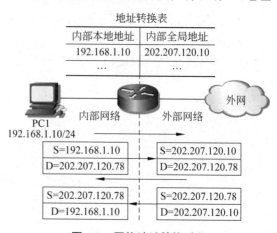

图 8-1　网络地址转换过程

192.168.1.0 网络，而这个网络是在任何地方都可能被使用的，路由器上不可能有这样的路由。其实，在路由器上只要目的网络是私有 IP 地址的报文都直接被舍弃了。所以这个网络地址转换是必要的。

PC1 访问外部网络主机时，其产生的数据报文的源 IP 地址是 PC1 在内部网络的私有 IP 地址（内部本地地址）192.168.1.10，当数据报文到达出口路由器连接外部网络的出站接口时，路由器将数据报文的源 IP 地址转换为内部全局地址 202.207.120.10（这个内部全局地址不是路由器连接外网接口的接口地址），使数据报文可以在公共网络上路由；在返回的数据报文中，目的 IP 地址为内部全局地址 202.207.120.10，路由器接收到该报文后，将目的 IP 地址转换为内部本地地址 192.168.1.10，并路由给内部网络的目的主机 PC1。内部全局地址是申请得到的可用合法 IP 地址。

网络地址转换按照转换的原理和方法可以分成五种，如表 8-1 所示。

表 8-1　网络地址转换类型

网络地址转换类型	说　明
静态网络地址转换	手工配置本地地址到全局地址的一对一的映射，适用于需要固定全局 IP 地址的内网服务器
动态网络地址转换	本地地址到全局地址为一对一映射，但映射关系不固定，本地地址共享地址池中的全局地址
网络地址端口转换	本地地址到全局地址使用端口号实现动态的多对一映射，可显著提高全局地址的利用率，又称为地址的过载
基于接口的地址转换	网络地址端口转换的特殊形式，又称为 Easy IP。与网络地址端口转换的区别是本地地址均映射到出口路由器的外连接口地址上
端口地址重定向	又称为 NAT Server，手工配置"本地地址 + 端口"到"全局地址 + 端口"的一对一的映射。适用于多台内网服务器映射到一个全局地址的情况

8.2　静态网络地址转换

静态网络地址转换是最简单的一种网络地址转换形式，需要手工配置从内部本地地址到内部全局地址的一对一映射关系，配置完成后这些映射关系将一直存在，直到被手工删除。静态网络地址转换一般为需要对外部网络提供服务的内网服务器提供地址转换，极少使用。

华为设备静态网络地址转换涉及的的配置命令如下：

```
[Huawei]nat static global global-ip inside inside-ip [ netmask mask ]
[Huawei]interface interface-type interface-number
[Huawei-interface-number]nat static enable
```

首先指定内部本地地址和内部全局地址之间的映射关系，然后在路由器连接外网的接口（网络出口，出站接口）上应用静态网络地址转换。

假设存在如图 8-2 所示的网络，要求将内网服务器的 IP 地址静态转换到 202.207.120.100，使其可以为外部网络提供 HTTP 服务。

图 8-2　静态网络地址转换

具体的配置命令如下：

```
[Huawei]nat static global 202.207.120.100 inside 192.168.1.10
[Huawei]interface GigabitEthernet 0/0/1
[Huawei-GigabitEthernet 0/0/1]nat static enable
```

配置完成后，在路由器上执行 display nat static 命令，显示结果如下：

```
[Huawei]display nat static
Static Nat Information:
Global Nat Static
     Global IP/Port     : 202.207.120.100/----
     Inside IP/Port     : 192.168.1.10/----
     Protocol : ----
     VPN instance-name : ----
     Acl number         : ----
     Vrrp id            : ----
     Netmask : 255.255.255.255
     Description : ----

Total :    1
```

从显示的结果可以看出，在路由器上配置了内部本地地址 192.168.1.10 到内部全局地址 202.207.120.100 的静态网络地址转换。

此时，在 PC1 上使用内部全局地址 202.207.120.100 可以访问到内网服务器的 Web 服务。进行 Web 访问的同时在路由器的用户视图下可以使用 debugging nat event 命令查看网络地址转换的过程，显示结果如下：

```
<Huawei>terminal monitor
<Huawei>terminal debugging
<Huawei>debugging nat event
<Huawei>
May  5 2023 18:33:58.528.1+00:00 Huawei NAT/7/NAT:
NAT: original: TCP 202.207.120.2->202.207.120.100
NAT: s=202.207.120.2, d=202.207.120.100->192.168.1.10
<Huawei>
May  5 2023 18:33:58.528.2+00:00 Huawei NAT/7/NAT:
NAT: original: TCP 192.168.1.10->202.207.120.2
NAT: s=192.168.1.10->202.207.120.100, d=202.207.120.2
```

从显示的结果可以看出，在 PC1 访问 Web 服务器的数据报文进入路由器接口 GigabitEthernet 0/0/1 时，会将数据报文的目的 IP 地址 202.207.120.100 转换为内部本地地址 192.168.1.10；而在 Web 服务器返回给 PC1 的数据报文从路由器的接口 GigabitEthernet0/0/1 出站之前，会将数据报文的源 IP 地址 192.168.1.10 转换为内部全局地址 202.207.120.100。

需要注意的是，在华为的设备上所有的 debug 类的命令都只能在用户视图下执行，而且在使用 debug 类命令进行系统调试之前，需要先执行 terminal monitor 和 terminal debugging 命令。其中，terminal monitor 命令用来开启控制台对系统信息的监视功能（该功能默认开启，因此可以不执行这条命令）；terminal debugging 命令用来开启调试信息的屏幕输出开关，使调试信息可以在终端上显示。

在 PC1 上打开两个 Web 服务器窗口后，在路由器上执行 display nat session 命令，显示结果如下：

```
[Huawei]display nat session all
NAT Session Table Information:
     Protocol          : TCP ( 6 )
     SrcAddr   Port Vpn : 202.207.120.2    2346
     DestAddr Port Vpn : 202.207.120.100 80
     NAT-Info
       New SrcAddr     : ----
       New SrcPort     : ----
       New DestAddr    : 192.168.1.10
       New DestPort    : ----
     Protocol          : TCP ( 6 )
     SrcAddr   Port Vpn : 202.207.120.2    2347
     DestAddr Port Vpn : 202.207.120.100 80
     NAT-Info
       New SrcAddr     : ----
       New SrcPort     : ----
       New DestAddr    : 192.168.1.10
       New DestPort    : ----
  Total : 2
```

从显示的结果可以看出，当前存在两个 NAT 会话（两个 Web 连接），均为内部本地地址 192.168.1.10 到内部全局地址 202.207.120.100 的映射。

8.3　动态网络地址转换

动态网络地址转换又称为 Basic NAT，动态网络地址转换也是一种一对一的映射关系，但是与静态网络地址转换不同的是，动态网络地址转换的映射关系不是一直存在的，而是只有在出口路由器的出站接口上出现符合地址转换条件的内网流量时才会触发路由器进行网络地址的转换。而且映射关系不会一直存在，达到老化时间以后就会被删除，以便将回收的内部全局地址映射给其他需要的内部本地地址。

华为设备动态网络地址转换涉及的配置命令如下。

（1）创建一个 ACL 用于匹配需要进行动态网络地址转换的内部本地地址。

```
[Huawei]acl acl-number
[Huawei-acl-basic- acl-number]rule [ rule-id ] { deny | permit } [ source { sour-
addr sour-wildcard | any } ]
```

其中，

① acl-number：使用 2000 到 2999 的数字，表示是一个基本访问控制列表。所有 acl-number 相同的 ACL 表示是同一个 ACL。

② rule-id：可选项，用数字表示，用于指出规则的先后执行顺序，以便在一个 ACL 中插入规则。

③ permit|deny：指定允许 permit 或者拒绝 deny。

④ source：内部本地地址。

a. sour-addr sour-wildcard 表示某些 IP 地址。wildcard 称作反掩码，"0" 位需要匹配，"1" 位为任意。例如：

192.168.1.0 0.0.0.255 表示 192.168.1.0 网络中的任意 IP 地址。

192.168.1.0 0.0.0.254 表示 192.168.1.0 网络中的所有偶数 IP 地址。

192.168.1.1 0.0.0.254 表示 192.168.1.0 网络中的所有奇数 IP 地址。

192.168.1.10 0 表示 192.168.1.10 单一主机 IP 地址。

b. any：任何 IP 地址。

限定进行动态网络地址转换的内部本地地址可以使用多个命令行完成，例如：

```
[Huawei]acl 2000
[Huawei-acl-basic-2000]rule deny source 192.168.1.99 0
;禁止 192.168.1.99 进行地址转换
[Huawei-acl-basic-2000]rule permit source 192.168.1.0 0.0.0.255
;允许 192.168.1.0 网络中的所有 IP 地址进行地址转换
```

上面两条规则看上去是矛盾的，但是规则是自上向下执行的，当遇到一条符合的规则后，后面的规则就不再执行。例如，192.168.1.99 地址遇到 rule deny source 192.168.1.99 规则后，下面的规则将不再执行。虽然下面的规则包括地址 192.168.1.99，但是 192.168.1.99 地址根本不可能验证是否符合该规则。上面两条规则的最终效果为：允许 192.168.1.0 网络中除 192.168.1.99 地址之外的 IP 地址进行地址转换。

在 NAT 中使用 ACL 匹配内部本地地址时需要注意以下两点。

第一，ACL 中只有被显式规则 permit 的源 IP 地址才会进行地址转换，默认允许所有的规则不生效。

第二，如果内网中有些特殊的 IP 地址不需要做动态网络地址转换，例如内部服务器要做静态网络地址转换，则应将其在定义 ACL 时首先 deny 掉。

（2）创建一个存放有内部全局地址的地址池。

```
[Huawei]nat address-group group-number start-addr end-addr
```

其中，group-number 为一个数字编号，在配置 ACL 与地址池的关联时使用。

（3）在出口路由器的出站接口上配置 ACL 与地址池的关联。

```
[Huawei]interface interface-type interface-number
[Huawei-interface-number]nat outbound acl-number address-group group-number
no-pat
```

【注意】 no-pat 参数表示是一个 Basic NAT 的转换，不做地址的过载。

假设存在如图 8-3 所示的网络，要求将内部网络 IP 地址段 192.168.1.0/24 动态转换到 202.207.120.10~202.207.120.50。

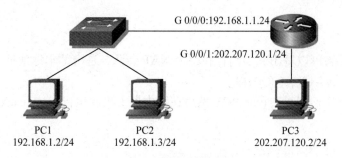

G 0/0/0:192.168.1.1.24

G 0/0/1:202.207.120.1/24

PC1　　　　　　　　PC2　　　　　　　　PC3
192.168.1.2/24　　　192.168.1.3/24　　　202.207.120.2/24

图 8-3　动态网络地址转换

具体的配置命令如下：

```
[Huawei]acl 2000
[Huawei-acl-basic-2000]rule permit source 192.168.1.0 0.0.0.255
[Huawei-acl-basic-2000]quit
[Huawei]nat address-group 1 202.207.120.10 202.207.120.50
[Huawei]interface GigabitEthernet 0/0/1
[Huawei-GigabitEthernet 0/0/1]nat outbound 2000 address-group 1 no-pat
```

配置完成后，从 PC1 去 PING PC3，同时在路由器上执行 debugging nat all 命令显示结果如下：

```
<Huawei>debugging nat all
<Huawei>
May  5 2023 16:40:50.616.8+00:00 Huawei NAT/7/NAT:
NAT: original: ICMP 192.168.1.2->202.207.120.2
NAT: s=192.168.1.2->202.207.120.10, d=202.207.120.2
<Huawei>
May  5 2023 16:40:50.616.9+00:00 Huawei NAT/7/NAT:
VASP_NAT_ShowDebugInfo Entry.
<Huawei>
May  5 2023 16:40:50.616.10+00:00 Huawei NAT/7/NAT:
NAT: original: ICMP 202.207.120.2->202.207.120.10
NAT: s=202.207.120.2, d=202.207.120.10->192.168.1.2
```

从显示的结果可以看出数据报文在路由器上进行双向地址转换的过程。

在路由器上执行 display nat session all 命令，显示结果如下：

```
[Huawei]display nat session all
```

```
NAT Session Table Information:
      Protocol          : ICMP ( 1 )
      SrcAddr    Vpn    : 192.168.1.2
      DestAddr   Vpn    : 202.207.120.2
      Type Code IcmpId  : 8    0    512
      NAT-Info
        New SrcAddr      : 202.207.120.10
        New DestAddr     : ----
        New IcmpId       : ----
```

```
Total : 1
```

从显示的结果可以看出，当前存在一个 NAT 会话，是内部本地地址 192.168.1.2 到内部全局地址 202.207.120.10 的映射。

在 PC1 和 PC2 上同时去 ping PC3，然后在路由器上再次执行 display nat session all 命令，显示结果如下：

```
[Huawei]display nat session all
NAT Session Table Information:
      Protocol          : ICMP ( 1 )
      SrcAddr    Vpn    : 192.168.1.2
      DestAddr   Vpn    : 202.207.120.2
      Type Code IcmpId  : 8    0    512
      NAT-Info
        New SrcAddr      : 202.207.120.10
        New DestAddr     : ----
        New IcmpId       : ----
      Protocol          : ICMP ( 1 )
      SrcAddr    Vpn    : 192.168.1.3
      DestAddr   Vpn    : 202.207.120.2
      Type Code IcmpId  : 8    0    512
      NAT-Info
        New SrcAddr      : 202.207.120.11
        New DestAddr     : ----
        New IcmpId       : ----
```

```
Total : 2
```

从显示的结果可以看出，当前存在两个 NAT 会话，分别是内部本地地址 192.168.1.2 到内部全局地址 202.207.120.10 的映射和内部本地地址 192.168.1.3 到内部全局地址 202.207.120.11 的映射。

其实看到上面 display nat session all 显示的结果时，我们还会有一个疑问：ICMP 协议处于网络层，ICMP 协议的数据报文根本不会有传输层的封装，因此也就不可能会有端口号的存在，那么端口号 512 又是从哪里来的呢？实际上 512 并不是端口号，而是 ICMP 报头封装中的 Identifier 字段（即标识字段）的值。在定义 ICMP 协议的请求注解文档

RFC792 中描述 Identifier 字段可以像 TCP 或 UDP 协议的端口号一样来区分不同的 ICMP 进程，但实际上在特定的操作系统中，ICMP 协议的 Identifier 字段是一个定值。例如在 Windows 系统中，ICMP 协议封装中的 Identifier 字段的值为 0x0200，即十进制的 512，这一点可以在 Wireshark 软件捕获的 ICMP 请求 / 应答报文的报头中看到。因此 Identifier 字段实际上并不具备区分进程的功能，ICMP 进程的区分实际上使用的是 Sequence number 字段。而 Identifier 字段的一个重要功能就是在 NAT 中作为地址映射的依据，因此在 display nat session 命令的显示结果中会看到 ICMP 协议的端口号为 512。Identifier 字段会在 NAT 对 ICMP 分片报文的处理中发挥非常重要的作用，在此不再进行介绍，感兴趣的读者可以自行查阅相关资料。

在进行动态网络地址转换时，路由器总是会从地址池中拿第一个可用地址来进行映射，因此 PC2 去 PING PC3，则会为 PC2 分配内部全局地址 202.207.120.11。

8.4　网络地址端口转换

网络地址端口转换（Network Address Port Translation，NAPT）又称为端口地址转换（Port Address Translation，PAT）或者地址过载。动态网络地址转换是一对一的映射关系，它只是解决了内外网通信的问题，但并没有真正意义上解决公有 IP 地址不足的问题。而 NAPT 技术通过使用同一个内部全局地址的不同端口号来标识不同的内部本地地址，实现多对一的地址转换，从而实现公有 IP 地址的节约。

在 NAPT 的转换过程中，路由器维护着如表 8-2 所示的动态地址转换表，通过端口的映射关系使多个内部本地地址转换到一个内部全局地址上。在进行地址转换时，一般会尽量使用与本地地址端口相同的全局地址端口，但如果该端口已经被使用，则会选择最小的可用端口作为全局地址端口。

表 8-2　NAPT 地址转换表

内部本地地址	内部本地地址端口	内部全局地址	内部全局地址端口
192.168.1.2	2000		2000
192.168.1.3	1024	202.207.120.10	1024
192.168.1.20	1024		1025

在华为设备上 NAPT 的配置方法与 Basic NAT 基本相同，唯一的区别是 NAPT 在出口路由器的出站接口上配置 ACL 与地址池的关联时不使用 no-pat 参数，表明是基于端口的多对一的地址转换。

在此依然使用图 8-3 所示的网络，要求将内部网络 192.168.1.0/24 使用 NAPT 技术过载到唯一的内部全局地址 202.207.120.10 上。具体的配置命令如下：

```
[Huawei]acl 2000
[Huawei-acl-basic-2000]rule permit source 192.168.1.0 0.0.0.255
[Huawei-acl-basic-2000]quit
[Huawei]nat address-group 1 202.207.120.10 202.207.120.10
```

```
[Huawei]interface GigabitEthernet 0/0/1
[Huawei-GigabitEthernet 0/0/1]nat outbound 2000 address-group 1
```

配置完成后，在 PC1 和 PC2 上分别去 ping PC3，然后在路由器上执行 display nat session all 命令，显示结果如下：

```
[Huawei]display nat session all
NAT Session Table Information:
    Protocol            : ICMP ( 1 )
    SrcAddr    Vpn      : 192.168.1.2
    DestAddr   Vpn      : 202.207.120.2
    Type Code IcmpId    : 8    0    512
    NAT-Info
      New SrcAddr       : 202.207.120.10
      New DestAddr      : ----
      New IcmpId        : 10240
    Protocol            : ICMP ( 1 )
    SrcAddr    Vpn      : 192.168.1.3
    DestAddr   Vpn      : 202.207.120.2
    Type Code IcmpId    : 8    0    512
    NAT-Info
      New SrcAddr       : 202.207.120.10
      New DestAddr      : ----
      New IcmpId        : 40951
```

从显示的结果可以看出，内部本地地址 192.168.1.2 和 192.168.1.3 均转换到内部全局地址 202.207.120.10，分别用端口号 10240 和 49151 来区分。

实际上，在华为路由器上进行 NAPT 转换时，全局地址端口的取值范围为 10240~40951，其端口在使用时从 10240 和 40951 分别向中间靠拢。

8.5　基于接口的地址转换

基于接口的地址转换又称为 Easy IP，是 NAPT 的一种特殊形式。在 NAPT 技术中，由于需要配置存放有内部全局地址的地址池，因此需要预先确定可以使用的公有 IP 地址范围，但是在目前应用非常广泛的宽带接入中，公有 IP 地址是由服务提供商动态分配的，无法提前预知，而且服务提供商只会为用户分配一个公有 IP。在这种情况下，就需要使用 Easy IP 技术来实现地址转换。Easy IP 与 NAPT 的区别在于它是将内部本地地址全部映射到出口路由器的出站接口地址上。除了 ADSL 外，一般在计算机机房和网吧中也都采用 Easy IP 技术进行地址的转换，以实现 IP 地址的节约。

由于内部全局地址使用路由器的接口地址，因此在 Easy IP 的配置中，不需要定义地址池，其他配置与 NAPT 类似。

在此依然使用图 8-3 所示的网络，要求将内部网络 192.168.1.0/24 使用 Easy IP 技术进行地址转换。具体的配置命令如下：

```
[Huawei]acl 2000
[Huawei-acl-basic-2000]rule permit source 192.168.1.0 0.0.0.255
[Huawei-acl-basic-2000]quit
[Huawei]interface GigabitEthernet 0/0/1
[Huawei-GigabitEthernet 0/0/1]nat outbound 2000
```

配置完成后，在 PC1 和 PC2 上分别去 ping PC3，然后在路由器上执行 display nat session all 命令，显示结果如下：

```
[Huawei]display nat session all
NAT Session Table Information:
     Protocol          : ICMP ( 1 )
     SrcAddr   Vpn     : 192.168.1.2
     DestAddr  Vpn     : 202.207.120.2
     Type Code IcmpId  : 8    0    512
     NAT-Info
       New SrcAddr     : 202.207.120.1
       New DestAddr    : ----
       New IcmpId      : 10240
     Protocol          : ICMP ( 1 )
     SrcAddr   Vpn     : 192.168.1.3
     DestAddr  Vpn     : 202.207.120.2
     Type Code IcmpId  : 8    0    512
     NAT-Info
       New SrcAddr     : 202.207.120.1
       New DestAddr    : ----
       New IcmpId      : 49151
```

从显示的结果可以看出，内部本地地址 192.168.1.2 和 192.168.1.3 均转换到路由器接口 GigabitEthernet 0/0/1 的 IP 地址 202.207.120.1 上。

8.6　端口地址重定向

无论是 Basic NAT，还是 NAPT 和 Easy IP，都是动态的地址转换，映射关系是由内网主机向外网发出的访问触发建立的，而外网主机无法主动连接内网主机。对于内网存在服务器的情况，只能采用静态网络地址转换。但是在有些情况下，可能公有 IP 地址很少，不足以满足内网服务器的静态转换需求。例如，只有一个公有 IP 地址被分配给了出口路由器的出站接口，内网的主机通过 Easy IP 实现地址转换，如果内网存在服务器的情况下，显然无法使用静态网络地址转换，这时就可以使用端口地址重定向技术来实现。

端口地址重定向又称为 NAT Server。它通过将"内部本地地址 + 端口"静态地映射到"全局地址 + 端口"，从而确保外网主机可以主动访问内网服务器的某些服务的同时不增加公有 IP 地址。

华为设备端口地址重定向需要在接口视图下进行配置，具体的配置命令如下：

```
[Huawei-interface-number]nat server protocol pro-type global { global-
addr | current-interface }
[ global-port ] inside host-addr host-port
```

其中，

pro-type：服务器类型，一般为 tcp、ftp 等。

global-addr | current-interface：指定服务器的全局地址或使用出站接口。

global-port：访问内网服务器时使用的网络服务端口号

host-port：内网服务器上的网络服务端口号

在 8.5 节的基础上，进行端口地址重定向的配置，要求将内网 Web 服务器 192.168.1.2 通过 NAT Server 静态映射到出口路由器出站接口的 80 端口上，使外部网络主机 PC3 可以访问 PC1 的 Web 服务。具体的配置命令如下：

```
[Huawei]interface GigabitEthernet 0/0/1
[Huawei-GigabitEthernet 0/0/1]nat server protocol tcp global current-
interface 80 inside 192.168.1.2 80
Warning: The port is well-known(1~1023) port. If you continue it may cause
function failure.
Are you sure to continue?[Y/N]:
```

系统提示 80 端口为知名端口，因此不建议将该端口占用来进行 NAT Server 的配置，实际中由于路由器在很多时候需要启用 Web 界面，因此 80 端口已经被路由器自身使用，因此建议进行 NAT Server 配置时选择一个大于 1024 的端口，如 8080。

```
[Huawei-GigabitEthernet 0/0/1]nat server protocol tcp global current-interface
8080 inside 192.168.1.2
80
```

配置完成后，在路由器上执行 display nat server 命令，显示结果如下：

```
[Huawei]display nat server
Nat Server Information:
Interface : GigabitEthernet 0/0/1
  Global IP/Port   : current-interface/8080 (Real IP : 202.207.120.1)
  Inside IP/Port   : 192.168.1.2/80 ( www )
  Protocol : 6 ( tcp )
  VPN instance-name : ----
  Acl number        : ----
  Vrrp id           : ----
  Description : ----

Total :    1
```

从显示的结果可以看出，在路由器的接口 GigabitEthernet 0/0/1 上配置了一个基于 TCP 协议的 NAT Server，其映射关系为"内部本地地址 192.168.1.2+ 端口号 80"映射到"全局地址 202.207.120.1+ 端口号 8080"。

此时在 PC3 的 IE 浏览器中输入 http://202.207.120.1:8080 应该可以访问 PC1 上的 Web

服务。同时在路由器上执行 debugging nat translation 命令，显示结果如下：

```
<Huawei>debugging nat translation
<Huawei>
May  5 2023 21:51:54.668.1+00:00 Huawei NAT/7/NAT:
NAT: original: TCP (202.207.120.2,1212)->(202.207.120.1,8080)
NAT: s=(202.207.120.2,1212), d=(202.207.120.1,8080)->
(192.168.1.2,80)
```

从显示的结果可以看出，通过 NAT Server 技术实现了
"202.207.120.1+8080"和"192.168.1.2+80"之间的转换。

微课 8-1：NAT 配置

8.7　Wi-Fi 接入

8.7.1　无线局域网

Wi-Fi（Wireless-Fidelity）是无线保真的意思，但在网络技术中就是无线联网技术、无线局域网、无线网络连接的简称。随着智能手机的普及，在家庭环境和办公室中手机无线上网几乎已经成为人们生活中的一部分，当然计算机无线上网也对室内布线带来了很大的方便。通过 Wi-Fi 接入的网络一般称为无线局域网。

1. 无线局域网标准

无线局域网使用对公众开放的无线微波频段进行通信，使用的频段有 2.4~2.4835GHz 和 5.15~5.825GHz，一般称为 2.4G 频段和 5G 频段。IEEE 制定的无线局域网标准包括以下几个方面。

（1）IEEE 802.11：工作在 2.4GHz 频段，采用直序列扩频和跳频扩频技术，最大传输速率为 2Mbps。由于传输速率太低，市场上已经没有支持该标准的产品。

（2）IEEE 802.11a：工作在 5GHz 频段，采用正交频分复用（多载波调制）技术，最大传输速率为 54Mbps。由于工作频段不同，和其他标准不兼容。

（3）IEEE 802.11b：工作在 2.4GHz 频段，采用直序列扩频技术，最大传输速率为 11Mbps。

（4）IEEE 802.11g：工作在 2.4GHz 频段，采用正交频分复用技术，最大传输速率为 54Mbps，能完全兼容 IEEE 802.11b。

（5）IEEE 802.11n：可以工作在 2.4GHz 和 5GHz 两个频段，从而可以向后兼容 802.11a、802.11b 和 802.11g，采用"多入多出 + 正交频分复用"技术，最大传输速率可以达到 600Mbps，最大单流速率可达 150Mbps。

（6）IEEE 802.11ac：工作在 5GHz 频段。采用"多用户多入多出 + 正交频分复用"技术，256QAM 编码，最大传输速率可以达到 1300Mbps，最大单流速率可达 800Mbps。

（7）IEEE 802.11ax：可以工作在 2.4GHz 和 5GHz 两个频段，向后兼容 802.11a、802.11b、802.11g、802.11n 和 802.11ac。面向密集用户环境，引入上行多入多出等新技术，最大允许和 8 个设备同时通信（即最大允许 8 路并发接入）。采用 1024QAM 编码，最大

传输速率可以达到 9.6Gbps，最大单流速率可达 1200Mbps。

2. 无线局域网介质访问控制协议 CSMA/CA

无线局域网和以太网有很多相同之处。无线局域网使用的 MAC 地址和以太网是相同的，这样，无线终端可以很方便地接入以太网中。无线局域网使用的信道为无线信道，无线信道是一个共享信道，只能使用半双工通信方式。无线局域网和总线型以太网相似，但无线终端在发送数据时不能同时接收数据。在无线局域网中，介质访问控制协议和以太网的介质访问控制协议 CSMA/CD 有一些不同，无线局域网介质访问控制协议使用载波侦听多路访问 / 冲突避免（Carrier Sense Multiple Access /Collision Avoidance，CSMA/CA）。

由于无线终端在发送数据时不能接收数据，所以不能像总线型以太网那样进行冲突检测。在无线局域网中，介质访问控制协议 CSMA/CA 的工作过程如下。

无线终端在发送一个数据帧之前先侦听信道是否空闲，如果空闲，则发送一个数据帧。在发送完数据帧后，等待接收方发回的应答帧。如果接收到应答帧，说明发送成功；如果在规定的时间内不能接收到应答帧，说明发生了冲突或无线干扰，表示该次发送失败。在发送失败后，按照一个算法退避一段时间再进行重发。

由于无线局域网是共享信道，一个网络中的无线终端越多，网络性能越差。

8.7.2　无线路由器

无线路由器也称作 Wi-Fi 路由器，是具有无线发射和接收功能的网络连接设备。在这里只介绍室内的无线路由器，或者称为 SOHO（Small Office Home Office，SOHO，家居办公）无线路由器，对于区域无线覆盖接入技术可以参考本系列教材《高级路由交换技术》。

1. 无线路由器结构

图 8-4 是简单的 SOHO 无线路由器示意图，其实是由一个具有简单管理功能的路由器和一个带无线发送 / 接收功能的以太网交换机组成。内部结构如图 8-4（a）所示，后面板如图 8-4（b）所示。WAN 口是路由器连接到外网接口；其余的端口是以太网交换机端口 LAN 口，天线用于无线发送 / 接收。

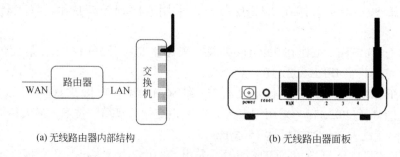

(a) 无线路由器内部结构　　　　　　　　　　(b) 无线路由器面板

图 8-4　SOHO 无线路由器的内部结构和面板

无线路由器带有基于 WAN 接口的网络地址转换配置 Easy IP，所有连接到交换机或通过无线连接的设备都通过网络地址转换与外网通信。虽然交换机部分带有的几个连接端口都称作 LAN 口，但在配置 LAN 口地址时，是指交换机连接的路由器端口。从前面课程知识我们应该知道，只有路由端口（网络层端口）才能配置 IP 地址，而面板上的 LAN 口只是交换机（数据链路层）端口，LAN 口 IP 地址其实就是交换机所连接的以太网内设备的网关地址。

2. 无线路由器的选购

1）Wi-Fi 4、Wi-Fi 5 还是 Wi-Fi 6

2018 年 10 月 Wi-Fi 联盟将 IEEE 802.11n 更名为 Wi-Fi4，IEEE 802.11ac 更名为 Wi-Fi 5，IEEE 802.11ax 命名为 Wi-Fi 6。

IEEE 802.11n 是 Wi-Fi 联盟 2009 年推出的标准，支持 2.4GHz 频段和 5GHz 频段，兼容 802.11a、802.11b 和 802.11g 标准，但最大传输速率只有 600Mbps，单流最大速率 150Mbps。

IEEE 802.11ac 是 Wi-Fi 联盟 2013 年推出的标准，后来又经过升级，有 Wave 1、Wave 2 等版本。Wi-Fi 5 使用 5GHz 频段，比 2.4GHz 频段有更大的带宽，还避开了家用电器、医疗设备使用的 2.4GHz 频段干扰，并且采用了多路复用传输技术，最初（Wave 1）最大传输速率可以达到 1300Mbps，有报道显示升级后的 Wi-Fi 5 最大传输速率可以达到 3Gbps 以上。

Wi-Fi 5 使用的 5G 频段和手机 5G 业务没有任何关系。但是，由于 Wi-Fi 5 不支持 2.4GHz 频段，一些不支持 5GHz 频段传输的旧手机、无线设备就不能连接到 Wi-Fi 5 了。

IEEE 802.11ax 是 Wi-Fi 联盟 2018 年推出的标准，命名为 Wi-Fi 6，是当前最新的无线局域网标准。Wi-Fi 6 是面向密集用户环境设计的，例如课堂教学环境。在 Wi-Fi 6 中通过子载波信道复用技术支持 8 路上行数据流和 8 路下行数据流，支持 8 路并发接入，最大传输速率可以达到 9.6Gbps，最大单流速率可以达到千兆，是名副其实的千兆路由器。

Wi-Fi 6 支持 2.4GHz 频段和 5GHz 频段，使其具有很好的向后兼容性。5GHz 频段虽然带宽比 2.4GHz 频段宽得多、传输速率更高，但是其传输距离和穿越障碍物能力较 2.4GHz 频段差。使用 Wi-Fi 6 移动联网时，当距离路由器较近时，会自动连接到 5GHz 频段，有较高的网速；当距离较远或墙壁阻挡较多时，会自动连接到 2.4GHz 频段，以增强信号强度。

选购路由器一般考虑无线传输速率的因素较多。但是，也应该考虑性能价格因素和网络需求及终端设备的因素。标称的速率是最大可以达到的速率而不是实际传输速率。

在选购无线路由器时，很多产品并不标注是 Wi-Fi 几，即便是标称 Wi-Fi 6 的产品，在其网络标准中也不见得有 802.11ax 标准。有些同时采用了 Wi-Fi 5 和 Wi-Fi 4 技术的产品就标称是 Wi-Fi 6，因为它们也支持 2.4GHz 和 5GHz 频段，具有了类似 Wi-Fi 6 的功能。所以选购无线路由器时要谨慎斟酌。

在网上还有标称万兆的无线路由器，有些人称为 Wi-Fi 7，据说是 Wi-Fi 联盟准备公布的下一代 Wi-Fi 标准。

2）通用无线路由器和光猫路由一体机

图 8-4 所示的无线路由器就是通用无线路由器，由路由器和交换机两部分组成。一般的无线路由器都是这种结构，常见的无线路由器都是指通用无线路由器。这种无线路由器的 WAN 口连接到外部网络，交换机端口或通过无线接入的设备组成内部局域网。

早期的无线路由器一般都是 1 根天线，或者是 2 根、3 根天线。商家的宣传是天线根数越多，无线信号越强，传输的距离越远，穿越的墙数越多。一般来说，天线的根数与无线信道最大传输速率有关，2.4GHz 频段单根天线的最大传输速率是 150Mbps，最大无线传输速率标称是 450Mbps 的无线路由器一般是 3 根 2.4GHz 天线；5GHz 频段单根天线的最大传输速率是 433Mbps，Wi-Fi 5、Wi-Fi 6 一般都是 4 根以上天线，甚至有 7、8 根的。Wi-Fi 6 路由器是把子载波分配到不同的天线上，实现与多个设备同时通信。即将用户分配到不同的设备上连接，在用户密集环境中提高用户的通信质量。

无线路由器的 WAN 端口需要连接到外网，这个外网可以是一个任意的局域网，无线路由器就像局域网中的一台 PC 一样连接。

但在家庭网络中一般需要通过宽带线路连接到网络运营商，现在宽带线路一般都是光缆，光缆上的通信设备（DCE）就是光猫。之所以称作光猫，是因为早期宽带线路一般为电话线，需要使用调制解调器（Modem，音译"猫"）作 DCE 设备，宽带线路升级为光缆之后的 DCE 设备人们就称之为光猫了。

现在家庭中使用的光猫一般都具有路由器功能。一般光猫可以设置成"桥接模式"和"路由模式"。桥接模式只提供光电信号的转换，其作用和宽带 Modem 类似。路由模式即相当于 Modem+ 路由器，这个路由器也具有 Easy IP 地址转换功能和一个有几个端口的以太网交换机。也有称作光猫路由一体机的，一般是指带有无线路由器功能的光猫。

在家庭中需要连接的网络设备不止一个时，例如有网络电视和电脑上网需求，光猫一般设置成路由模式。如果没有无线上网需求，只需要把网线插在光猫的 RJ-45 接口即可，相当于连接到以太网交换机。光猫在路由模式下已经将运营商提供的账号、密码配置在路由器中，电脑可以自动获取 IP 地址，连接之后就能上网。对于具有无线路由器功能的光猫，在运营商上门安装完成后，就可以直接无线上网了。这种一体机不需要用户自己购买无线路由器，不需要自己配置。但是，据有些用户反映无线信号不太理想，毕竟路由器功能是光猫附带的。市场上也有宣传功能强大的光猫路由一体机。但是，光猫是运营商提供和安装的，若自己购买恐怕有诸多问题。

3）路由器端口传输速率

在选购无线路由器时，可以看到琳琅满目的各种品牌无线路由器，什么 Wi-Fi 4、Wi-Fi 5、Wi-Fi 6，什么千兆双频穿墙王、双千兆等等。其实除了路由器的网络标准、无线网络支持的频率、无线传输速率之外，还需要考虑端口传输速率。

无线传输速率是无线信道的最大传输速率，单流速率是单通道可以达到的最大无线传输速率。无论无线传输速率多高，如果路由器 WAN 端口不支持千兆速率，网速也不可能达到千兆。早期的路由器 WAN 口和 LAN 口都支持百兆速率。在千兆以太网中，或者租用的光纤线路带宽超过了百兆速率，就需要使用千兆端口路由器，否则就不能发挥 Wi-Fi 5、Wi-Fi 6 的千兆无线传输功能，也浪费了光纤线路的租用带宽。

使用千兆端口路由器时需要注意，光猫端口一般都支持千兆速率传输，但是连接光猫和路由器 WAN 口的网线必须使用支持千兆速率的网线（否则网线就成了瓶颈），最好是超 5 类或 6 类以上千兆网线。百兆网线只使用 4 对双绞线中的 2 对传输数据，千兆网线使用 4 对双绞线传输数据。

一些无线路由器声称是双千兆端口路由器，就是其 WAN 口和 LAN 口都支持千兆传输速率。如果需要使用 LAN 口做千兆无线路由器的级联（如房间较多，有的房间无线信号较弱，需要通过网线再连接一个无线路由器实现 Wi-Fi 全覆盖），应该选购双千兆端口路由器，且网线要使用 6 类以上网线，网线长度不能超过 100m。

3. 无线路由器的连接方式

1）以太网内连接

将无线路由器的 WAN 口使用网线连接到交换机的一个端口上，无线路由器就等同于以太网内的一台 PC 机。在办公室内实现 Wi-Fi 上网和连接到设置成路由模式的光猫都是以太网内连接。

无线路由器在以太网内连接时 WAN 口需要分配一个 IP 地址，这个 IP 地址可以是固定的（静态 IP）；如果上级路由器中有 DHCP 服务，例如光猫中的路由器都有 DHCP 服务，WAN 口可以自动获得一个 IP 地址（动态 IP）。无线路由器中的 NAT 功能（Easy IP）会把网内地址和该接口地址进行转换。

2）连接到网络运营商

在家庭联网时，一般都采用通过网络运营商提供的早期宽带线路（ADSL）或现在的光纤线路连接到运营商的网络。对于早期的宽带线路，无线路由器的 WAN 口通过网线连接到宽带 Modem 的 RJ-45 接口上，用户上网需要向运营商缴费，所以运营商给用户提供账号和密码，用户上网时需要输入账号和密码。其实这种方式是通过广域网线路连接到运营商的以太网中，在广域网线路上的链路层协议是 PPP 协议，这种连接方式就称作 PPPoE方式（PPP over Ethernet）。在光纤线路上，如果光猫是桥接模式，光猫只是起到光电信号转换的作用，其他的和 ADSL 线路是一样的，都是 PPPoE 方式。

4. 无线路由器的配置准备

1）获取路由器的管理地址、管理员名称和登录密码

市场上有多种无线路由器产品，各种产品使用方法都不尽相同。在配置路由器前需要在无线路由器的使用说明书中或路由器底部都能找到如下重要信息。

（1）管理地址（或者 LAN 地址）：出厂默认配置的登录到路由器（进行配置）时需要使用的 IP 地址。一般无线路由器都是使用私有 IP 地址，大部分都是 192.168.x.1（x=0~254）。其实使用哪个私有地址都没有什么关系，但是，不管用什么方法，最好能找到这个 IP 地址。

（2）管理员名称、管理员密码：管理员密码在不同产品中的叫法不同，如管理密码、登录密码等，都是为了登录路由器进行管理配置使用的。各个产品出厂默认配置的管理员名称、管理员密码有很大差异，很多产品的管理员名称和管理员密码都是 admin；有的没有管理员名称，只有管理员密码；有的出厂没有设置管理员密码。这些在使用说明书中都能找到。

（3）Wi-Fi 名称：本无线路由器出厂时设置的在无线连接时选择的名称。Wi-Fi 名称在路由器底部标签或使用说明书中可以找到。

如果无线路由器不是新购置的，管理地址、管理员名称和管理员密码、Wi-Fi 名称都被修改过，那么可以参照说明书，长按面板上的"复位"（Reset）按钮就可以恢复路由器的出厂默认配置。

2）连接到无线路由器

（1）如果是 PPPoE 上网,将无线路由器的 WAN 口用网线连接到光猫的 RJ-45 接口上；如果是以太网内连接，将无线路由器的 WAN 口用网线连接到局域网交换机的一个端口。

（2）配置无线路由器可以使用手机或 PC 机。如果使用不带无线网卡的 PC 机配置无线路由器，需要将 PC 机用网线连接到无线路由器的 LAN 口上（交换机口），同时需要将 PC 机的 IP 地址配置在和路由器 LAN 地址在一个网段中。例如，LAN 的 IP 地址是192.168.3.1，那么 PC 机可以配置为 192.168.3.2；默认网关配置为 192.168.3.1。其实 Wi-Fi路由器都有动态地址配置服务（DHCP）功能，只要打开 PC 机上的 DHCP 开关，让 PC机自动获取 IP 地址即可。尤其是 PC 机通过无线连接到路由器时，都是需要让 PC 机自动获取 IP 地址。

（3）启动无线路由器。打开无线路由器电源，指示灯变绿之后说明路由器已经启动。

（4）登录 Web 配置页面。配置无线路由器一般都是 Web 配置方式，有些无线路由器提供 App 应用，扫描厂家提供的二维码可以下载安装该产品的 App，也可以使用 App 配置无线路由器。

使用 PC 机配置无线路由器，在计算机浏览器地址栏输入"http://lan 地址"，例如http://192.168.3.1。浏览器上会出现登录窗口，需要输入路由器管理员的用户名和密码。输入正确后打开 Web 配置界面。如果新购的无线路由器不使用管理员名称，登录窗口中就只要求输入管理员密码；如果出厂默认设置没有管理员密码，初次登录时会提示设置管理员密码。

对于无线上网的个人计算机或手机，无线路由器启动后，在可以连接的无线网络中找到该路由器的 Wi-Fi 名称，选中后就可以连接到该无线网络。PC 机或手机连接到无线网络后，在浏览器地址栏输入"http://lan 地址"后就可以打开登录窗口。

5. 无线路由器配置的主要内容

各种无线路由器 Web 配置界面都有自己的特色。无论 Web 配置页面是什么样式和布局，一般都是由选项按钮或菜单组成。在配置某款无线路由器时，需要找到以下主要配置内容进行配置。

1）WAN 口配置

从路由器 Web 管理窗口或菜单中找到"WAN 口设置"选项，打开 WAN 口配置窗口，对"WAN 口连接类型（或路由器模式）"进行配置。

在 WAN 口连接类型的下拉列表框或单选按钮中可以选择的连接类型有以下几种。

（1）PPPoE（或宽带拨号上网）：通过租用 ADSL 线路或光纤线路桥接模式的连接类型。

选择 PPPoE 连接类型后，配置窗口中会出现类似"上网账号"和"上网口令"的文本框，在相应文本框内输入运营商提供的账号和密码，单击"保存"按钮，以后就能够自动联网了。

（2）静态 IP（固定 IP 地址）或动态 IP（DHCP，自动获得 IP 地址）：无线路由器是以太网内连接时需要选择静态 IP 或动态 IP。如果给无线路由器 WAN 口分配的是一个固定IP 地址，就要选择 WAN 口连接类型为静态 IP。在选择了静态 IP 后，配置窗口中会有"IP地址""子网掩码""网关""DNS"的配置文本框，这些配置项需要根据分配给无线路由器 WAN 口参数配置；如果 WAN 口连接到的网络中有 DHCP 服务，即 WAN 口的 IP 地址可以自动获得，那么 WAN 口连接类型只需要选择动态 IP 或 DHCP 即可。

需要注意的是，如果 WAN 连接的是光猫，而且光猫是路由模式，也就是无线路由器连接到了光猫路由器的交换机端口上。那么就有一个问题，光猫上的 LAN 口一般也会使用私有 IP 地址，例如中国移动光猫 LAN 口的 IP 地址一般是 192.168.1.1，如果购买的无线路由器的 LAN 口地址也是 192.168.1.1，这时就需要修改无线路由器的 LAN 地址，配置方法在下面"无线路由器级联"中介绍。

无论选择那种连接类型，配置完成后都需要单击"保存"按钮保存配置。

2）无线配置

在配置窗口中找到类似"无线设置""Wi-Fi 配置"的选项，打开无线设置窗口进行无线参数配置。一般必须配置的无线参数有以下几种。

（1）无线名称（SSID，Wi-Fi 名称）：用来标识并区分不同的无线网络，在用户连接无线网络时选择的无线网络名称。可以使用厂家出厂设置的 Wi-Fi 名称（如果不设置无线名称），一般用户都会设置成自己独有的无线名称以便识别。但设置了无线名称并且保存后，再连接到该路由器需要选择新配置的无线网络名称。

（2）双频优选（多频合一）：在使用 2.4GHz 和 5GHz 频段的路由器上，无论是 Wi-Fi 6 还是同时采用了 Wi-Fi 5 和 Wi-Fi 4 技术的产品，无线路由器配置窗口中会有"双频优选"（多频合一）开关（或者单选按钮）。

打开了"双频优选"开关后，不需要单独配置 2.4GHz 和 5GHz 网络。路由器 2.4GHz 和 5GHz 网络只需要配置一个无线名称，有的产品只显示一个无线名称（即使用相同的无线名称）；有的产品同时生成一个"xxxx_5G"的无线名称，无线密码也使用相同的密码。

关闭"双频优选"开关后，需要分别配置 2.4GHz 和 5GHz 网络的无线名称和无线密码等参数。

（3）无线密码：用户连接到该无线网络时需要提供的密码。

完成这些必要配置后，保存配置，重启路由器，就可以无线上网了。更多功能的配置读者可以参考网上资料或自己探索。

3）修改管理员名称、管理员密码

在类似"路由设置"或者"系统工具"菜单中找到"修改管理员密码"的菜单项，就可以修改或设置新的管理员名称和管理员密码（有些路由器没有管理员名称设置）。有些无线路由器产品的管理员密码和无线密码使用同一个密码，设置了新的无线密码也就修改了管理员密码。修改管理员名称、管理员密码可以有效避免他人闯入你的系统。但是修改之后需要记录下来，以免因忘记而产生不必要的麻烦。

微课 8-2：无线路由器配置

6. 无线路由器的级联

在室内已经存在一个无线路由器的情况下，如果希望再连接一个路由器用于弥补某房间无线信号差的不足，或者感觉光猫路由一体机信号不理想，可以采用增加一个无线路由器级联到无线网络中。增加的路由器应该用网线连接到原路由器的 LAN 口上。对于千兆路由器，网线最好使用 6 类以上千兆网线。

在将新增的路由器用网线连接之前，需要先对该路由器进行必要的配置。根据级联的方式不同，配置的内容有所不同。

1）WAN 口级联

WAN 口级联网络连接示意图如图 8-5 所示。

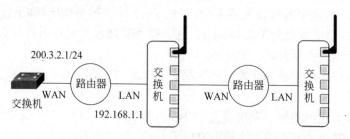

图 8-5　WAN 口级联网络连接示意图

假设原路由器的 LAN 口地址是 192.168.1.1，是该路由器的出厂设置的默认管理地址。从图 8-5 可以知道，后面路由器 WAN 口地址应该是 192.168.1.x，假设是 192.168.1.99/24。假设这两个路由器是同一品牌同一型号，那么第二个路由器的 LAN 口默认地址也是192.168.1.1。根据 IP 地址分配规则，由路由器连接的两个网络不能是相同的逻辑网络号，尽管无线路由器中有 NAT 转换也是不行的，路由器两侧不能连接相同的逻辑网络。所以在用 WAN 口级联时，需要完成的必要配置包括以下几点。

（1）WAN 口配置，选择动态 IP 即可，一般无线路由器都有 DHCP 服务。

（2）LAN 口配置，使用一个和前面逻辑网络不同的网络号即可。例如，192.168.2.1/24。

（3）配置无线网络，包括无线名称、无线密码。

前面说过无线路由器的 WAN 口连接到光猫，如果光猫是路由模式，其实就是无线路由器连接到一个以太网中，属于以太网内连接，无线路由器的 WAN 口应该选择自动获得IP 地址（动态 IP）。但是还必须注意光猫路由器的 LAN 口使用的 IP 地址，如果和无线路由器的 LAN 口地址相同，就需要修改无线路由器的 LAN 口的 IP 地址，使其不在相同的逻辑网络中。

2）LAN 口级联

LAN 口级联网络连接示意图如图 8-6 所示。

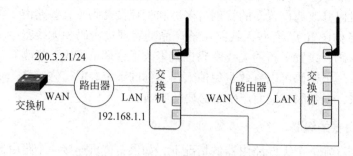

图 8-6　LAN 口级联网络连接示意图

从图 8-6 可以看到，实际上是交换机级联，整个网络处在一个逻辑网络内。第二个路由器的路由器部分是不起作用的。但是在连接之前需要对第二个路由器进行如下配置。

（1）关闭 DHCP 功能，所有地址由第一个路由器自动分配。

（2）配置 LAN 地址。让新增无线路由器的 LAN 口 IP 地址既在该逻辑网络内又不能和其他网内地址冲突。例如修改成 192.168.1.254。修改后要记住，以后再配置该路由器时需要登录这个地址。

　　LAN 口及联中，新增路由器只有 LAN 口连着交换机，实际上路由器是不工作的，该路由器就是连接到网内的一个无线站点。

8.8　小　　结

　　作为一种缓解 IP 地址空间紧张的技术，NAT 技术被广泛应用在计算机房、网吧以及中小企业的网络中。基于模拟公司分支机构对地址转换的需求，本章对常用的几种内部网络地址转换方式，包括静态 NAT、动态 NAT、NAPT、Easy IP 以及端口地址重定向的转换原理以及配置方法进行了介绍。Wi-Fi 接入是家庭及手机接入网络的主要方式，本章简单介绍了无线标准及无线路由器的简单配置方式。

8.9　习　　题

1. 内部网络地址转换有哪几种不同的类型？
2. 以下 NAT 技术中，可以实现多对一映射转换的是（　　　）。
　　A. 静态 NAT　　　　　B. 动态 NAT　　　　　C. Easy IP　　　　　D. NAT ALG
3. 在配置 NAT 时，（　　　）用来确定内部本地地址将被转换。
　　A. ACL　　　　　　　B. 地址池　　　　　　C. 地址转换表　　　　D. 进行 NAT 的接口
4. 无线路由器 LAN 默认 IP 地址是 192.168.0.1/24，如果用网线连接到无线路由器上计算机的 IP 地址配置成 192.168.1.2/24，那么能否使用 http://192.168.0.1 登录到无线路由器配置窗口？为什么？
5. 在配置无线路由器时，将路由器的 LAN 地址修改为 10.1.1.1，保存修改后会发生什么情况？为什么？

8.10　NAT 配置实训

　　实训学时：2 学时；每组实训学生人数：5 人。

1. 实训目的

（1）掌握 Easy IP 和 NAT Server 的配置方法。

（2）理解 Easy IP 和 NAT Server 的工作原理及转换过程。

2. 实训环境

（1）安装有 TCP/IP 协议的 Windows 系统 PC 机：2 台；Windows Server：1 台。

（2）路由器：2 台。

（3）二层交换机：1台。

（4）UTP 电缆：6 条。

（5）Console 电缆：2 条。

保持路由器和交换机均为出厂配置。

3. 实训准备（教师）

（1）按照图 8-7 所示的网络连接完成连接校园网路由器（或 3 层交换机）上的 NAT 配置和端口配置（各分组上连端口地址为 10.0.x.1，其中"x"为分组号）。

（2）配置 192.168.1.99 Server 的 Web 网站（如果没有 Windows Server，在作 Web Server 的 PC 机上启动 XAMPP 软件，开启 Apache 服务，保证 HTTP 服务可以正常运行，在此使用 XAMPP 提供的默认页面即可）。在 PC2 上使用 http://192.168.1.99 访问该 Web 网站。

（3）公布 DNS 地址，使学生能够使用域名访问 Internet 上的网站。

3. 实训准备（教师）

（1）按照图 8-7 所示的网络连接完成连接校园网路由器（或 3 层交换机）上的 NAT 配置和端口配置（各分组上连端口地址为 10.0.x.1，其中"x"为分组号）。

（2）配置 192.168.1.99 Server 的 Web 网站，使其能够在 PC1 上使用 http://192.168.1.99 访问该 Web 网站。

（3）公布 DNS 地址，使学生能够使用域名访问 Internet 上的网站。

4. 实训内容

（1）配置 Easy IP。

（2）配置 NAT Server。

5. 实验指导

（1）按照图 8-7 所示的网络拓扑结构搭建网络，完成网络连接。

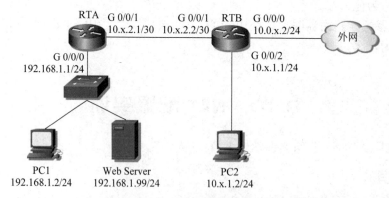

图 8-7　网络地址转换配置及验证实训

（2）按照图 8-7 所示为路由器和 PC 配置 IP 地址，在两台路由器上配置默认路由保障网络的连通性。

默认路由参考配置命令如下：

```
[RTA]ip route-static 0.0.0.0 0 10.x.2.2
[RTB]ip route-static 0.0.0.0 0 10.0.x.1
```

配置完成后，在两台路由器和 PC2 上使用 PING 命令测试与外部网络的连通性，应该可以 ping 通。但需要注意此时 PC1 和 Web Server 均无法连通外部网络，因为路由器 RTB 并不知道 PC1 和 Web Server 所在网段的存在。在实际网络应用中也是如此，需要进行地址转换的内部网络对外部网络而言是透明的（或者说是不存在的），外部网络不会知道使用私有 IP 地址的内部网络的存在，以防止私有 IP 地址在公共合法网络上的泄露。

（3）在路由器 RTA 上配置 Easy IP，使内网主机 PC1、Web Server 可以访问外部网络。
参考配置命令如下：

```
[RTA]acl 2000
[RTA-acl-basic-2000]rule permit source 192.168.1.0 0.0.0.255
[RTA-acl-basic-2000]quit
[RTA]interface GigabitEthernet 0/0/1
[RTA-GigabitEthernet 0/0/1]nat outbound 2000
```

配置完成后，在 PC1 和 Web Server 上使用 ping 命令应该能够 ping 通 PC2；在 PC1 上浏览器中使用 http://www.baidu.com 打开百度网站，即验证了 Easy IP 配置正确。

（4）在路由器 RTA 上配置 NAT Server，要求外部网络通过路由器 G 0/0/1 接口 IP 地址的 8080 端口可以访问到 Web Server 上的 HTTP 服务。

参考配置命令如下：

```
[RTA-GigabitEthernet 0/0/1]nat server protocol tcp global current-
interface 8080 inside 192.168.1.99 80
```

配置完成后，在 PC2 上使用浏览器访问地址 http://10.x.2.1:8080，应该能够打开 192.168.1.99web server 上的网站。

6. 实验报告

默认路由配置	RTA	
	RTB	
Easy IP 配置		
PC1 与百度网站连通性测试结果		

续表

Easy IP 地址转换过程分析	
NAT Server 配置	
PC2 访问 Web Server 的 HTTP 服务测试结果	
NAT Server 地址转换过程分析	

第 9 章 IPv6 基础

随着互联网络爆炸性的增长，IPv4 提供的地址空间正在被逐渐耗尽。为了缓解 IP 地址紧张的问题，在 IPv4 中引入了无类别域间路由、可变长子网掩码以及动态主机配置协议等解决方案。但这些方案都只能是暂时缓解而并不能从根本上解决 IP 地址紧张的问题。而要从根本上解决问题，就必须扩大 IP 地址空间，即扩充 IP 地址的位数。IPv6 协议使用 128 位的地址来取代 32 位的 IPv4 地址，从而极大扩充了 IP 地址的数量。IPv6 可以提供大约 3.4×10^{38}（即 340 万亿亿亿亿）个可用的地址，它所形成的巨大的地址空间能够为未来所有可以想象出的网络设备提供全球唯一的地址，而基本上没有被耗尽的可能。

9.1 IPv6 编址

9.1.1 IPv6 地址表示方法

我们已知 IPv4 的地址采用点分十进制的方法来表示，而 IPv6 采用了冒号（：）分隔的十六进制的表示方法。具体为将 IPv6 的 128 位地址分成 8 个 16 位的分组，每个分组用 4 位十六进制数来表示，在 16 位的分组之间用冒号（：）隔开。如：2001:0DB3:0100:2400:0000:0000:0540:9A6B 为一个完整的 IPv6 地址表示形式。可以看出，IPv6 的地址表示要比 IPv4 复杂得多，想要记住若干个 IPv6 地址几乎是不可能的，而且书写起来也比较费时。为了便于进行书写和记忆，IPv6 给出了两条缩短地址的指导性规则。

（1）IPv6 地址中每个 16 位分组的前导 0 可以省略，但每个分组至少要保留一位数字。如 IPv6 地址 2001:0DB3:0100:2400:0000:0000:0540:9A6B 可以写成：

```
2001:DB3:100:2400:0:0:540:9A6B
```

需要注意的是，只有前导 0 才可以省略，16 位分组中末尾的 0 不可以省略。如果省略掉末尾的 0 将会使 16 位分组的值变得不确定，因为无法确切地判断被省略的 0 的位置。

（2）一个或多个全 0 的 16 位分组可以用双冒号（::）来表示，但在一个地址中只能出现一次。

同样是 IPv6 地址 2001:0DB3:0100:2400:0000:0000:0540:9A6B，还可以被简写成：

```
2001:DB3:100:2400::540:9A6B
```

但是双冒号 "::" 绝对不能够在一个地址中出现多次，否则将会造成 IPv6 地址的指代不唯一。如 IPv6 地址 2001:0A05:0000:0000:0026:0000:0000:6A70，可以被表示为 2001:A05::26:0:0:6A70，也可以被表示为 2001:A05:0:0:26::6A70。但是绝对不能表示为

2001:A05::26::6A70，因为 2001:A05::26::6A70 可以表示成以下任何一个可能的 IPv6 地址：

```
2001:0A05:0000:0026:0000:0000:0000:6A70;
2001:0A05:0000:0000:0026:0000:0000:6A70;
2001:0A05:0000:0000:0000:0026:0000:6A70;
```

另外，在 IPv6 和 IPv4 混合环境中，IPv6 地址经常采用将低 32 位使用点分十进制的表示方法。如 IPv6 地址 2001:DB3:100:2400::540:9A6B 可以写成：

```
2001:DB3:100:2400::5.64.154.107
```

9.1.2　IPv6 报头格式

IPv6 的报头格式要比 IPv4 的报头格式简单很多，在 IPv4 的报头中共有 12 个基本报头字段，加上选项字段，长度为 20~60 字节（根据选项字段的扩展应用不同，长度有所区别，最短为 20 字节）。而在 IPv6 的报头中，去掉了 IPv4 报头中一些不常用的字段，将其放到了扩展报头中。IPv6 的报头共有 8 个报头字段，长度固定为 40 字节。具体如图 9-1 所示。

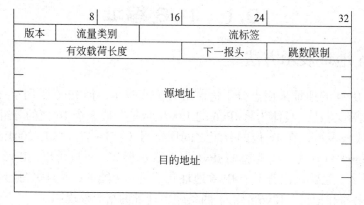

图 9-1　IPv6 报头格式

图 9-1 中各项说明如下。

（1）报头：与 IPv4 中的"版本"字段相同，用来表示 IP 协议的版本。长度为 4bit，取值为 0110，表示 IP 协议的版本为 6。

（2）流量类别：相当于 IPv4 协议报头中的"服务类型"字段，该字段用区分业务编码点标记一个 IPv6 数据包，以指出数据包应如何处理，长度为 8bit。

（3）流标签：IPv6 协议独有的字段，长度为 20bit。该字段通过为特定的业务流打上标签来区分不同的流，从而为不同的数据流提供相应的服务质量需求，或在负载均衡的应用中确保属于同一个流的数据包总能被转发到相同的路径上。目前，关于该字段仍然存在争论，在路由器上该字段目前被忽略。

（4）有效载荷长度：用来指定 IPv6 数据包所封装的有效载荷的长度，长度为 16bit，以字节进行计数。在 IPv4 中，由于其报头长度是可变的，因此要想得到 IPv4 数据包的有效载荷长度，必须用总长度字段的值减去报头长度字段的值。而 IPv6 的报头长度固定为

40 字节，因此单从有效载荷长度字段就可以得到有效载荷的起始和结尾。

（5）下一报头：跟在该 IPv6 数据报头后面的报头，长度为 8bit。与 IPv4 协议报头中的"协议"字段类似，但在 IPv6 中下一报头字段并不一定是上层协议报头（如 TCP、ICMP 等），还有可能是一个扩展的头部（如提供分段、源路由选择、认证等功能）。

（6）跳数限制：与 IPv4 协议报头中的 TTL 字段完全相同，长度为 8bit。定义了 IPv6 数据包在网络中所能经过的最大跳数。如果跳数限制的值减少为 0，则该数据包将被丢弃。

（7）源地址：标识发送方的 IPv6 地址，长度为 128bit。

（8）目的地址：标识接收方的 IPv6 地址，长度为 128bit。

需要注意的是，由于上层协议通常携带有错误校验和恢复机制，因此在 IPv6 报头中，不再包含校验相关字段。

9.1.3　IPv6 地址类型

IPv6 地址存在三种不同的类型：单播（Unicast）地址、任意播（Anycast）地址和多播（Multicast）地址。与 IPv4 的地址分类方法类似，IPv6 也使用起始的一些二进制位的取值来区分不同的地址类型，如表 9-1 所示。

表 9-1　IPv6 地址类型

地 址 类 型	高位数字（二进制表示）	高位数字（十六进制表示）
不确定地址	00…0	::/128
环回地址	00…1	::1/128
多播地址	11111111	FF00::/8
本地链路地址	1111111010	FE80::/10
本地站点地址	1111111011	FEC0::/10
全球单播地址	001	2000::/3
保留地址（尚未分配）	其他所有地址	

需要注意的是，在 IPv6 中不再有广播地址，而是通过一个包含了"全部节点"的多播地址来实现类似 IPv4 中广播地址的功能。

1. 单播地址

单播地址用来表示单台设备。在 IPv6 中，单播地址可以分为以下几种。

1）全球单播地址

全球单播地址是指该地址在全球范围内唯一。它一般可以通过向上聚合，最终到达 ISP。全球单播地址格式如图 9-2 所示。

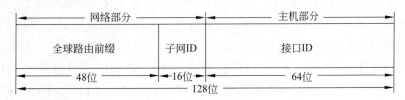

图 9-2　全球单播地址格式

全球单播地址通常由 48 位全球路由前缀、16 位子网 ID 和 64 位的接口 ID 组成。全球单播地址由 Internet 地址授权委员会（Internet Assigned Numbers Authority，IANA）进行分配，使用的地址段为 2000::/3，它占全部 IPv6 地址空间的 1/8，是最大的一块分配地址。实际上，目前 IANA 将 2001::/16 范围内的 IPv6 地址空间分配给了五家地区 Internet 注册机构（Regional Internet Registries，RIR），而 RIR 通常会把长度为 /32 或 /35 的 IPv6 前缀分配给本地 Internet 注册机构（Local Internet Registries，LIR），LIR 再把更长的前缀（通常是 /48）分配给自己的客户。

IPv6 地址中的子网 ID 部分位于网络部分，而不像 IPv4 将子网 ID 放到主机部分中。这样可以使所有的 IPv6 地址的主机部分长度保持一致，从而简化了地址解析的复杂度。子网 ID 部分长度固定为 16 位，可以提供 65536 个不同的子网。使用固定长度的子网 ID 虽然会对地址造成一定的浪费，但是考虑到 IPv6 的地址空间的大小，这个浪费是可以接受的。

IPv6 地址中的主机部分称为接口 ID，如果一台主机拥有多个接口，则可以为每一个接口配置一个 IPv6 地址。事实上，一个接口也可以配置多个 IPv6 地址。接口 ID 部分长度固定为 64 位。

2）本地单播地址

与全球单播地址相对应，本地单播地址只是对特定的链路或站点具有本地意义。本地单播地址根据其应用范围可以被分成两类。

（1）本地站点地址。又称为地区本地单播地址，它的使用范围限定在一个地区或组织内部，仅保证在一个给定的地区或组织内部唯一，而在其他的地区或组织内的设备可以使用相同的地址。因此，本地站点地址仅在本区域内可路由。其功能与 IPv4 中定义的私有 IP 地址类似。使用的地址段是 FEC0::/10。

本地站点地址对于那些希望使用 NAT 技术维持自己网络独立于 ISP 的组织来说是非常有用的。但是由于本地站点地址在实际应用中存在一些问题，因此在 RFC 3879 中已经明确不再赞成使用本地站点地址。

（2）本地链路地址。又称为链路本地单播地址，它的使用范围限定在特定的物理链路上，仅保证在所在链路上唯一，而在其他链路上可以使用相同的地址。因此，本地链路地址离开其所在的链路是不可路由的。本地链路地址只是用于特定物理网段上的本地通信，如邻居发现等。使用的地址段是 FE80::/10。

当在一个节点上启用 IPv6 协议栈时，该节点的每个接口将自动配置一个本地链路地址。采用的方法是 MAC-to-EUI64 转换机制。在 MAC-to-EUI64 转换中，将在 48 位的 MAC 地址中间插入一个保留的 16 位数值 0xFFFE，并把其高字节的第七位，即全局 / 本地（Universal/Local，U/L）位设置为 1，从而获得一个 64 位的接口 ID，如图 9-3 所示。

将 48 位的 MAC 地址 00-16-D3-BA-BE-8A 通过 MAC-to-EUI64 转换得到 64 位的接口 ID 为：0216:D3FF:FEBA:BE8A。将转换得到的接口 ID 加上本地链路地址的通用前缀 FE80::/64 就构成了一个完整的本地链路地址：FE80:: 0216:D3FF:FEBA:BE8A/64。

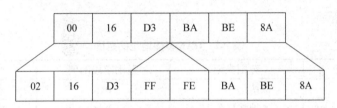

图 9-3　MAC-to-EUI64 转换

3）环回地址

与 IPv4 的环回地址类似，用来向自身发送 IPv6 数据包来进行测试，不能分配给任何物理接口。但与 IPv4 分配了一个地址块不同，在 IPv6 中，环回地址仅有一个，为单播地址 0:0:0:0:0:0:0:1/128，即 ::1/128。

4）不确定地址

不确定地址用来标识一个还未确定的实际 IPv6 地址。如在初始化主机时，在主机尚未获得自己的地址以前，在主机发送的 IPv6 数据包源地址字段需要使用不确定地址。不确定地址为 0:0:0:0:0:0:0:0/128，即 ::/128。

2. 任意播地址

任意播地址又称为泛播地址。任意播是一种一到最近点的通信。一个任意播地址被分配给不同节点上的多个接口。目的地址为任意播地址的数据包被路由器从代价最低的路由送出，到达任意播地址标识的接口之一。

任意播地址是根据其提供的服务功能来进行定义的，而不是根据它们的格式。理论上，任何一个 IPv6 单播地址都可以作为任意播地址来进行使用。要区分单播地址和任意播地址是不可能的。但实际上为了特定的用途，在每一个网段都保留了一个任意播地址，它由本网段的 64 位的单播前缀和全 0 的接口 ID 组成。该保留任意播地址也称为子网 - 路由器任意播地址。

3. 多播地址

多播地址用来标识一组接口（即一个多播组）。目的地址为多播地址的数据包将会被发送到该多播地址标识的所有接口，是一种一对多的通信。一个多播组可能只有一个接口，也可能包含该网络上的所有接口。当包含所有接口时，实际上就是广播。IPv6 多播地址使用的地址段是 FF00::/8。具体的地址格式如图 9-4 所示。

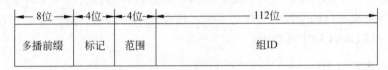

图 9-4　IPv6 多播地址格式

多播地址的最高 8 位是多播前缀，其取值为 8 位全 1，即 0xFF。多播前缀后跟的 4 位称为标记位，前 3 位设置为 0，第 4 位用来指示该地址是永久的、公认的地址（取值为 0），还是一个管理分配使用的暂时性的地址（取值为 1）。接下来的 4 位表示该地址的范围，如表 9-2 所示。

表 9-2　IPv6 多播地址的范围

范围字段的值	范围类型	范围字段的值	范围类型
0x0	保留	0x5	本地站点范围
0x1	本地接口范围	0x8	组织机构范围
0x2	本地链路范围	0xE	全球范围
0x3	本地子网范围	0xF	保留
0x4	本地管理范围		

最后的 112 位作为组 ID，用来标识不同的多播组。目前前面的 80 位为 0，只使用后面的 32 位。常用的多播地址如表 9-3 所示。

表 9-3　IPv6 常用多播地址

多播地址	多　播　组	多播地址	多　播　组
FF02::1	所有的节点	FF02::A	EIGRP 路由器
FF02::2	所有的路由器	FF02::B	移动代理
FF02::5	OSPFv3 路由器	FF02::C	DHCP 服务器 / 中继代理
FF02::6	OSPFv3 指定路由器	FF02::D	所有的 PIM 路由器
FF02::9	RIPng 路由器		

9.2　IPv6 配置

默认情况下，华为路由器的 VRP 禁止 IPv6 流量的转发。因此在进行关于 IPv6 的配置之前，需要首先启用 IPv6 流量的转发功能。具体命令如下：

```
[Huawei]ipv6
```

在启用了 IPv6 流量转发后，就可以进行具体的接口和路由协议的配置了。

9.2.1　IPv6 地址配置

IPv6 地址可以静态指定，也可以动态获得。动态获得的方法包括无状态自动配置和基于 DHCPv6 的全状态自动配置，具体的实现方法在此不再讨论。静态指定的方法包括手动指定接口 ID 和 EUI-64 指定接口 ID。

1. 手动指定接口 ID

手动指定接口 ID 的方法是需要手动指定 IPv6 地址的前缀（网络部分）和接口 ID（主机部分）。命令格式如下：

```
[Huawei-interface-number]ipv6 enable
[Huawei-interface-number]ipv6 address {ipv6-address prefix-length|ipv6-address/prefix-length}
```

例如，要给路由器的接口 GigabitEthernet 0/0/0 配置 IPv6 地址 2001::1/64，具体配置命令如下：

```
[Huawei]interface GigabitEthernet 0/0/0
[Huawei-GigabitEthernet 0/0/0]ipv6 enable
[Huawei-GigabitEthernet 0/0/0]ipv6 address 2001::1/64
```

配置完成后，在路由器上运行 display ipv6 interface GigabitEthernet 0/0/0 命令查看接口状态如下：

```
[Huawei]display ipv6 interface GigabitEthernet 0/0/0
GigabitEthernet 0/0/0 current state : UP
IPv6 protocol current state : UP
IPv6 is enabled, link-local address is FE80::5689:98FF:FE21:55E8
  Global unicast address(es):
    2001::1, subnet is 2001::/64 [TENTATIVE]
  Joined group address(es):
    FF02::1:FF00:1
    FF02::2
    FF02::1
    FF02::1:FF21:55E8
  MTU is 1500 bytes
  ND DAD is enabled, number of DAD attempts: 1
  ND reachable time is 30000 milliseconds
  ND retransmit interval is 1000 milliseconds
  Hosts use stateless autoconfig for addresses
```

从显示的结果可以看出，在接口 GigabitEthernet 0/0/0 上配置了全球单播地址 2001::1/64，系统自动配置本地链路地址 FE80::5689:98FF:FE21:55E8。另外，在接口上会自动加入几个多播地址，包括：表示本地链路所有节点的 FF02::1 和被请求节点多播地址 FF02::1:FF00:1 和 FF02::1:FF21:55E8 等。

2. EUI-64 指定接口 ID

EUI-64 指定接口 ID 的方法是手动指定 IPv6 地址的前缀（网络部分），并从设备的第二层 MAC 地址提取接口 ID（主机部分）。命令格式如下：

```
[Huawei-interface-number]ipv6 address ipv6-address/prefix-length eui-64
```

例如，要给路由器的接口 GigabitEthernet 0/0/1 配置 IPv6 地址前缀为 2002::/64，通过 EUI-64 获得接口 ID，具体配置命令如下：

```
[Huawei]interface GigabitEthernet 0/0/1
[Huawei-GigabitEthernet 0/0/1]ipv6 enable
[Huawei-GigabitEthernet 0/0/1]ipv6 address 2002::/64 eui-64
```

配置完成后，在路由器上运行 display ipv6 interface GigabitEthernetEthernet 0/0/1 命令查看接口状态如下：

```
[Huawei]display ipv6 interface GigabitEthernet 0/0/1
```

```
GigabitEthernet 0/0/1 current state : UP
IPv6 protocol current state : UP
IPv6 is enabled, link-local address is FE80::5689:98FF:FE21:55E9
  Global unicast address(es):
    2002::5689:98FF:FE21:55E9, subnet is 2002::/64
  Joined group address(es):
    FF02::1:FF21:55E9
    FF02::2
    FF02::1
  MTU is 1500 bytes
  ND DAD is enabled, number of DAD attempts: 1
  ND reachable time is 30000 milliseconds
  ND retransmit interval is 1000 milliseconds
  Hosts use stateless autoconfig for addresses
```

从显示的结果可以看出，在接口 GigabitEthernet 0/0/1 上配置的全球单播地址为 2002::5689:98FF:FE21:55E9，其中接口 ID 部分是由 MAC 地址 5489-9821-55e9 通过 MAC-to-EUI64 转换而来。

9.2.2　IPv6 路由协议

IPv6 路由实现与 IPv4 上类似，在这里只简要介绍 RIPng 协议的实现。RIPng 协议是基于 RIPv2 的升级版协议，其原理与 RIPv2 相似，只不过提供了对于 IPv6 的支持。RIPng 协议的主要特点如下。

（1）RIPng 是距离矢量路由选择协议，跳数限制为 15。

（2）使用多播地址 FF02::9 作为路由更新的目的地址。

（3）在 UDP 端口 521 上发送路由更新信息。

（4）采用水平分割和毒性逆转更新来防止路由环路的产生。

1. RIPng 配置

RIPng 协议的配置涉及的命令如下：

```
[Huawei]ripng process-id
[Huawei-interface-number]ripng process-id enable
```

首先，创建 RIPng 进程；在 RIPng 中不再使用 network 命令来发布网络和指定参与路由的接口，而是通过在接口配置视图下使用 ripng process-id enable 命令在接口上启用 RIPng。其中，ripng process-id enable 命令中的 process-id 参数要求必须和 ripng process-id 命令中的 process-id 参数一致。

对于如图 9-5 所示的网络，要求配置 RIPng 协议以实现不同网段之间的连通性。

路由器 RTA 的配置如下：

```
[RTA]ipv6
[RTA]ripng 1
[RTA-ripng-1]quit
```

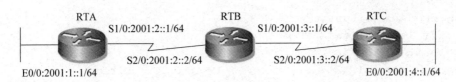

图 9-5　RIPng 配置

```
[RTA]interface GigabitEthernet 0/0/0
[RTA-GigabitEthernet 0/0/0]ipv6 enable
[RTA-GigabitEthernet 0/0/0]ipv6 address 2001:1::1/64
[RTA-GigabitEthernet 0/0/0]ripng 1 enable
[RTA-GigabitEthernet 0/0/0]quit
[RTA]interface Serial 1/0
[RTA-Serial1/0]ipv6 enable
[RTA-Serial1/0]ipv6 address 2001:2::1/64
[RTA-Serial1/0]ripng 1 enable
```

路由器 RTB 的配置如下：

```
[RTB]ipv6
[RTB]ripng 1
[RTB-ripng-1]quit
[RTB]interface Serial 2/0
[RTB-Serial2/0]ipv6 enable
[RTB-Serial2/0]ipv6 address 2001:2::2/64
[RTB-Serial2/0]ripng 1 enable
[RTB-Serial2/0]quit
[RTB]interface Serial 1/0
[RTB-Serial1/0]ipv6 enable
[RTB-Serial1/0]ipv6 address 2001:3::1/64
[RTB-Serial1/0]ripng 1 enable
```

路由器 RTC 的配置如下：

```
[RTC]ipv6
[RTC]ripng 1
[RTC-ripng-1]quit
[RTC]interface Serial 2/0
[RTC-Serial2/0]ipv6 enable
[RTC-Serial2/0]ipv6 address 2001:3::2/64
[RTC-Serial2/0]ripng 1 enable
[RTC-Serial2/0]quit
[RTC]interface GigabitEthernet 0/0/0
[RTC-Ethernet 0/0/0]ipv6 enable
[RTC-Ethernet 0/0/0]ipv6 address 2001:4::1/64
[RTC-Ethernet 0/0/0]ripng 1 enable
```

配置完成后，在路由器 RTA 上执行 display ipv6 routing-table 命令查看 IPv6 路由表如下：

```
[RTA]display ipv6 routing-table
```

```
Routing Table : Public
        Destinations : 8          Routes : 8

Destination: ::1/128              Protocol  : Direct
NextHop    : ::1                  Preference: 0
Interface  : InLoop0              Cost      : 0

Destination: 2001:1::/64          Protocol  : Direct
NextHop    : 2001:1::1            Preference: 0
Interface  : Eth0/0              Cost      : 0

Destination: 2001:1::1/128        Protocol  : Direct
NextHop    : ::1                  Preference: 0
Interface  : InLoop0              Cost      : 0

Destination: 2001:2::/64          Protocol  : Direct
NextHop    : 2001:2::1            Preference: 0
Interface  : S1/0                 Cost      : 0

Destination: 2001:2::1/128        Protocol  : Direct
NextHop    : ::1                  Preference: 0
Interface  : InLoop0              Cost      : 0

Destination: 2001:3::/64          Protocol  : RIPng
NextHop    : FE80::7F75:B:3       Preference: 100
Interface  : S1/0                 Cost      : 1

Destination: 2001:4::/64          Protocol  : RIPng
NextHop    : FE80::7F75:B:3       Preference: 100
Interface  : S1/0                 Cost      : 2

Destination: FE80::/10            Protocol  : Direct
NextHop    : ::                   Preference: 0
Interface  : NULL0                Cost      : 0
```

从显示的结果可以看出，通过 RIPng 协议学习到了两条分别去往网络 2001:3::/64 和 2001:4::/64 的路由。需要注意的是，学习到的动态路由的下一跳地址是路由器 RTB 的接口 Serial 2/0 的本地链路地址 FE80::7F75:B:3。

2. RIPng 验证

与 IPv4 环境下类似，在 IPv6 环境下也有一些命令用来进行配置的验证和故障排除。

1）display ripng

使用 display ripng 命令可以查看 RIPng 协议当前的运行状态和配置信息。在路由器 RTA 上执行 display ripng 1 命令显示结果如下：

```
[RTA]display ripng 1
```

```
    Public vpn-instance name :
      RIPng process : 1
          Preference : 100
          Checkzero : Enabled
          Default Cost : 0
          Maximum number of balanced paths : 8
          Update time    :   30 sec(s)  Timeout time      :  180 sec(s)
          Suppress time :  120 sec(s)  Garbage-Collect time :  120 sec(s)
          Number of periodic updates sent : 41
          Number of trigger updates sent : 3
```

从显示的结果可以看出在路由器上运行的 RIPng 协议的优先级、路由更新周期、路由老化时间以及发送的路由更新包的数量等信息。

2）display ripng *process-id* route

display ripng *process-id* route 命令用来查看 RIPng 的路由表。在 RTA 上执行 display ripng 1 route 命令显示结果如下：

```
[RTA]display ripng 1 route
  Route Flags: A - Aging, S - Suppressed, G - Garbage-collect
-----------------------------------------------------------------
Peer FE80::7F75:B:3  on Serial1/0
Dest 2001:2::/64,
    via FE80::7F75:B:3, cost  1, tag 0, A, 0 Sec
Dest 2001:3::/64,
    via FE80::7F75:B:3, cost  1, tag 0, A, 0 Sec
Dest 2001:4::/64,
    via FE80::7F75:B:3, cost  2, tag 0, A, 0 Sec
```

从显示的结果可以看到通过 RIPng 进程学习到的路由。

9.3　IPv6 过渡策略

从网络发展趋势而言，IPv6 最终将取代 IPv4 成为网络层的主要协议。但是，IPv4 并不会一夜之间消失。事实上，从 IPv4 向 IPv6 的过渡将会持续很长的一段时间，在这段时间内 IPv6 将与 IPv4 共存。这就要考虑到如何在过渡期间实现 IPv6 网络与 IPv4 网络的兼容。目前为业界所接受的主要有三种不同的过渡策略：双协议栈、隧道封装和协议转换。

9.3.1　双协议栈

双协议栈（Dual Stack）是一种集成的方法，通过该方法，网络中的节点可以同时连接 IPv4 和 IPv6 网络。它需要将网络中的路由器、交换机以及主机等配置为同时支持 IPv4 和 IPv6 协议，并将 IPv6 作为优先协议。双协议栈节点根据数据包的目的地址选择使用的协议栈，在 IPv6 可用的时候，双协议栈节点将优先使用 IPv6，而旧的纯 IPv4 应用程序仍能像以前一样工作。

在传统的应用程序中，应用程序编程接口（API）一般仅提供对于 IPv4 协议的支持，因为应用本身调用的 API 函数只能够处理 32 位的 IPv4 地址。而在双协议栈节点上，应用程序必须被修改成能够同时支持 IPv4 和 IPv6 协议栈，使应用能够运行在 IPv4 上的同时，还能够调用具有 128 位地址处理能力的 API 函数，如图 9-6 所示。

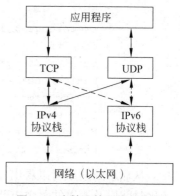

图 9-6　支持双协议栈的应用

应用程序在传输层使用 TCP 或者 UDP 进行封装，进入网络层后，可以根据需要任意选择 IPv4 或者 IPv6 协议栈来封装数据包，然后将数据包送往底层网络。需要注意的是，对于使用 IPv4 协议封装的数据包，以太网帧的协议 ID 字段的值是 0x0800；而对于使用 IPv6 协议封装的数据包，以太网帧的协议 ID 字段的值是 0x86DD。

在路由器上，如果为某个接口同时配置了 IPv4 和 IPv6 的地址，则该接口就成为双协议栈接口，将能够同时转发 IPv4 和 IPv6 的数据包。例如，对路由器的 GigabitEthernet 0/0/0 接口做如下配置：

```
[Huawei]ipv6
[Huawei]interface GigabitEthernet 0/0/0
[Huawei-GigabitEthernet 0/0/0]ip address 202.207.122.187 24
[Huawei-GigabitEthernet 0/0/0]ipv6 enable
[Huawei-GigabitEthernet 0/0/0]ipv6 address 2001:abcd:1234::1/64
```

配置完成后，接口 GigabitEthernet 0/0/0 即为双协议栈接口。通过 display current-configuration 命令可以看到该接口同时启用了 IPv4 和 IPv6 两个地址。

```
[Huawei]display current-configuration
--------output omitted--------
interface GigabitEthernet0/0/0
 ipv6 enable
 ip address 202.207.122.187 255.255.255.0
 ipv6 address 2001:ABCD:1234::1/64
--------output omitted--------
```

双协议栈是推荐使用的 IPv6 过渡策略，在双协议栈无法实现的情况下，则需要考虑使用隧道封装的方法来实现。

9.3.2　隧道封装

在目前的网络中，主干网络仍然是基于 IPv4 来实现的，而 IPv6 网络更多时候是以存在于 IPv4 网络海洋中的孤岛形式来出现。要实现 IPv6 孤岛之间的通信，必然要使用现有的 IPv4 网络进行路由，而 IPv4 网络并不能识别 IPv6。解决的方法是在 IPv6 岛屿间的 IPv4 网络之上配置一条隧道，将 IPv6 数据包封装到 IPv4 数据包中进行传输，由 IPv6 岛屿与 IPv4 网络边缘的边界路由器来执行 IPv6 数据包的封装和解封装，如图 9-7 所示。

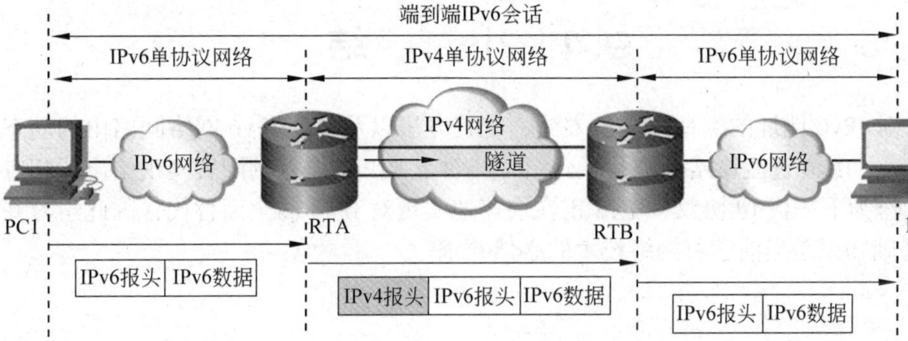

图 9-7　通过 IPv4 隧道传输 IPv6 数据包

　　PC1 和 PC2 所在的 IPv6 网络通过一个 IPv4 网络连接，在路由器 RTA 和 RTB 之间建立了一个传输 IPv6 数据包的 IPv4 隧道。在 PC1 要和 PC2 之间进行端到端的会话时，PC1 发送一个 IPv6 数据包，该数据包由 IPv6 报头和数据组成，其中 IPv6 报头封装的目的地址是 PC2 的 IPv6 地址。数据包通过 IPv6 网络被传送到作为隧道入口的边界路由器 RTA，RTA 将 IPv6 数据包使用 IPv4 协议再次封装，为其封装上一个不带选项的 20 字节 IPv4 报头，其中 IPv4 报头的协议类型字段指定为 41。IPv4 数据包通过 IPv4 网络最终发送到路由器 RTB，作为隧道的终点，RTB 对接收到的 IPv4 数据包进行解封装，并把解封装得到的 IPv6 数据包通过 IPv6 网络传送给目的主机 PC2，从而实现了 IPv6 孤岛之间的通信。从传输过程可以看出，IPv6 数据包在整个过程中没有发生任何改变。

　　隧道封装技术要求作为隧道边界的路由器 RTA 和 RTB 必须支持双协议栈。

　　隧道封装技术虽然在一定程度上解决了 IPv6 孤岛之间的通信，但它自身也存在着一些难以解决的问题。典型的问题是：由于在 IPv6 数据包外封装了一个 20 字节的 IPv4 报头，IPv6 的有效 MTU 也就减少了 20 字节；另外，由于 IPv4 协议和 IPv6 协议对于 MTU 大小的定义不同，IPv6 数据包在 IPv4 网络中可能会发生分段，这种分段将需要隧道边界路由器进行额外的处理并会影响网络传输性能。隧道封装的另一个重要问题是，一旦出现网络故障将难以排除。这是因为在数据包传输出现问题时，IPv6 源主机需要知道出错的 IPv6 数据包中的地址字段，但 ICMPv4 差错消息仅返回数据包的 IPv4 报头之外的 8 个字节的数据。

　　尽管存在很多问题，但基于 IPv4 网络的 IPv6 隧道传输仍然是可以接受的。互联网任务工程组（Internet Engineering Task Force，IETF）针对 IPv6 协议定义了在双协议栈节点间建立隧道的协议和技术，包括配置隧道、隧道代理、隧道服务器、6to4、GRE 隧道、站内自动隧道编址协议（ISATAP）等。感兴趣的读者可以自行查阅相关资料。

　　除了双协议栈和隧道封装技术外，协议转换技术通过 NAT-PT 可以实现 IPv6 网络上的 IPv6 单协议网络节点和 IPv4 网络上的 IPv4 单协议网络节点之间的通信，但这种转换技术相对比较复杂，因此应用相对较少。

　　无论采用哪一种过渡策略，都只是在 IPv4 和 IPv6 共存阶段的暂时技术，而不是最终的解决方案。网络发展的最终目标是建立纯粹的 IPv6 网络架构。

微课 9-1：IPv6 配置

9.4　小　　结

本章对 IPv6 地址的类型、表示方法、配置方法以及实现 IPv6 网络间路由的动态路由协议 RIPng、IPv6 过渡策略等进行了介绍，并对于 RIPng 协议的配置实现给出了相应的配置案例。作为下一代 IP 协议，IPv6 正在快速地实现对 IPv4 的全面替代，因此学习并掌握 IPv6 的基础知识是当前学习网络技术的必然要求。

9.5　习　　题

1. IPv6 地址由多少位二进制数组成，如何表示？

2. 为了便于进行书写和记忆，IPv6 给出了哪些缩短地址的指导性规则？

3. IPv6 地址有 3 种类型，下面选项中不属于这 3 种类型的是（　　　）。

    A. 广播　　　　　　　　B. 组播　　　　　　　　C. 单播　　　　　　　　D. 任意播

4. IPv6 地址 12CD:0000:0000:FF30:0000:0000:0000:0000/60 可以表示成各种简写形式，下面选项中，正确的写法是（　　　）。

    A. 12CD:0:0:FF30::/60　　　　　　　　B. 12CD:0:0:FF3/60

    C. 12CD::FF30/60　　　　　　　　　　D. 12CD::FF30::/60

5. IPv6 地址 FF05::B3 的完整形式是（　　　）。

    A. FF05:0000:B300　　　　　　　　　　B. FF05:0:0:0:0:0:0:B300

    C. FF05:0000:00B3　　　　　　　　　　D. FF05:0:0:0:0:0:0:00B3

6. 在 IPv6 的组播地址中，表示所有 RIPng 路由器的组播地址是（　　　）。

    A. FF02::1　　　　　B. FF02::2　　　　　C. FF02::5　　　　　D. FF02::9

9.6　IPv6 实训

实训学时：2 学时；每实验组学生人数：5 人。

1. 实训目的

（1）掌握 IPv6 地址及路由配置方法。

（2）掌握 RIPng 配置方法。

2. 实训环境

（1）安装有 TCP/IP 通信协议的 Windows 系统 PC 机：5 台。

（2）华为路由器：3 台。

（3）背对背线缆：3 条。

（4）超 5 类 UTP 电缆：4 条。

（5）Console 电缆：3 条。

保持所有的路由器均为出厂配置。

3. 实训内容

（1）配置 IPv6 地址及路由。

（2）配置 RIPng 及网络连通测试。

4. 实训指导

（1）按照图 9-8 所示的网络拓扑结构搭建网络，完成网络连接。

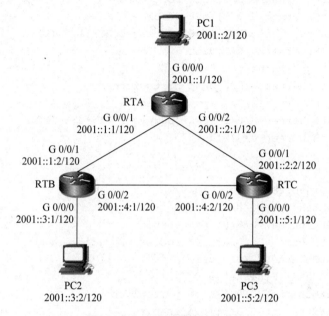

图 9-8　IPv6 实训网络拓扑结构

（2）按照图 9-8 所示为 PC 机、路由器的以太口 IPv6 地址。参考配置如下：

```
[RTA]ipv6
[RTA]inter GigabitEthernet 0/0/0
[RTA-GigabitEthernet 0/0/0]undo portswitch
[RTA-GigabitEthernet 0/0/0]ipv6 enable
[RTA-GigabitEthernet 0/0/0]ipv6 address 2001::1 120
[RTA-GigabitEthernet 0/0/0]quit
[RTA]inter GigabitEthernet 0/0/1
[RTA-GigabitEthernet 0/0/1]undo portswitch
[RTA-GigabitEthernet 0/0/1]ipv6 enable
[RTA-GigabitEthernet 0/0/1]ipv6 address 2001::1:1 120
[RTA-GigabitEthernet 0/0/1]quit
[RTA]inter GigabitEthernet 0/0/2
[RTA-GigabitEthernet 0/0/2]undo portswitch
[RTA-GigabitEthernet 0/0/2]ipv6 enable
[RTA-GigabitEthernet 0/0/2]ipv6 address 2001::2:1 120
```

```
[RTA-GigabitEthernet 0/0/2]quit

[RTB]ipv6
[RTB]inter GigabitEthernet 0/0/0
[RTB-GigabitEthernet 0/0/0]undo portswitch
[RTB-GigabitEthernet 0/0/0]ipv6 enable
[RTB-GigabitEthernet 0/0/0]ipv6 address 2001::3:1 120
[RTB-GigabitEthernet 0/0/0]quit
[RTB]inter GigabitEthernet 0/0/1
[RTB-GigabitEthernet 0/0/1]undo portswitch
[RTB-GigabitEthernet 0/0/1]ipv6 enable
[RTB-GigabitEthernet 0/0/1]ipv6 address 2001::1:2 120
[RTB-GigabitEthernet 0/0/1]quit
[RTB]inter GigabitEthernet 0/0/2
[RTB-GigabitEthernet 0/0/2]undo portswitch
[RTB-GigabitEthernet 0/0/2]ipv6 enable
[RTB-GigabitEthernet 0/0/2]ipv6 address 2001::4:1 120
[RTB-GigabitEthernet 0/0/2]quit

[RTC]ipv6
[RTC]inter GigabitEthernet 0/0/0
[RTC-GigabitEthernet 0/0/0]undo portswitch
[RTC-GigabitEthernet 0/0/0]ipv6 enable
[RTC-GigabitEthernet 0/0/0]ipv6 address 2001::5:1 120
[RTC-GigabitEthernet 0/0/0]quit
[RTC]inter GigabitEthernet 0/0/1
[RTC-GigabitEthernet 0/0/1]undo portswitch
[RTC-GigabitEthernet 0/0/1]ipv6 enable
[RTC-GigabitEthernet 0/0/1]ipv6 address 2001::2:2 120
[RTC-GigabitEthernet 0/0/1]quit
[RTC]inter GigabitEthernet 0/0/2
[RTC-GigabitEthernet 0/0/2]undo portswitch
[RTC-GigabitEthernet 0/0/2]ipv6 enable
[RTC-GigabitEthernet 0/0/2]ipv6 address 2001::4:2 120
[RTC-GigabitEthernet 0/0/2]quit
```

　　配置完成后，在三台路由器上分别执行 display ipv6 interface brief 命令查看接口信息，在配置正常的情况下，应该可以看到相应的接口均已配置 IPv6 地址，且物理（Physical）上和协议（Protocol）上均已 up。

　　PC 机 IPv6 地址配置过程略。

　　（3）在三台路由器上配置 RIPng 协议。

　　路由器 RTA 的参考配置如下：

```
[RTA]ripng
[RTA-ripng-1]quit
[RTA]inter GigabitEthernet 0/0/0
```

```
[RTA-GigabitEthernet 0/0/0]ripng 1 enable
[RTA-GigabitEthernet 0/0/0]quit
[RTA]inter GigabitEthernet 0/0/1
[RTA-GigabitEthernet 0/0/1]ripng 1 enable
[RTA-GigabitEthernet 0/0/1]quit
[RTA]inter GigabitEthernet 0/0/2
[RTA-GigabitEthernet 0/0/2]ripng 1 enable
[RTA-GigabitEthernet 0/0/2]quit
```

路由器 RTB 和 RTC 上的配置与路由器 RTA 上的配置完全相同。

配置完成后，在三台路由器上分别执行 display ipv6 routing-table 命令查看路由表，应该均可以看到 2001::/120、2001::1:0/120、2001::2:0/120、2001::3:0/120、2001::4:0/120、2001::5:0/120 六个网段的路由。

此时，在三台 PC 上分别通过 ping 命令进行网络连通性的测试，可以发现三台 PC 之间可以互相通信。

5. 实训报告

		主机	IPv6 地址	子网前缀长度	默认网关
PC 机 TCP/IPv6 属性配置		PC1			
		PC2			
		PC3			
路由器 RTA	IPv6 地址	G 0/0/0			
		G 0/0/1			
		G 0/0/2			
	RIPng 配置				
	display ipv6 routing-table 相关结果				
路由器 RTB	IPv6 地址	G 0/0/0			
		G 0/0/1			
		G 0/0/2			
	RIPng 配置				
	display ipv6 routing-table 相关结果				

路由器 RTC	IPv6 地址	G 0/0/0	
		G 0/0/1	
		G 0/0/2	
	RIPng 配置		
	display ipv6 routing-table 相关结果		
网络连通性测试	三台 PC 之间互相 ping		

附录 A　华为模拟器 eNSP 简介

NSP（Enterprise Network Simulation Platform）是一款由华为自主研发的、免费的、可扩展的、图形化操作的网络仿真工具平台，主要对企业网络路由器、交换机及相关物理设备进行软件仿真，完美呈现真实设备实景，支持大型网络模拟，可让广大用户能够在没有真实设备的情况下模拟演练，学习网络技术。

针对越来越多的 ICT 从业者对真实网络设备模拟的需求，eNSP 企业网络仿真平台拥有着仿真程度高、更新及时、界面友好、操作方便等特点。这款仿真软件运行的是与真实设备同样的 VRP 操作系统，能够最大限度地模拟真实设备环境。用户可以利用 eNSP 模拟工程开局与网络测试，高效地构建企业优质的 ICT 网络。eNSP 支持与真实设备对接，以及数据包的实时抓取，可以帮助用户深刻理解网络协议的运行原理，协助进行网络技术的钻研和探索。另外，用户还可以利用 eNSP 模拟华为认证相关实验。

eNSP 是一款完全免费的软件，为用户提供近距离体验华为设备的机会。

A.1　eNSP 的安装

用户可登录华为官方网站进行下载 eNSP，下载地址为：http://enterprise.huawei.com/cn。下载完成后，可以在 Windows 7 以上版本的 PC 机上安装。

安装过程中设置 eNSP 的安装目录时需要注意，在整个目录路径中都不能包含非英文字母。一般没有特殊要求，使用默认目录即可。

在安装过程中会出现"选择安装其他程序"窗口，由于 eNSP 的正常运行需要 Winpacp、Wireshark 以及 VirtualBox 的支持，因此窗口中的可选项实际上是必选项。

A.2　eNSP 主界面

eNSP 主界面如图 A-1 所示。

eNSP 的主界面分为五大区域，分别是主菜单、工具栏、网络设备区、工作区和设备接口区。

1. 主菜单

主菜单位于 eNSP 主界面的右上方，提供文件、编辑、视图、工具、考试及帮助共 6 个子菜单。它们的具体作用如下。

（1）"文件"菜单

"文件"菜单用于拓扑图文件的打开、新建、保存、打印等操作以及试卷工程的新建。

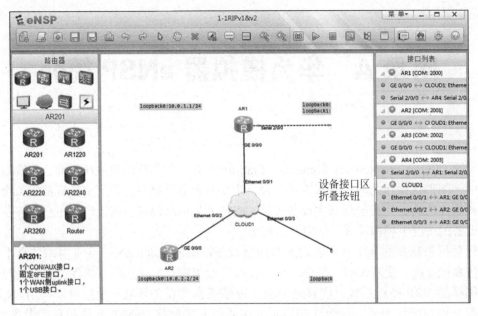

图 A-1 eNSP 主界面

（2）"编辑"菜单

"编辑"菜单用于撤销、恢复、复制、粘贴等操作。

（3）"视图"菜单

"视图"菜单用于对拓扑图进行缩放和控制左右侧工具栏区的显示。

（4）"工具"菜单

"工具"菜单用于打开调色板工具添加图形、启动或停止设备、进行数据抓包和各选项的设置。"工具"菜单中的"选项"对话框如图 A-2 所示。

在"界面设置"选项卡中可以设置拓扑中的元素显示效果，比如是否显示设备标签和型号、是否显示背景图片等；还可以设置"工作区域大小"，即设置工作区的宽度和长度。

在"CLI 设置"选项卡中设置命令行中信息保存的方式。当选中"记录日志"时，设置命令行的显示行数和保存位置。当命令行界面内容行数超过"显示行数"中的设置值时，系统将自动保存超过行数的内容到"保存路径"中指定的位置。

在"字体设置"选项卡中可以设置命令行界面和拓扑描述框的字体、字体颜色以及背景色等参数。

在"服务器设置"选项卡中可以设置本地服务器和远程服务器的参数。

在"工具设置"选项卡中可以指定"引用工具"的具体路径。

（5）"考试"菜单

"考试"菜单中只有一个选项"阅卷"，用于对学生提交的试卷进行阅卷。

（6）"帮助"菜单

"帮助"菜单主要用于查看 eNSP 的各种帮助信息。

2. 工具栏

工具栏位于 eNSP 主界面的上方，提供常用的工具。实际上就是将主菜单中的常用项

图 A-2　"选项"对话框

放置在工具栏中，方便用户的使用。

3. 网络设备区

网络设备区位于 eNSP 主界面的左侧，提供设备和线缆。每种设备都有不同的型号，比如单击路由器图标，设备型号区将提供 AR 201、AR 1220、AR 2220、AR 2240 以及 AR 3260 等。单击交换机图标，设备型号区将提供 S5700 和 S3700；单击设备连线图标，设备型号区将提供 Copper、Serial、POS、E1 以及 ATM 等线缆。

4. 工作区

工作区位于 eNSP 主界面的中间，用来创建各种网络拓扑。在新建拓扑后，可以从左侧的网络设备区选择相应的网络设备及线缆添加到主界面中，按照实验的要求创建相应的网络拓扑。

5. 设备接口区

设备接口区位于 eNSP 主界面的右侧，用来显示拓扑中的设备和设备已连接的接口，可以通过观察指示灯了解接口的运行状态。其中，红色表示设备未启动或接口处于物理 DOWN 状态；绿色表示设备已启动或接口处于物理 UP 状态；蓝色表示接口正在采集报文。在处于物理 UP 状态的接口名上右击，可启动 / 停止接口报文采集。

设备接口区是可以折叠的窗口。可以通过窗口左侧的箭头按钮折叠或打开。

A.3　网络设备基本配置

在 eNSP 中，可以利用图形化界面灵活地搭建需要的网络拓扑图，其步骤如下。

1. 选择设备

在 eNSP 的主界面左侧为可供选择的网络设备区，将需要的设备直接拖至工作区即可。每台设备都有自己的默认名称，通过单击可以对其进行修改。还可以使用工具栏中的文本按钮和调色板按钮在拓扑中任意位置添加描述或图形标识。

2. 配置设备

在拓扑中的设备图标上右击，在弹出的菜单中选择"设置"命令，打开设备接口配置界面。在配置界面中有"视图"和"配置"两个选项卡。在"视图"选项卡中可以查看设备面板以及该设备可供使用的接口卡。如果需要为设备增加接口卡，可以在"eNSP 支持的接口卡"区域选择合适的接口卡，然后直接将其拖至上方的设备面板上相应的槽位即可；如果需要删除某个接口卡，直接将设备面板上的接口卡拖回"eNSP 支持的接口卡"区域即可。需要注意的是，只有在设备电源关闭的情况下才能进行添加或删除接口卡的操作。

在"配置"选项卡中，可以设置设备的串口号，串口号的范围在 2000~65535，默认情况下从起始数字 2000 开始使用。可以自行更改串口号并单击"应用"按钮使其生效。

在模拟 PC 上双击鼠标左键或者右击，然后在弹出的菜单中选择"设置"命令，可以打开 PC 的配置对话框。在其中的"基础配置"选项卡中可以配置 PC 的 IP 地址、子网掩码、默认网关以及 DNS 等基础参数。配置完成后，需要单击"应用"按钮使其生效。

在命令行选项卡中可以执行诸如 ping、tracert 等各种命令，进行网络测试。

3. 设备连接

根据设备接口的不同可以灵活选择线缆的类型。当线缆仅一端连接了设备，而此时希望取消连接时，在工作区右击或者按 Esc 键即可。一般常用的线缆为双绞线（Copper）和串口线（Serial）。如果不确定使用什么线缆，也可以选择 Auto，系统会自动识别接口卡选择相应的线缆。

4. 配置导入

在设备未启动的状态下，在设备上右击，在弹出的菜单中选择"导入设备配置"命令，可以选择设备配置文件（.cfg 或者 .zip 格式）并导入设备中。

5. 设备启动

所有设备在从网络设备区加载到工作区时默认都是处于未启动状态。启动设备时，需要选中相应的设备，然后单击工具栏中的"启动设备"按钮或者右击，在弹出的菜单中选择"启动"来启动设备。

设备启动后，双击设备图标或者右击，在弹出的菜单中选择 CLI 即可进入命令行界面对设备进行配置。

6. 设备和拓扑保存

完成配置后可以单击工具栏中的"保存"按钮来保存当前工作区的拓扑，并导出设备的配置文件。在相应的设备上右击，在弹出的菜单中选择"导出设备配置"命令，可以将特定设备的配置文件导出为 .cfg 文件。

附录 B   H3C 路由器、交换机基本配置

H3C 路由器和交换机都是国产控股的网络设备。在网络设中，大多数路由器、交换机产品的配置命令是非常类似的。本附录给出 H3C 的路由器和交换机的简单配置命令，读者可以和华为路由器、交换机的配置命令对照使用。

B.1   H3C 路由器基本配置命令

1. 命令视图

H3C 路由器和交换机把命令界面称作命令视图，H3C 路由器基本命令视图见表 B-1。

表 B-1   H3C 路由器基本命令视图

视图名称	进入视图命令	视图提示	可以进行的操作
用户视图	开机进入	<H3C>	查看路由器状态
系统视图	<H3C>system-view	[H3C]	系统配置、路由配置
串行口视图	[H3C] Interface serial 0/n	[H3C-Serial0/n]	同步串行口配置
以太网口视图	[H3C] Interface ethernet 0/n	[H3C-ethernet 0/n]	以太网口配置
子接口视图	[H3C] Interface ethernet 0/n.1	[H3C-ethernet 0/n.1]	子接口配置（串行口也有子接口）
RIP 视图	[H3C] rip	[H3C-rip-1]	Rip1 协议配置
返回上一级	[H3C-Serial0/0]quit	[H3C]	
返回用户视图	[H3C-Serial0/0]Ctrl-Z	<H3C>	

H3C 路由器在任何视图下都可以查看路由器的状态以及端口状态。

2. 帮助功能

H3C 路由器的命令帮助功能和华为路由器的帮助功能是完全一样的，H3C 路由器和华为路由器一样支持命令简略输入。

3. 显示命令

H3C 路由器的显示命令 Display 命令可以在任何视图中使用。常用的显示命令如下：

```
Display current-configuration        ;显示路由器当前运行的配置
display startup                      ;显示系统启动使用的配置文件
display ip interface 接口            ;显示接口的 IP 信息
display ip interface brief            ;显示 IP 接口摘要信息
display ip routing-table              ;显示路由表
```

4. 管理命令

```
[H3C]sysname 主机名              ;配置主机名称
[H3C]save                      ;保存配置文件
[H3C]delete 文件名              ;删除配置文件
```

5. 同步串行口配置

H3C 路由器的同步串行口默认封装协议是 PPP，而且端口默认状态是开启的。使用背对背电缆连接时，DCE 端口默认提供 64kBd（波特率）。H3C 路由器同步串行口的简单配置命令如下：

```
interface serial number    ; 指定配置端口，从配置文件可以得到端口号的表示方法（下同）
link-protocol { fr | hdlc | ppp } ; 指定封装格式，默认为 PPP
baudrate 波特率                    ; 该命令只能在 DCE 端配置
ip address ip-address mask ; 配置 IP 地址。其中 mask 可以使用点分十进制，也可使用
                            掩码长度（下同）。例如下面两个配置命令是等效的：
                            ip address 192.168.1.1 255.255.255.0
                            ip address 192.168.1.1 24
```

例如：

```
[H3C]interface serial 0/0
[H3C-serial0/0]link-protocol  ppp ;该行可以省略
[H3C-serial0/0]baudrate 2048000
[H3C-serial0/0]ip address 192.168.1.1 24
```

6. 以太网端口配置

以太网端口一般情况下只需要指定 IP 地址，一般配置为

```
interface ethernet number     ;指定配置端口
ip address ip-address mask
```

例如：

```
[H3C]interface ethernet 0/0
[H3C- ethernet 0/0]ip address 10.1.1.1 24
```

7. 静态路由配置命令

```
ip route-static ip-address mask  下一跳 IP 地址 [preference 优先级值]
```

在 H3C 路由器中，直连路由的优先级为 0，静态路由优先级为 60，RIP 路由优先级为 100。优先级可以在 1~255 选择。

例如：

```
[H3C]ip route-static 202.207.124.0 24  192.168.1.1
```

8. 默认路由配置命令

```
[H3C]ip route-static 0.0.0.0  0.0.0.0  下一跳 IP 地址
```

9. RIP 协议配置命令

```
[H3C]rip
[H3C-rip-1]network 网络地址
[H3C-rip-1]network 网络地址
```

10. 路由注入命令

```
[H3C]rip
[H3C-rip-1] import-route static originate
```

11. 删除命令

```
undo 命令行                    ;在相应的命令视图中使用
```

12. IPv6 配置命令

（1）开启 IPv6：

```
[H3C]ipv6
```

（2）配置 IPv6 地址：

```
[H3C-接口] ipv6 address ipv6 地址 网络地址长度
```

（3）配置静态路由：

```
[H3C]ipv6 route-static目的网络 网络地址长度 下一跳IP地址 [preference 优先级值]
```

（4）配置静态路由：

```
[H3C]ipv6 route-static :: 0 下一跳IP地址 [preference 优先级值]
```

（5）RIPng 配置：
① 启动 RIPng：

```
[H3C] ripng 进程号
```

例如：

```
[H3C] ripng 1
[H3C-ripng-1]
```

② 在接口上启用 RIPng。
在所有需要交换路由信息的连接接口上必须启用 RIPng：

```
[H3C] interface 接口
[H3C-接口] ripng 进程号 enable
```

例如：

```
[H3C]interface Ethernet 0/0
[H3C -Ethernet0/0]ripng 1 enable
```

（6）路由注入命令（不再需要 originate 参数）：

```
[H3C]ripng 1
[H3C -ripng-1]import-route static
```

B.2　H3C 交换机基本配置命令

H3C 交换机和路由器基本命令是相同的，帮助功能也是一样的。所不同的主要是 VLAN 配置。

1. VLAN 命令视图

H3C 交换机的 VLAN 命令视图见表 B-2。

表 B-2　H3C 交换机特有命令视图

视图名称	进入视图命令	视图提示	可以进行的操作
VLAN 视图	[H3C]vlan n	[H3C-vlan n]	VLAN 配置
VLAN 接口视图	[H3C] Interface vlan n	[H3C-vlan-interface n]	VLAN 接口配置

2. vlan 配置

（1）添加 vlan 命令：

```
[H3C]vlan vlan ID        ;添加 vlan，进入 vlan 视图
```

例如：

```
[H3C]vlan 8              ;添加 vlan 8
[H3C-vlan8]
```

（2）为 vlan 指定接入端口命令：

```
port Ethernet numer      ;端口默认链路类型为 access。
```

例如，将 Ethernet 1/0/12 端口指定为 vlan 8 的接入端口：

```
[H3C]vlan 8                      ;进入 vlan 视图
[H3C-vlan8]port Ethernet 1/0/12       ;为 vlan 8 指定接入端口
```

（3）为 vlan 命名：

```
[H3C-vlan8]name 名称     ; vlan 默认名称为 VLAN vlan ID，例如 VLAN 0008
```

3. 显示 vlan 命令

```
[H3C]display vlan vlan ID      ;显示一个 VLAN，例如 display vlan 2
[H3C]display vlan all          ;显示所有 VLAN
```

4. 配置中继接口

```
interface Ethernet numer         ;进入端口配置视图
```

```
port link-type trunk            ;指定端口链路类型为 trunk
port trunk permit vlan all      ;指定该端口允许通过的 vlan，all 为所有端口
```

例如：

```
[H3C]interface Ethernet 1/0/24
[H3C-Ethernet1/0/24]port link-type trunk
[H3C-Ethernet1/0/24]port trunk permit vlan all
```

5. 删除 VLAN

```
[H3C]undo vlan vlan ID
```

例如：

```
[H3C]undo vlan 8
```

6. H3C 3 层交换机实现 VLAN 间路由

H3C 3 层交换机上的路由功能默认是开启的。2 层交换机通过 Trunk 端口连接到 3 层交换机上，3 层交换机为每个 vlan 虚端口配置 IP 地址后，在 3 层交换机的路由表内可以看到到达每个 vlan 虚端口的路由。

例如，2 层交换机上有 VLAN 2 和 VLAN 3，VLAN 2 的 IP 地址在 202.207.123.0/24 网段；vlan 3 的 IP 地址在 202.207.124.0/24 网段。2 层交换机通过 Ttrunk 端口连接到 3 层交换机，在 3 层交换机上配置：

```
[H3C] interface vlan 2
[H3C-Vlan-interface2]ip add 202.207.124.1 24
[H3C] interface vlan 3
[H3C-Vlan-interface3]ip add 202.207.123.1 24
```

完成配置后，显示 3 层交换机的路由表：

```
[H3C]display ip routing-table
Routing Table: public net
Destination/Mask     Protocol   Pre   Cost   Nexthop          Interface
127.0.0.0/8          DIRECT     0     0      127.0.0.1        InLoopBack0
127.0.0.1/32         DIRECT     0     0      127.0.0.1        InLoopBack0
202.207.123.0/24     DIRECT     0     0      202.207.123.1    Vlan-interface3
202.207.123.1/32     DIRECT     0     0      127.0.0.1        InLoopBack0
202.207.124.0/24     DIRECT     0     0      202.207.124.1    Vlan-interface2
202.207.124.1/32     DIRECT     0     0      127.0.0.1        InLoopBack0
```

路由表中已经存在两个到达 202.207.123.0/24 网络和到达 202.207.124.0/24 网络的直连路由（通过 Vlan-interface2 和 Vlan-interface3）。当各个 vlan 中的主机默认网关设置正确后，vlan 2 和 vlan 3 之间就可以通信了。

7. H3C 路由器实现 VLAN 间路由

H3C 2 层交换机上定义了 VLAN 之后，通过 trunk 端口连接到 H3C 路由器的一个以太网接口，在以太网接口上为每个 VLAN 定义一个子接口，分配 IP 地址，指定 802.1Q 封装类型并和 VLAN 建立连接后，路由器的路由表内就能够建立到达各个子接口的直连路由，VLAN 路由就建立了。

例如，在 2 层交换机上定义了 VLAN 2 和 VLAN 3。2 层交换机通过 trunk 端口连接到路由器的 Ethernet0/0 端口，路由器上的"单臂路由"配置如下：

```
[H3C]int e 0/0.1                                    ;指定子接口
[H3C-Ethernet 0/0.1]ip add 202.207.124.1 24         ;配置 vlan 网关地址
[H3C-Ethernet 0/0.1]vlan-type dot1q vid 2           ;指定封装类型 802.1Q, 建立
                                                     接口和 VLAN 2 的连接

[H3C]int e 0/0.2
[H3C-Ethernet 0/0.2]ip add 202.207.123.1 24
[H3C-Ethernet 0/0.2]vlan-type dot1q vid 3
```

完成配置后，显示路由器的路由表：

```
[H3C]disp ip rou
Routing Tables: Public
Destinations : 6          Routes : 6
Destination/Mask     Protocol   Pre   Cost   Nexthop          Interface
127.0.0.0/8          DIRECT     0     0      127.0.0.1        InLoop0
127.0.0.1/32         DIRECT     0     0      127.0.0.1        InLoop0
202.207.123.0/24     DIRECT     0     0      202.207.123.1    Eth0/0.2
202.207.123.1/32     DIRECT     0     0      127.0.0.1        InLoop0
202.207.124.0/24     DIRECT     0     0      202.207.124.1    Eth0/0.1
202.207.124.1/32     DIRECT     0     0      127.0.0.1        InLoop0
```

可以看到路由表中已经存在两个到达 202.207.123.0/24 网络和到达 202.207.124.0/24 网络的直连路由（通过 Eth 0/0.1 和 Eth 0/0.2 子接口）。当各个 VLAN 中的主机默认网关设置正确后，两个 VLAN 之间就可以通信了。

8. H3C 交换机的端口配置

1）H3C 交换机端口模式

H3C 交换机端口模式默认是交换模式（bridge），在 3 层交换机上还可以有路由模式（route，非交换模式）。配置端口模式的命令为

```
interface Ethernet numer
port link-mode [bridge|route]
```

例如，在 3 层交换机上配置路由接口：

```
[H3C] interface Ethernet 1/0/24
[H3C-Ethernet 1/0/24] port link- mode route
```

```
[H3C-Ethernet 1/0/24]ip add 202.207.124.1 24
```

2）H3C 交换机的端口类型

H3C 交换机端口类型默认是接入类型（access），如果需配置中继线路（Trunk），两端的端口必须明确配置成 trunk 类型，H3C 交换机不能进行端口类型协商。配置端口类型的命令为

```
interface Ethernet numer
port link-type [access|trunk]
```

附录 C　网络安全概述

网络安全是一个非常复杂的问题，很难用一门课程论述完整，更不可能在一个章节中完全表达清楚。在网络安全中信息安全是非常重要的。2000 年 12 月国际标准化组织公布了《信息技术—信息安全管理实施规则》（ISO/IEC 17799），包括 10 个独立部分的安全内容和标准。本附录只简单介绍网络安全的一些基本概念，详细内容请参考网络安全教材。

C.1　网络安全包括的内容

网络安全涉及的内容很多，粗略地说包括两个方面：网络系统的安全和信息的安全。网络系统的安全又包括网络物理的、环境的安全和网络系统访问安全（还应该包括系统的开发与维护安全等）；信息的安全包括信息的存储安全、传递安全、访问安全和信息的真实性与不可否认性。

就网络安全的某一方面而言，不仅涉及的内容众多，而且与网络系统的安全标准有关。例如一个办公网络和银行业务网络其安全要求相差是很大的，所以网络安全问题有一般的安全问题和特殊的安全问题。如何解决网络中的安全问题，要根据具体网络安全要求而定。

C.2　常用的网络安全技术

1. 物理的和环境的安全

保证网络物理安全和环境安全是网络安全的基础，保证网络不间断地提供可靠服务是最基本的安全要求。常见的网络物理安全和环境安全措施如下。

1）异地灾害备份中心

异地灾害备份中心一般用于大型业务处理中心，如银行业务处理中心。异地灾害备份中心主要是为了在发生地震、火、水等自然灾害时保证网络业务能够正常进行。

2）电源系统备份

对于要求连续工作的网络系统，电源系统必须实现备份配置。一般需要使用不同输电网络的双路供电和配置使用电池供电的不间断电源（UPS）系统。

3）机房环境安全

机房环境安全包括机房温度、湿度、清洁度保障，防火、防水、防雷电、防静电、防电磁干扰、防盗以及防鼠害。对于大型网络中心机房一般都使用空调进行温度、湿度调节；

使用自动灭火系统防火。中心设计时需要防止水灾和机房漏水。防雷电和防静电一般使用避雷针和接地地线。防电磁干扰一般使用电磁屏蔽。机房防盗是不可缺少的，机房防鼠害也是必须考虑的，老鼠会咬断通信光缆。

2. 系统的使用安全

要保证系统不间断地提供可靠的服务，一般采取的安全措施有：

1）双机热备份系统

对于要求提供不间断服务的网络系统，例如银行业务网络，中心服务器一般采用双机热备份工作方式。在双机热备份方工作式中，有两台中心主机都在运行，一台主机处于工作状态（主计算机），另一台主机处于旁观（Standby）状态（备用计算机）。需要处理的数据被送到两个中心主机上，一般由主计算机处理。如果主计算机发生故障，处于旁观状态的备用计算机立即转入工作状态，接替主计算机工作。当主计算机恢复正常后，备用计算机将处理工作交还给主计算机，重新进入旁观状态。

2）网络设备和通信线路的冗余备份

对于要求提供不间断服务的网络系统，例如银行业务网络，网络连接设备（路由器、交换机）都需要提供冗余备份。当某个网络设备发生故障后，还有其他数据链路传输数据。对于站点连接到中心的通信线路，一般也需要提供冗余备份，通过不同的路由到达网络中心，防止因为电信网络故障或通信光缆被破坏造成业务不能办理。

3）系统使用安全

系统使用安全主要是指只有被授权的合法用户才能进入系统，用户只能按照被授予的权限范围进行合法的操作。系统使用安全措施一般包括以下几点。

（1）机房场地管理。只有被授权用户才能进入机房，操作设备。

（2）访问控制。用户必须经过用户认证（通过用户名、密码）才能进入系统。用户只能访问授权允许的数据和业务。

（3）防止黑客入侵。对于和互联网有连接的网络，例如网上银行，必须防止黑客的入侵。防止黑客入侵包括三个方面。

① 使用防火墙拦截外部网络对内部网络的非法访问。

② 使用入侵检测软件及时发现黑客入侵。

③ 备份和恢复系统。一旦系统被黑客破坏，及时使用备份系统进行恢复。

（4）计算机病毒的防范。和 Internet 连接的网络中必须进行计算机病毒的防范。对于大型网络可以安装硬件防病毒设备。一般网络系统都需要安装防病毒软件、病毒监控软件。对于没有连接到 Internet 的内部网络，需要防止使用 U 盘等存储设备传染病毒。

（5）业务应用系统的审计。网络系统中的业务应用软件的开发必须按照用户需求进行，系统开发完成后需要进行软件功能审计和安全审计，保证应用系统的正确性与安全性。系统软件的维护必须由经过授权的人员进行。对软件维护过程需要进行安全监督和安全审计，避免由系统维护带来的安全隐患。

3. 信息安全

信息安全主要包括数据的存储安全、传递安全、访问安全和信息的真实性与不可否认性。影响信息安全的因素主要是黑客攻击和计算机病毒入侵。

1）信息存储安全

由于计算机系统故障或存储设备损坏可能造成数据的丢失。解决信息存储安全问题一般是采用数据备份。保证每天对业务数据进行备份并妥善保存，对于要求安全级别较高的系统需要异地保存数据备份。

2）信息访问安全与传递安全

黑客入侵的主要目的是非法访问数据、窃取和篡改数据。黑客可能通过入侵网络系统进行非法访问、窃取和篡改数据（称作主动攻击）；也可能在网络上通过窃听的方式窃取数据（称作被动攻击）。防范黑客入侵上面已经有过叙述。

数据传递安全（防止窃听）的措施一般采用数据加密技术。数据在传递之前先进行加密，接收端接收到数据之后再进行解密。窃听者收到密文之后如果不能进行解密，窃听就是无意义的。

数据加密是对数据进行的一种数学运算。被加密的数据称作明文，加密后的数据称作密文，不解密的密文是不可读的。加密是将明文和一个称作密钥的字符串进行数学运算生成密文的过程，加密算法一般是公开的。

数据加密有两种加密体系：对称密钥体系和非对称密钥体系。对称密钥体系又称作秘密密钥加密技术。非对称密钥体系又称作公开密钥加密技术。

对称密钥体系中加密和解密的密钥是相同的。由于加密算法是公开的，所以密钥的保护是安全的关键。如果密钥需要传递，密钥的安全很难保障。非对称密钥体系中加密密钥和解密密钥是一对相关数据，但不能从一个密钥推算出另一个密钥。非对称密钥体系中加密密钥是公开的（称作公钥），使用公开密钥加密生成的密文只能使用解密密钥（称作私钥）才能解密成明文，所以在公开密钥加密技术中公钥可以公开的传递，需要保护的只是私钥。

3）信息的真实性和不可否认性

信息在网络中传递后，由于可能被篡改，所以必须考虑信息的真实性。网络上的活动也必须考虑信息的不可否认性与行为过程的不可否认性。例如用户如果否认自己的银行账户支付行为或者否认自己发送的电子邮件都会造成法律纠纷。信息与行为过程的不可否认性主要使用数字签名技术解决。

数字签名技术是使用证书完成的。证书可以从互联网上的安全认证中心（Certification Authority，CA）申请获得。CA 颁发的证书中包括用户信息和用于数字签名的解密公钥以及 CA 的数字签名，随同证书还有一个用于数字签名的加密私钥。使用 CA 的证书进行数字签名其实就是利用了 CA 的权威性，就像一个介绍信上加盖的上级部门公章一样，接收者可以从 CA 处得到发送者身份的证实。

发送者从 CA 申请得到"证书"之后，利用 CA 提供的数字签名加密私钥对数据进行数字签名。数字签名过程如下。

（1）利用一个哈希函数对数据报文（需要发送的数据）生成一个摘要。摘要的长度是固定的，不同的数据报文生成的摘要是不同的。

（2）利用数字签名加密私钥对摘要进行加密，形成数字签名密文。

（3）将数据报文、数字签名密文和证书发送给接收者。

　　（4）接收者利用证书提供的数字签名解密公钥对数字签名进行解密，并使用哈希函数对接收到的数据报文重新生成摘要，用重新生成的摘要和解密后的摘要进行比对，如果比对结果不同，说明数据报文中途被篡改了；如果相同，说明接收的数据报文有效，且发送者不可否认，因为只有发送者能够生成该数字签名。接收方对数字签名的解密、重新生成摘要以及核对摘要过程都是系统自动完成的，用户只能看到核对结果，而不能参与核对过程，也不能看到摘要信息。

附录 D 实训报告

电子版实训报告

（可自行下载打印）

参 考 文 献

[1] 华为技术有限公司.HCIA-Datacom 网络技术学习指南 [M]. 北京：人民邮电出版社，2022.

[2] 华为技术有限公司.HCIA-Datacom 网络技术实验指南 [M]. 北京：人民邮电出版社，2022.

[3] 王达 . 华为交换机学习指南 [M]. 2 版 . 北京：人民邮电出版社，2019.

[4] 王达 . 华为路由器学习指南 [M]. 2 版 . 北京：人民邮电出版社，2019.

[5] 华为技术有限公司.HCIA-Datacom V1.0 华为认证数通工程师在线课程 [EB/OL]. https://e.huawei.com/cn/talent/outPage/#/sxz-course/home?courseId=5DAmW2vKLRp2p_9ntogoxxL_biQ.

[6] 华为技术有限公司 . 网络系统建设与运维（中级）在线课程 [EB/OL]. https://e.huawei.com/cn/talent/outPage/#/sxz-course/home?courseId=QdSwg7QA354J_2nayYjKQLL2XPc.

[7] 江礼教 . 华为 HCIA 路由与交换技术实战 [M]. 北京：清华大学出版社，2021.

[8] 沈鑫剡，叶寒锋 . 计算机网络工程实验教程（基于华为 eNSP）[M]. 北京：清华大学出版社，2021.

参 考 文 献